ANALOG ELECTRONIC TECHNOLOGY EXPERIMENT COURSE

模拟电子技术实验教程

刘叶飞　主编
周　敏　朱湘临　副主编

镇　江

图书在版编目(CIP)数据

模拟电子技术实验教程/刘叶飞主编.—镇江：江苏大学出版社，2014.9(2022.8重印)
ISBN 978-7-81130-807-5

Ⅰ.①模… Ⅱ.①刘… Ⅲ.①模拟电路－电子技术－实验－高等学校－教材 Ⅳ.①TN710－33

中国版本图书馆CIP数据核字(2014)第201542号

模拟电子技术实验教程
MONI DIANZI JISHU SHIYAN JIAOCHENG

主　　编/刘叶飞
责任编辑/徐　婷
出版发行/江苏大学出版社
地　　址/江苏省镇江市京口区学府路301号(邮编：212013)
电　　话/0511-84446464(传真)
网　　址/http://press.ujs.edu.cn
排　　版/镇江文苑制版印刷有限责任公司
印　　刷/广东虎彩云印刷有限公司
开　　本/718 mm×1 000 mm　1/16
印　　张/15.75
字　　数/213千字
版　　次/2014年9月第1版
印　　次/2022年8月第9次印刷
书　　号/ISBN 978-7-81130-807-5
定　　价/39.00元

如有印装质量问题请与本社营销部联系(电话：0511-84440882)

前言

从2007年开始，国家教育部每年都发布《国家大学生创新性实验计划指南》，其目的就是探索并建立以问题和课题为核心的教学模式，倡导以本科学生为主体的创新性实验教学改革，调动学生学习的主动性、积极性和创造性，激发学生的创新思维和创新意识，掌握思考问题、解决问题的方法，促进学生实践和创新能力的提高。在此背景下，为强化实践教学环节，营造创新文化氛围，许多高校的各类示范性实验中心、开放实验室甚至是重点实验室，改进实验室管理模式，向学生免费提供实验场地和实验仪器设备，为学生搭建实验学习和交流的平台，推广研究性学习和个性化培养的教学方式，以教学改革促进实践教学质量的提高。

本书正是根据当前高等学校模拟电子技术教学变革的需要编写而成，是模拟电子技术课程的配套实验教程。模拟电子技术课程是工科类高等院校的重要专业基础课之一，而实验教学则是其着重培养学生实验技能以及通过实践提高学生分析和解决问题能力的主要形式和关键环节。

全书内容分为常用仪器仪表的使用、模拟电子技术基础实验和模拟电子技术开发应用实验三个部分，其中基础实验包括二极管和三极管的测试、共发射极基本放大电路、多级放大电路、负反馈放大电路、集成运算放大器的基本应用、RC文氏电桥正弦波振荡器、OTL功率放大电路、集成稳压电源实验，开发应用实验包括比较器电路、信号发生电路、有源滤波器设计、精密整流电路、集成低频功率放大电路、可调稳压电源、波形变换电路等。相关实验内容经过精心组织和编排，可以供教学部门根据教学对象及学时的不同自行安排和选择。

本书在编写时总结和融入了既往的实验教学经验，强调由结论性教学转变为过程性教学，让学生在参与中体验，在体验中发现，在发现中思索，在思索中求知。与同类教材相比，本书具有以下几个特点：

(1) 采用实物实验与仿真实验相结合的形式，打破传统实验观念，使得实验教学形式更加灵活，实验内容、手段更加丰富，也为学生提供更多动脑动手的机会。

(2) 精选了一些具有“实战”价值的综合实验，体现以培养技术应用能力为目的的教学特点，培养和提高学生分析、解决实际问题的能力。

(3) 实验的要求与理论教学内容一致，将电子技术基础理论与实际操作有机地联系起来，注重通过实验教学强化对模拟电子课程基本理论的理解和分析，注重对学生动手能力和设计能力的培养。

(4) 所组织的各类实验既有测试验证型，又有设计应用型，能够很好地锻炼学生的动手实践能力，特别是运用 Multisim 软件平台对基本应用电路进行辅助分析，进一步激发学生的创造性思维，符合高校实践教学发展的要求，同时也满足学生对模拟电子技术理论与实践学习的新要求。

考虑到学生学习的需要，本书以附录形式提供了 Multisim 虚拟元器件库和一些典型模拟电子电路知识，以丰富实验课程的知识内容，进一步拓展学习空间，使得本书可作为相关专业本科教材，也可作为参加各类电子设计竞赛的学生以及有关工程技术人员的参考资料。

本书由江苏大学刘叶飞担任主编，周敏、朱湘临担任副主编。周晓霞、严雪萍、朱爱国、蒋彦、沈敏、刘元清参与了编写工作。本书在编写过程中，还参考了一些其他图书资料以及网络资料，在此对这些资料的作者表示衷心感谢。

限于编者的水平，书中难免出现不足甚至错误之处，恳请各位读者予以批评指正。

编　者

2014.7.7

目录

Contents

第一章

常用仪器仪表

仪器一

【模拟电子技术实验教程】

YB1615P系列函数信号发生器

仪器介绍

YB1615P函数信号发生器是一种新型高精度信号源，它的外形美观、新颖，操作直观方便，具有数字频率计、计数器及电压显示和功率输出等功能。同时，各端口都具有保护功能，能有效防止输出短路和外电路电流倒灌对仪器的损坏，大大提高了整机的可靠性。广泛适用于教学、电子实验、科研开发、邮电通信、电子仪器测量等领域。

主要特点

- 频率计和计数器功能(5位LED显示)；
- 输出电压指示(3位LED显示)；
- 轻触开关、面板功能指示、直观方便；
- 采用金属外壳，具有优良的电磁兼容性，外形美观坚固；
- 内置线性/对数扫频功能；
- 数字频率微调功能，使测量更精确；
- 具有10 W功率输出和50 Hz正弦波输出，便于教学实验；
- 外接调频功能；
- VCF压控输入；
- 所有端口具有短路和抗输入电压保护功能。

面板控制件作用说明

1. 控制件位置图

YB1615P 功率函数信号发生器控制件位置如图 1.1.1 和图 1.1.2 所示。

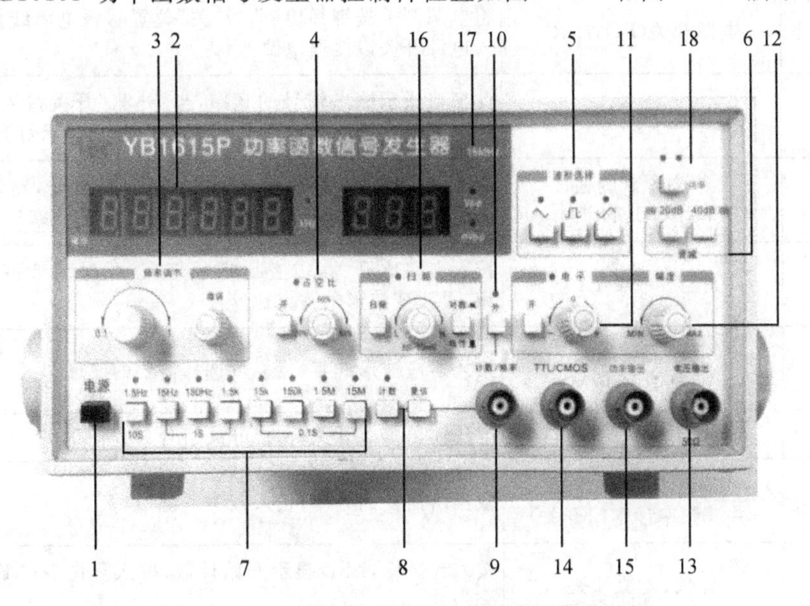

图 1.1.1　YB1615P 功率函数信号发生器前面板

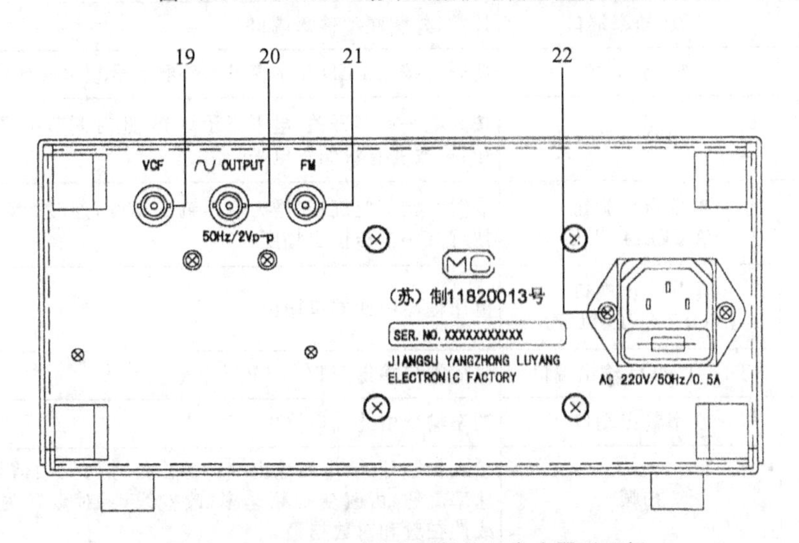

图 1.1.2　YB1615P 功率函数信号发生器后面板

2. 控制件作用

YB1615P 功率函数信号发生器控制件的作用如表 1.1.1 所示。

表 1.1.1　YB1615P 功率函数信号发生器控制件的作用

序号	控制件名称	控制件作用
1	电源开关(POWER)	将电源开关按键弹出(即为“关”位置),将电源线接入,按入电源开关以接通电源
2	LED 显示窗口	此窗口指示输出信号的频率,当“外测”开关按入时显示外测信号的频率。如超出测量范围,溢出指示灯亮
3	频率调节旋钮(FREQUENCY)	调节此旋钮改变输出信号频率。顺时针旋转,频率增大;逆时针旋转,频率减小;微调旋钮可以微调频率
4	占空比(DUTY)	按入占空比开关,占空比指示灯亮,此时调节占空比旋钮,可改变波形的占空比
5	波形选择开关(WAVE FORM)	按入对应波形的某一键,可选择需要的波形
6	衰减开关(ATTE)	电压输出衰减开关,两档开关组合为 20,40,60
7	频率范围选择开关(并兼频率计闸门开关)	根据所需要的频率,按入其中一键
8	计数、复位开关	按入计数键,LED 显示开始计数;按入复位键,LED 显示全为 0
9	计数/频率端口	计数、外测频率输入端口
10	外测频开关	此开关按入 LED 显示窗显示外测信号频率或计数值
11	电平调节	按入电平调节开关,电平指示灯亮,此时调节电平调节旋钮,可改变直流偏置电平
12	幅度调节旋钮(AMPLITUDE)	顺时针调节此旋钮,增大电压输出幅度;逆时针调节此旋钮可减小电压输出幅度
13	电压输出端口(VOLTAGE OUT)	电压输出由此端口输出
14	TTL/CMOS 输出端口	由此端口输出 TTL/CMOS 信号
15	功率输出端口	功率输出由此端口输出
16	扫频	按入扫频开关,电压输出端口输出信号为扫频信号;调节速率旋钮,可改变扫频速率;改变线性/对数开关可产生线性扫频和对数扫频

续表

序　号	控制件名称	控制件作用
17	电压输出指标	3 位 LED 显示输出电压值，输出接 50 Ω 负载时应将读数除以2
18	功率按键	按入此键，上方左侧绿色指示灯亮，功率输出端口输出信号；当输出过载时，右侧红色指示灯亮
19	VCF	由此端口输入电压控制频率变化
20	50 Hz 正弦波输出端口	50 Hz 约 2 V_{pp} 正弦波由此端口输出
21	调频(FM)输入端口	外调频波由此端口输入
22	交流电源 220 V 输入插座	

基本操作方法

打开电源开关之前，首先检查输入的电压，将电源线插入后面板上的电源插孔，如表 1.1.2 所示设定各个控制件。

表 1.1.2　控制件的设定

控制件名称	状态设定
电源开关(POWER)	弹出
衰减开关(ATTE)	弹出
外测频开关(COUNTER)	弹出
电平开关	弹出
扫频开关	弹出
占空比开关	弹出

所有控制件参见表 1.1.1 设定后，打开电源，函数信号发生器默认 10 k 挡正弦波，LED 显示窗口显示本机输出信号频率。

基本操作方法如下：

(1) 将电压输出信号由幅度(VOLTAGE OUT)端口通过连接线送入示波器 Y 输入端口。

(2) 三角波、方波、正弦波产生：① 将波形选择开关(WAVE　FORM)分别按入正弦波、方波、三角波，此时示波器屏幕上将分别显示正弦波、方波、三角波；② 改变频率选择开关，示波器显示的波形以及 LED 窗口显示的频率将发生明显变化；③ 幅度旋钮(AMPLITUDE)顺时针旋转至最大，示波器显示的波形幅度将≥20 V_{pp}；

④ 将电平开关按入，顺时针旋转电平旋钮至最大，示波器波形向上移动；逆时针旋转，示波器波形向下移动，最大变化量±10 V 以上（注意：信号超过±10 V 或±5 V（50 Ω）时被限幅）；⑤ 按入衰减开关，输出波形将被衰减。

（3）计数、复位：① 按复位键，LED 显示全为 0；② 按计数键、计数/频率输入端输入信号时，LED 显示开始计数。

（4）斜波产生：① 波形开关置“三角波”；② 按入占空比开关，指示灯亮；③ 调节占空比旋钮，三角波将变成斜波。

（5）外测频率：① 按入外测开关，外测频指示灯亮；② 外测信号由计数/频率输入端输入；③ 选择适当的频率范围，由高量程向低量程选择合适的有效数，确保测量精度（注意：当有溢出指示时，请提高一挡量程）。

（6）TTL 输出：① TTL/CMOS 端口接示波器 Y 输入端口（DC 输入）；② 示波器将显示方波或脉冲波，该输出端可作 TTL/CMOS 数字电路实验时钟信号源。

（7）扫频（SCAN）：① 按入扫频开关，此时幅度输出端口输出的信号为扫频信号；② 线性/对数开关，在扫频状态下弹出时为线性扫频，按入时为对数扫频；③ 调节扫频旋钮可改变扫频速率，顺时针调节可增大扫频速率，逆时针调节可减慢扫频速率。

（8）VCF（压控调频）：由 VCF 输入端口输入 0～5 V 的调制信号，此时幅度输出端口输出为压控信号。

（9）调频（FM）：由 FM 输入端口输入电压为 10 Hz～20 kHz 的调制信号，此时幅度端口输出为调频信号。

（10）50 Hz 正弦波：由交流 OUTPUT 输出端口输出 50 Hz 约 2 V_{pp} 的正弦波。

（11）功率输出：按入功率按键，上方左侧指示灯亮，功率输出端口有信号输出，改变幅度电位器输出幅度随之改变；当输出过载时，右侧指示灯亮。

仪器二

YB43020D示波器

仪器介绍

YB46020，YB43020B，YB43020D 系列示波器频带宽度为 0～20 MHz，垂直灵敏度为 2 mV/div～10 V/div。扫描系统采用全频带触发式自动扫描电路。具有交替扩展扫描功能，实现二踪四迹显示；并具有丰富的触发功能，如交替触发、TV-H、TV-V 等。仪器备有触发输出、正弦 50 Hz 电源信号输出及 Z 轴输入。

YB43020D 采用长余辉慢扫描，最慢扫描时间为 10 s/div，最长扫描每次可达 250 s。

主要特点

- 采用 SMT 表面贴装工艺；
- 垂直衰减开关、扫描开关均采用编码开关，具有手感轻、可靠性高；
- 具有交替触发、交替扩展扫描、触发锁定、单次触发等功能；
- 垂直灵敏度范围宽 2 mV/div～10 V/div；
- 扫描时间为 0.2 s/div～0.1 μs/div(YB43020D 最慢扫描时间为 10 s/div)；
- 外形小巧美观，操作手感轻便，内部工艺整齐；
- 面板具有非校准和触发状态等指示；
- 备有触发输出、正弦 50 Hz 电源信号输出、Z 轴输入，便于各种测量；
- 校准信号采用晶振和高稳定度幅度值，以获得更精确的仪器校准。

面板控制件作用说明

1. 控制件位置图

YB43020D 示波器控制件位置如图 1.2.1 和图 1.2.2 所示。

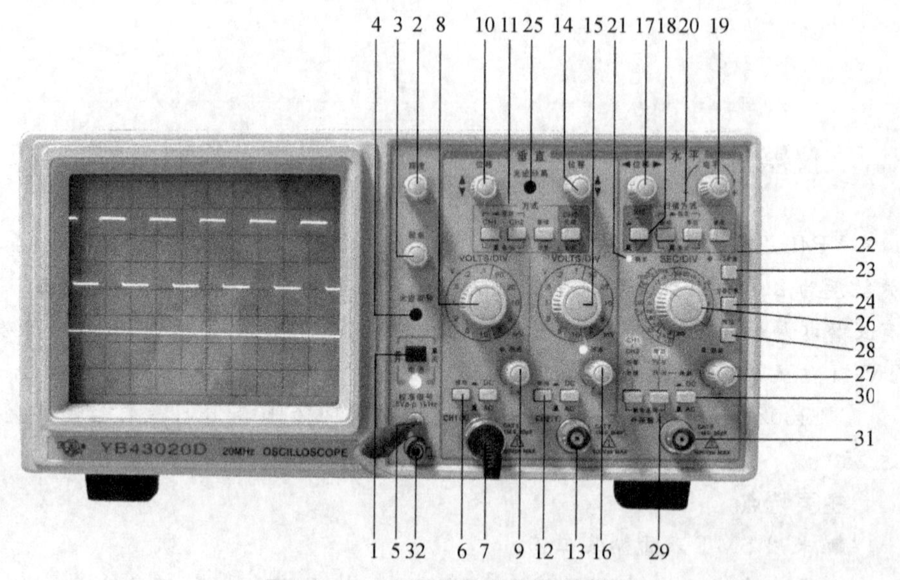

图 1.2.1　YB43020D 示波器前面板

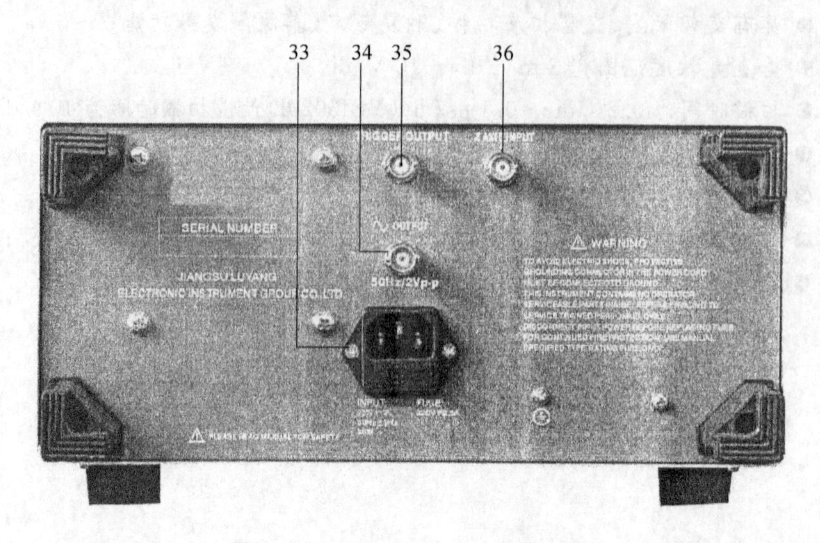

图 1.2.2　YB43020D 示波器后面板

2. 控制件的作用

YB43020D 示波器控制件的作用如表 1.2.1 所示。

表 1.2.1　YB43020D 示波器控制件的作用

序号	控制件名称	控制件作用
1	电源开关(POWER)	按入此开关,仪器电源接通,指示灯亮
2	亮度(INTENSITY)	光迹亮度调节,顺时针旋转光迹增亮
3	聚焦(FOCUS)	用以调节示波管电子束的焦点,使显示的光点成为细而清晰的圆点
4	光迹旋转(TRACE ROTATION)	调节光迹与水平线平行
5	探极校准信号(PROBE ADJUST)	此端口输出幅度为 0.5 V,频率为 1 kHz 的方波信号,用以校准 Y 轴偏转系数和扫描时间系数
6	耦合方式(AC GND DC)	垂直通道 1 的输入耦合方式选择。 AC:信号中的直流分量被隔开,用以观察信号的交流成分。 DC:信号与仪器通道直接耦合,当需要观察信号的直流分量或被测信号的频率较低时应选用此方式,GND 输入端处于接地状态,用以确定输入为零电位时光迹所在位置
7	通道 1 输入插座 CH1(X)	双功能端口,在常规使用时,此端口作为垂直通道 1 的输入口,当仪器工作在 X-Y 方式时此端口作为水平轴信号输入口
8	通道 1 灵敏度选择开关(VOLTS/DIV)	选择垂直轴的偏转系数,从 2 mV/div～10 V/div 分 12 个挡级调整,可根据被测信号的电压幅度选择合适的挡级
9	微调(VARIABLE)	用以连续调节垂直的 CH1 偏转系数,调节范围≥2.5 倍,该旋钮逆时针旋足时为校准位置,此时可根据"VOLTS/DIV"开关度盘位置和屏幕显示幅度读取该信号的电压值
10	垂直位移(POSITION)	用以调节光迹在 CH1 垂直方向的位置
11	垂直方式(MODE)	选择垂直系统的工作方式。 CH1:只显示 CH1 通道的信号。 CH2:只显示 CH2 通道的信号。 交替:用于同时观察两路信号,此时两路信号交替显示,该方式适合于在扫描速率较快时使用。 断续:两路信号断续工作,适合于在扫描速率较慢时同时观察两路信号。 叠加:用于显示两路信号相加的结果,当 CH2 极性开关被按入时,则两信号相减。 CH2 反相:此按键未按入时,CH2 的信号为常态显示,按入此键时,CH2 的信号被反相

续表

序号	控制件名称	控制件作用
12	耦合方式 (AC GND DC)	作用于 CH2,功能同控制件 6
13	通道 2 输入插座	垂直通道 2 的输入端口,在 X-Y 方式时作为 Y 轴输入口
14	垂直位移(POSITION)	用以调节光迹在垂直方向的位置
15	通道 2 灵敏度选择开关	功能同控件 8
16	微调	功能同控件 9
17	水平位移(POSITION)	用以调节光迹在水平方向的位置
18	极性(SLOPE)	用以选择被测信号在上升沿或下降沿触发扫描
19	电平(LEVEL)	用以调节被测信号在变化至某一电平时触发扫描
20	扫描方式 (SWEEP MODE)	选择产生扫描的方式。 自动(AUTO):当无触发信号输入时,屏幕上显示扫描光迹,一旦有触发信号输入,电路自动转换为触发扫描状态,调节电平可使波形稳定的显示在屏幕上,此方式适合观察频率在 50 Hz 以上的信号。 常态(NORM):无信号输入时,屏幕上无光迹显示,有信号输入,且触发电平旋钮在合适位置上时,电路被触发扫描,当被测信号低于 50 Hz 时,必须选择该方式。 锁定:仪器工作在锁定状态后,无须调节电平即可使波形稳定的显示在屏幕上。 单次:用于产生单次扫描,进入单次状态后,按动复位键,电路工作在单次扫描方式,扫描电路处于等待状态,当触发信号输入时,扫描只产生一次,下次扫描需再次按动复位键
21	触发指示 (TRIG'D READY)	该指示灯具有两种功能指示:当仪器工作在非单次扫描方式时,该灯亮表示扫描电路工作在被触发状态;当仪器工作在单次扫描方式时,该灯亮表示扫描电路在准备状态,此时若有信号输入将产生一次扫描,指示灯随之熄灭
22	扫描扩展指示	在按入"×5 扩展"或"交替扩展"后指示灯亮。
23	×5 扩展	按入后扫描速度扩展 5 倍
24	交替扩展扫描	按入后,可同时显示扫描时间和被扩展×5 后的扫描时间(注:在扫描速度慢时,可能出现交替闪烁)
25	光迹分离	用于调节主扫描和扩展×5 扫描后的扫描线的相对位置
26	扫描速率选择开关	根据被测信号的频率高低,选择合适的挡极。当扫描"微调"置校准位置时,可根据度盘的位置和波形在水平轴的距离读出被测信号的时间参数

续表

序号	控制件名称	控制件作用
27	微调(VARIABLE)	用于连续调节扫描速率，调节范围≥2.5倍。逆时针旋足为校准位置
28	慢扫描开关	用于观察低频脉冲信号
29	触发源 (TRIGGER SOURCE)	用于选择不同的触发源。 第一组 CH1：在双踪显示时，触发信号来自CH1通道；单踪显示时，触发信号则来自被显示的通道。 CH2：在双踪显示时，触发信号来自CH2通道；单踪显示时，触发信号则来自被显示的通道。 交替：在双踪交替显示时，触发信号交替来自于两个Y通道，此方式用于同时观察两路不相关的信号。 外接：触发信号来自于外接输入端口。 第二组 常态：用于一般常规信号的测量。 TV-V：用于观察电视场信号。 TV-H：用于观察电视行信号。 电源：用于与市电信号同步
30	AC/DC	外触发信号的耦合方式，当选择外触发源，且信号频率很低时，应将开关置DC位置
31	外触发输入插座 (EXT INPUT)	当选择外触发方式时，触发信号由此端口输入
32	⊥	机壳接地端
33	带保险丝电源插座	仪器电源进线插口
34	电源50 Hz输出	市电信号50 Hz正弦输出，幅度约2 V_{pp}
35	触发输发 (TRIGGER SIGNAL OUTPUT)	随触发选择输出约100 mV/div的CH1或CH2通道输出信号，方便于外加频率计等
36	Z轴输入	亮度调制信号输入端口

使用说明

1. 安全检查

(1) 使用前注意先检查“电源变换开关”是否与市电源相符合。

(2) 工作环境和电源电压应满足技术指标中给定的要求。

(3) 初次使用本机或久藏后再用，建议先放置通风干燥处几小时后通电 1～2 小时再使用。

(4) 使用时不要将本机的散热孔堵塞，长时间连续使用要注意本机的通风情况是否良好，防止机内温度升高而影响本机的使用寿命。

2. 仪器工作状态的检查

初次使用本机可按下述方法检查本机的一般工作状态是否正常。

(1) 主机的检查

把各有关控制件置于表 1.2.2 所列作用位置。

表 1.2.2　各控制件作用位置

控制件名称	作用位置	控制件名称	作用位置
亮度 INTENSITY	居中	输入耦合	DC
聚焦 FOCUS	居中	扫描方式 SWEEP MODE	自动
位移(三只) POSITION	居中	极性 SLOPE	（上升沿符号）
垂直方式 MODE	CH1	SEC/DIV	0.5 ms
VOLTS/DIV	0.1 V	触发源 TRIGGERSOURCE	CH1
微调(三只) VARIABLE	逆时针旋足	耦合方式 COUPLING	AC 常态

接通电源，电源指示灯亮。稍等预热，屏幕中出现光迹，分别调节亮度和聚焦旋钮，使光迹的亮度适中、清晰。

通过连接电缆将本机探极校准信号输入至 CH1 通道，调节电平旋钮使波形稳定，分别调节 Y 轴和 X 轴的移位，使波形与图 1.2.3 相吻合，用同样的方法分别检查 CH2 通道。

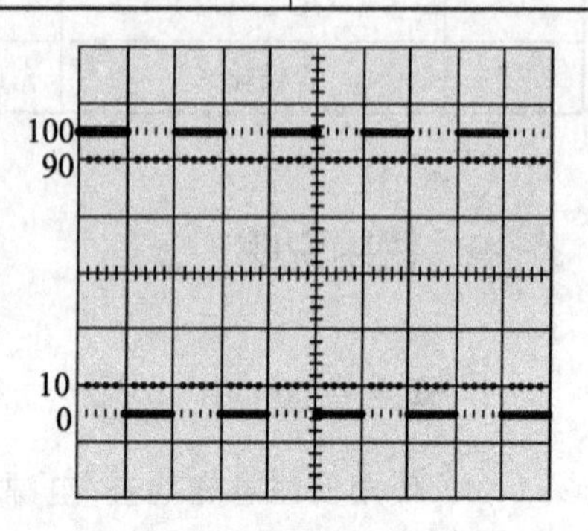

图 1.2.3　波形补偿适中

(2) 探头的检查

探头分别接入两 Y 轴输入接口，将 VOLTS/DIV 开关调至 10 mV，探头衰减置×10 挡，屏幕中应同样显示图 1.2.3 所显示的波形，如波形有过冲(见图 1.2.4)或下塌(见图 1.2.5)现象，可用高频旋具调节探极补偿元件(见图 1.2.6)，使波形最佳。

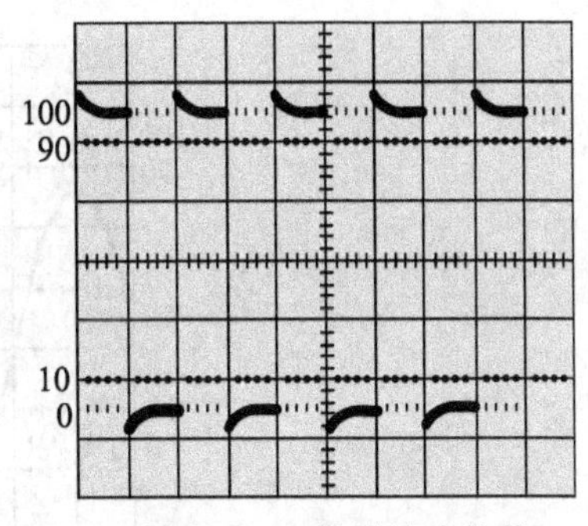

图 1.2.4　波形过冲补偿

做完以上工作，证明本机工作状态基本正常，可以进行测试。

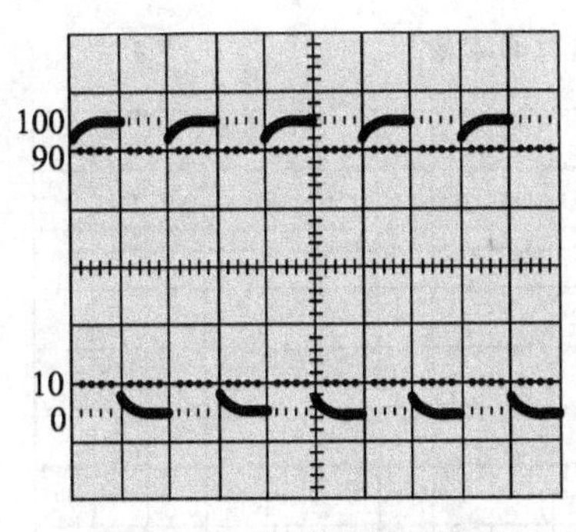

图 1.2.5　波形下塌欠补偿

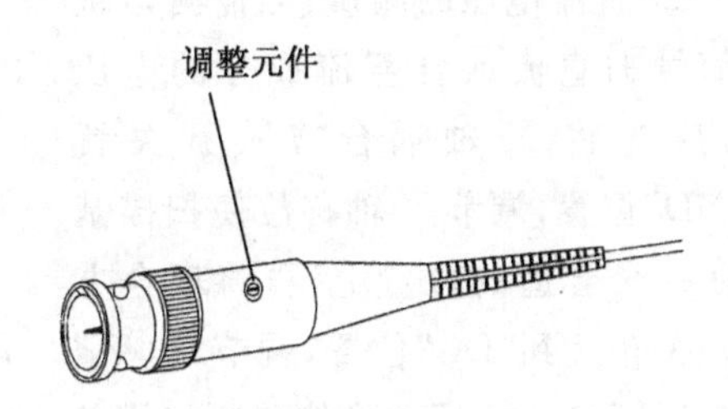

图 1.2.6　调节探极补偿元件

3. 测量

(1) 电压测量

在测量时一般把“VOCIS/DIV”开关的微调装置以逆时针方向旋至满度的校准位置，这样可以按“VOLTS/DIV”的指示值直接计算被测信号的电压幅度。

由于被测信号一般都含有交流和直流两种成分，因此在测试时应根据下述方法操作。

① 交流电压的测量：当只需测量被测信号的交流成分时，应将 Y 轴输入耦合方式开关置“AC”位置，调节“VOLTS/DIV”开关，使波形在屏幕中的显示幅度适中，调节“电平”旋钮使波形稳定，分别调节 Y 轴和 X 轴位移，使波形显示值方便读取，如图 1.2.7 所示。根据“VOLTS/DIV”的指示值和波形在垂直方向显示的坐标(DIV)，按下式读取：

$$V_{pp}=V/\mathrm{DIV}\times H(\mathrm{DIV})$$

$$V\text{有效值}=\frac{V_{pp}}{2\sqrt{2}}$$

如果使用的探头置 10∶1 位置，应将该值乘以 10。

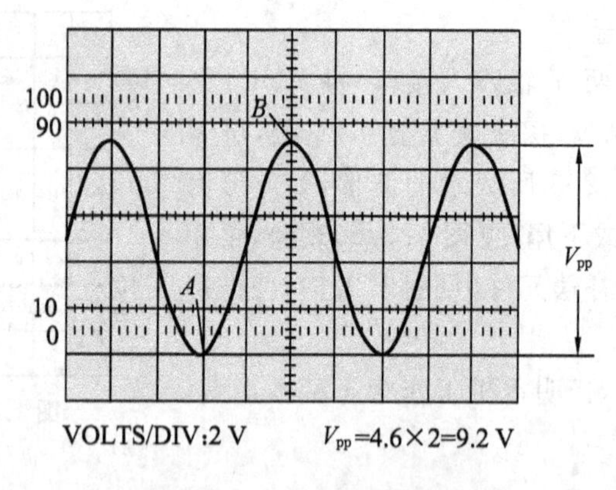

图 1.2.7　交流电压的测量

② 直流电压的测量：当需测量被测信号的直流或含直流成分的电压时，应先将 Y 轴耦合方式开关置“GND”位置，调节 Y 轴移位使扫描基线在一个合适的位置上，再将耦合方式开关转换到“DC”位置，调节“电平”使波形同步。根据波形偏移原扫描基线的垂直距离，用上述方法读取该信号的各个电压值(见图 1.2.8)。

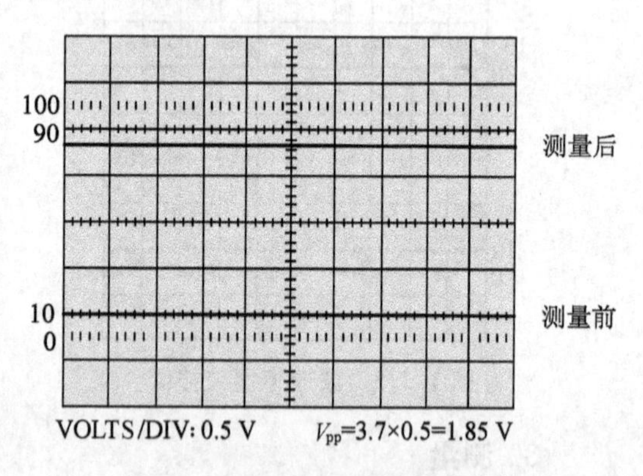

图 1.2.8　直流电压的测量

(2) 时间测量

对某信号的周期或该信号任意两点间时间参数的测量，可首先按上述操作方法，使波形获得稳定同步后，根据该信号周期或需测量的两点间在水平方向的距离乘以“SEC/DIV”开关的指示值获得，当需要观察该信号的某一细节(如快跳信号的上升或下降时间)时，可将“×5 扩展”按键按入，使显示的距离在水平方向得到 5 倍的扩展，调节 X 轴位移，使波形处于方便观察的位置，此时测得的时间值应除以 5。

测量两点间的水平距离，按下式计算出时间间隔：

$$\text{时间间隔(S)}=\frac{\text{两点间的水平距离(格)}\times\text{扫描时间系数(时间/格)}}{\text{水平扩展系数}}$$

例 1：在图 1.2.9 中，测得 A，B 两点的水平距离为 8 格，扫描时间系数设置为 2 ms/格，水平扩展为×1，则

$$\text{时间间隔}=\frac{8\text{ 格}\times 2\text{ ms/格}}{1}=16\text{ ms}$$

例 2：在图 1.2.10 中，波形上升沿的 10%处(A 点)至 90%处(B 点)的水平距

离为 1.8 格，扫速时间置 1 μs/格，扫描扩展系数×5，则

$$上升时间=\frac{1.8\ 格\times 1\ \mu s/格}{5}=0.36\ \mu s$$

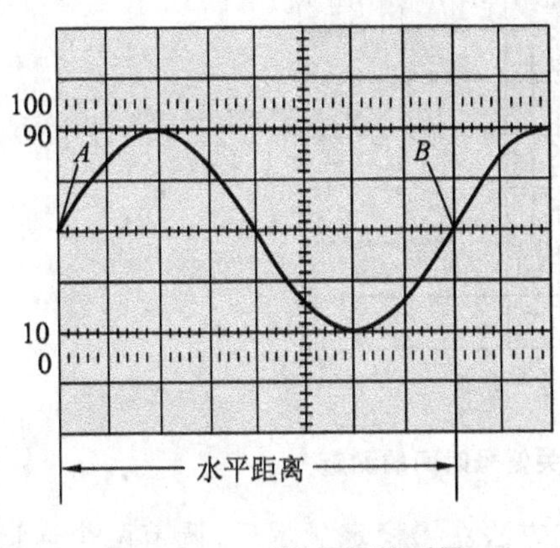

图 1.2.9　时间间隔的测量

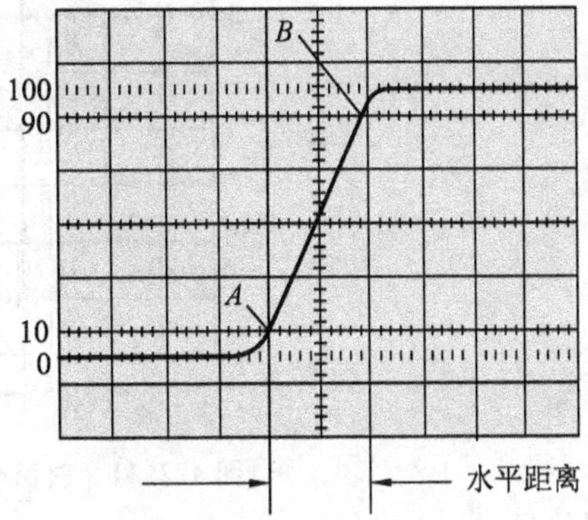

图 1.2.10　上升时间的测量

(3) 频率测量

对于重复信号的频率测量，可先测出该信号的周期，再根据公式

$$f(\mathrm{Hz})=\frac{1}{T(S)}$$

计算出频率值。若被测信号的频率较密，即使将“SEC/DIV”开关已调至最快挡，屏幕中显示的波形仍然较密，为了提高测量精度，可根据 X 轴方向 10 DIV 内显示的周期数用下式计算：

$$f(\mathrm{Hz})=\frac{N(周期数)}{\mathrm{SEC/DIV}\ 指示值\times 10}$$

(4) 两个相关信号的时间差或相位差的测量

根据两个相关信号频率选择合适的扫描速度，将垂直方式开关根据扫描速度的快慢分别置“交替”或“断续”位置，将“触发源”选择开关置被设定作为测量基准的通道，调节电平使波形稳定同步，根据两个波形在水平方向某两点间的距离，用下式计算出时间差：

$$时间差=\frac{水平距离(格)\times 扫描时间系数(时间/格)}{水平扩展系数}$$

例 3：在图 1.2.11 中，扫描时间系数置50 μs/格，水平扩展置×1，测得两测量点之间的水平距离为 1.5 格，则

$$时间差=\frac{1.5\ 格\times 50\ \mu s/格}{1}=75\ \mu s$$

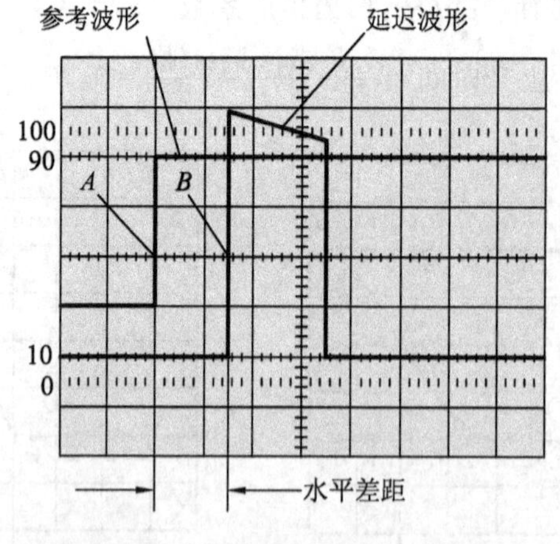

图 1.2.11 对两个相关信号时间的测量

若测量两个信号的相位差，可在用上述方法获得稳定显示后，调节两个通道的"VOLTS/DIV"开关和微调，使两个通道显示的幅度相等。调节"VAR"微调，使被测信号的周期在屏幕中显示的水平距离为几个整数据，用下式计算出每格的相位角：

$$每格的相位角=\frac{360^{\circ}}{一个周期的水平距离(DIV)}$$

再根据另一个通道信号超前或滞后的水平距离乘以每格的相位角，得出两相关信号的相位差。

例 4：在图 1.2.12 中，测得两个波形测量点的水平距离为 1 格，则

$$相位差=1\ 格\times 40^{\circ}/格=40^{\circ}$$

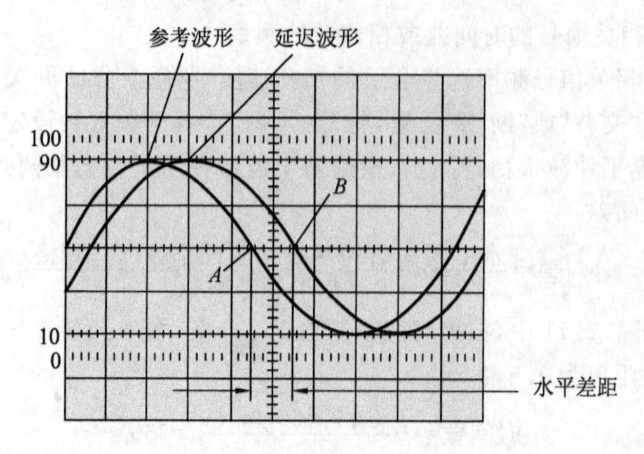

图 1.2.12 对两个相关信号相位差的测量

(5) 两个不相关信号的测量

当需要同时测量两个相关信号时，应将垂直方式开关置"ALT"位置，并将触发源选择开关"CH1""CH2"两个按键同时按入，调节电平可使波形获得同步。

在使用本方式工作时，应注意以下几点：① 因为该方式仅限于在"垂直方式"为"交替"时使用，因此被测信号的频率不宜太低，否则会出现两个通道的交替闪烁现象；② 当其中一个通道无信号输入时，将不能获得稳定同步。

(6) 电视信号的测量

本示波器设有 TV-V，TV-H 同步信号分离电路，当需观察电视信号时可选择"TV-V""TV-H"，根据被测电视信号的极性，选择合适的触发极性，调节电平可获得电视信号的稳定。

(7) X-Y 方式的应用

在某些特殊场合，X 轴的光迹偏转需由外来信号控制，或需要 X 轴也作为被测信号的输入通道。如外接扫描信号，李沙育图形的观察或作为其他设备的显示装置等，都需要用到该方式。

X-Y 方式的操作：将"SEC/DIV"开关逆时针方向旋足至"X-Y"位置，由"CH1 OR X"端口输入 X 轴信号，其偏转灵敏度仍按该通道的"VOLTS/DIV"开关指示值读取。

(8) 交替扩展扫描

在观察被测信号全景又要能看到信号某处的细节时，可使用此功能。进入该功能后每通道显示两组扫描线，第一组为正常扫描速度显示的波形，第二组为扫描速度扩展×5 后的波形(实际扫速时间＝该挡扫速数÷5)，两组波形垂直平分线方向间隔距离，可通过面板"轨迹分离"调节以达到满意效果，如图 1.2.13 所示。

注意：在交替扩展扫描时，如按"×5 扩展"，即为"×5 扩展"优先。

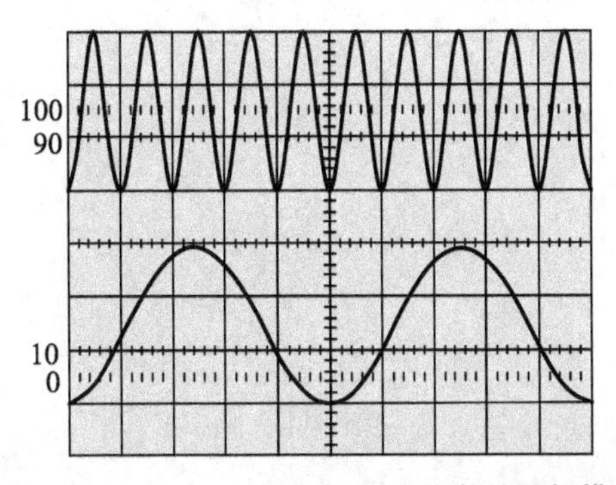

图 1.2.13　交替扩展扫描波形显示

(9) 外部亮度控制

由仪器背面的Z轴输入插座可输入对波形亮度的调制信号，调制极性为负电平加亮，正电平消稳，当需要对被测波形的某段打入亮度标记时，可采用本功能获得。

仪器三

LDS20205系列数字存储示波器

仪器介绍

LDS20205 系列示波器是一种新型手提式高性能的数字存储示波器。仪器具有数据存储、光标和参数自动测量、波形运算、FFT 分析等功能，备有 RS232 接口、USB 接口、FJ45 网口等，仪器操作简便、直观、体积小、重量轻、功耗低、可靠性高。

主要特点

- 垂直双通道，同时操作，每通道带宽 200 M，100 M，40 M，25 M；
- 扫描最高实时采样 1 GSa/s，最高等效采样 50 GSa/s；
- 自动跟踪功能，扫描速度自动、垂直衰减自动、全自动；
- 时钟显示功能；
- 测量范围为 2 mV/div～50 V/div；
- 多种波形运算、FFT、微分、积分功能；
- 边沿、视频、脉宽、斜率、交替等触发功能；
- 支持 USB 存储设备、RJ45 网口、RS232 接口；
- 校准信号频率可选择(1 k，10 k，100 k)；
- 波形亮度和栅格亮度都可调节；
- 波形记录和回放功能；
- 自动测量多种波形参数；
- 具备延迟扫描功能，时间可缩小；
- 通过失败测试功能(光耦隔离功能)；
- 帮助信息显示；
- 多国语言菜单显示；
- 高清晰彩色显示。

LDS20205示波器的面板和用户界面

LDS20205 示波器向用户提供了简单而功能明晰的前面板(见图 1.3.1),以进行基本的操作。面板上包括旋钮和功能键。旋钮的功能和其他示波器类似。显示屏右侧的一列 5 个灰色按键为菜单操作键,自上而下分别为 SUB1 键至 SUB5 键,通过它们可以设置当前对应菜单的不同选项;其他按键为功能按键,通过它们可以进入不同的功能菜单或直接获得特定的功能应用。LDS20205 示波器的后面板还备有 RS232 接口、USB 接口、RJ4S 网口等,如图 1.3.2 所示。

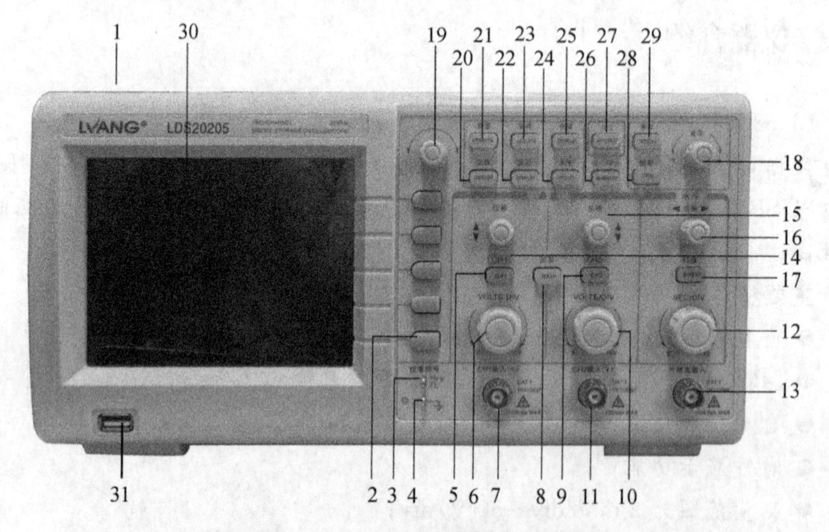

图 1.3.1 LDS20205 示波器整体前面板

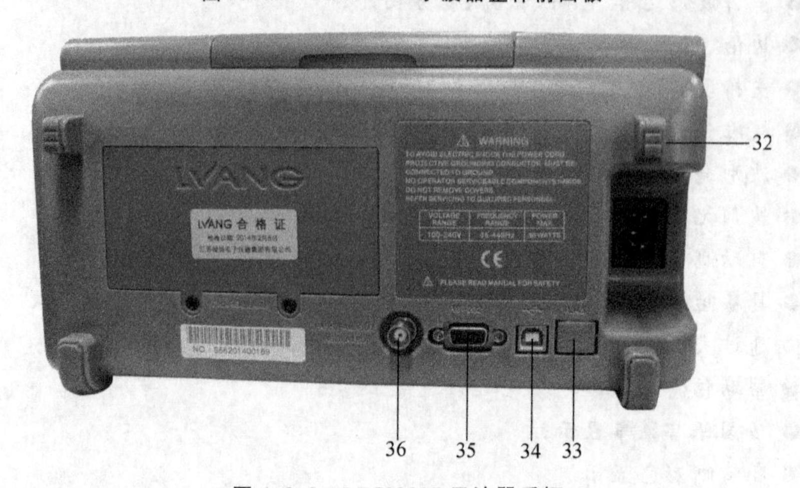

图 1.3.2 LDS20205 示波器后框

LDS20205 示波器控制件作用如表 1.3.1 所示。

表 1.3.1　标记符号说明

序号	符号	说明	序号	符号	说明
1	⎓	直流电	7	○	关(电源)
2	~	交流电	8	+，−	正、负极
3	⏚	接地	9		警示触电危险
4		保护接地	10	⚠	警示
5		接机架	11		推动开关按入
6	|	开(电源)	12		推动开关按出

LDS20205 示波器控制件作用如表 1.3.2 所示。

表 1.3.2　LDS20205 示波器控制件作用

序号	控制件名称	控制件作用
1	电源开关(POWER)	按入状态接通电源，弹出状态切断电源
2	菜单键	SUB1～SUB5 共 5 个灰色按键，对应显示屏右侧 5 个菜单显示区域，按动菜单键可以设置当前显示区域菜单的不同选项
3	校准信号	可选择输出 0.5 V_{pp}，1 kHz，10 kHz，100 kHz 方波，用于校正探头方波和检测垂直通道的偏转系数
4	GND	整机接地端子
5	GH1 功能键	该键用来打开或关闭 CH1 通道及菜单
6	CH1 通道垂直偏转系数开关(VOLTS/DIV)	调节衰减挡位系数，按下该键设置 CH1 通道的垂直挡位调节为粗调或微调
7	CHI 通道信号输入插座(INPUT)	CH1 通道的信号接入端口，X-Y 工作方式时，作用为 X 轴信号输入端
8	运算(MATH)功能键	按下该键打开或关闭运算功能及菜单
9	CH2 功能键	该键用来打开或关闭 CH2 通道及菜单
10	CH2 通道垂直偏转系数开关(VOLTS/DIV)	调节衰减挡位系数，按下该键设置 CH2 通道的垂直挡位调节为粗调或微调

续表

序号	控制件名称	控制件作用
11	CH2 通道信号输入插座(INPUT)	CH2 通道的信号接入端口,X-Y 工作方式时,作用为 Y 轴信号输入端
12	扫描时基开关(SEC/DIV)	根据需要选择适当的扫描时间挡级
13	外触发输入端(INPUT)	外接同步信号的输入插座
14	CH1 垂直位移旋钮(位移)	调节 CH1 波形垂直位移,顺时针方向旋转辉线上升,逆时针方向旋转辉线下降。按下该键使 CH1 通道波形的垂直显示位置迅速回到屏幕中心点
15	CH2 垂直位移旋钮(位移)	调节 CH2 波形垂直位移,顺时针方向旋转辉线上升,逆时针方向旋转辉线下降。按下该键使 CH2 通道波形的垂直显示位置迅速回到屏幕中心点
16	水平位移旋钮	改变显示波形水平方向的位置,按下该键将使触发位移或延迟扫描位移恢复到水平零点处
17	扫描功能键(SWEEP)	按下该键打开扫描菜单
18	触发电平调整旋钮(LEVEL)	根据触发电平决定扫描开始的位置
19	公用旋钮	按下该键可设置选项或关闭弹出菜单
20	光标测量功能键	光标模式允许用户通过移动光标进行测量,可选择手动、追踪和自动测量
21	自动测量功能键(MEASURE)	测量功能可以对 CH1 和 CH2 通道波形进行自动测量
22	显示功能键	可以设置示波器的显示信息
23	采样功能键	设置采样方式为实时或等效采样
24	应用功能键	应用菜单可以选择示波器的语言种类,设置通过测试和波形记录功能,系统维护,自校正功能以及设置时间、日期等
25	存储功能键	可以将当前的设置文件保存到仪器的内部存储区或 USB 存储设备上
26	运行/停止功能键	近下该键使波形采样在运行和停止之间切换
27	自动功能键	自动设定仪器各项控制值,以产生适宜观察的波形显示
28	触发功能键	可以设置触发方式、触发源、触发条件、触发释抑时间等参数
29	单次功能键	按下该键在符合触发条件下进行一次触发,然后停止运行

续表

序号	控制件名称	控制件作用
30	LCD 显示屏	显示各种信息
31	USB 接口	在该菜单中可以对 USB 存储设备进行操作整理
32	电源插座	电源输入端
33	RJ45 网口(选配)	可以利用 RJ45 网口进行信息处理
34	USB 接口(选配)	可以利用 USB 接口进行信息处理
35	RS232(选配)	可以利用 RS232 进行信息处理
36	通过/失败输出端口(选配)	输出通过/失败脉冲波形(光耦隔离功能)

LDS20205 示波器显示界面如图 1.3.3 所示。

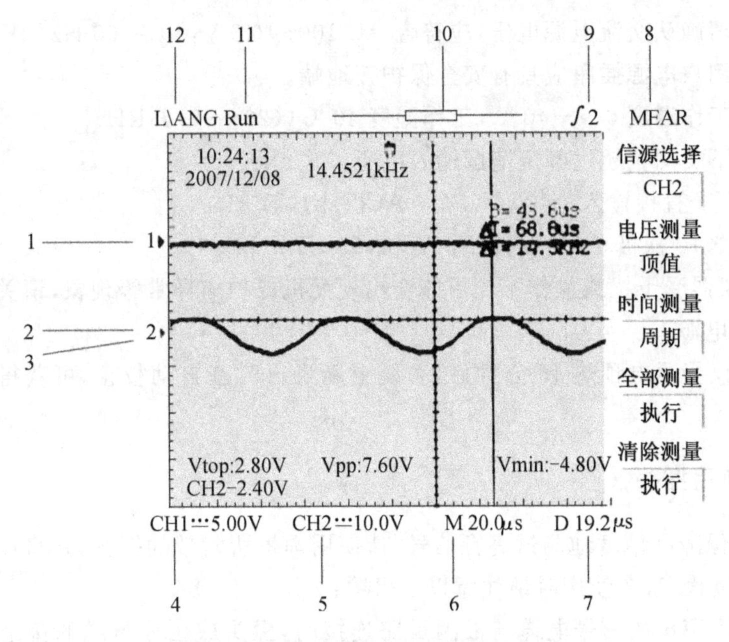

图 1.3.3　LDS20205 示波器显示界面

界面说明：

1—CH1 标志；

2—CH2 标志；

3—触发位置指示；

4—CH1 耦合及垂直挡位状态；

5—CH2 耦合及垂直挡位状态；

6—水平时基挡位状态；

7—触发位移显示；

8—用户自定义菜单；

9—触发状态指示；

10—当前显示波形窗口在内存中的位置；

11—运行/停止状态显示；

12—绿扬商标。

LDS20205使用说明

1. 安全检查及注意事项

(1) 请确认交流电源电压，应符合 AC 100～240 V，40～400 Hz。

(2) 用户电源插座应具有安全保护接地端。

(3) 工作温度 0～+40 ℃，工作湿度 40 ℃，(20～90)%RH。

(4) 不要测量超过额定范围输入电压：

INPUT 直接输入　400 V(DC+ACpeak)≤1 kHz

使用×10 探极　400 V(DC+ACpeak)≤1 kHz

(5)仪器受干扰或操作不当可能会出现死机或扫描异常等现象，请关闭 3 秒后重新开启电源。

(6) 仪器通电预热 15 分钟后，系统重新进行时基自动校正，可获得更高测量精度。

2. 使用探头

为了保障高精度地测试高频信号，请使用本机所附带的探头，并将探极设置在 10∶1 衰减状态，在使用时请注意以下事项：

(1) 用探头或信号电缆与被测量路连接时，探头或信号电缆的接地端务必与被测电路的地线相连。在悬浮状态下，示波器与其他设备或与地间的电位差可能导致触电或损坏示波器、探头或其他设备。

(2) 不要测量超过 400 V(DC+ACpeak)≤1 kHz 的信号。

(3) 测量建立时间短的脉冲信号和高频信号时，请尽量将探头的接地导线接于邻近被测点的位置。接地导线过长，可能会引起振铃或过冲等波形失真。

(4) 为避免接地导线影响对高频信号的测试，建议使用探头的专用接地附件。

(5) 为避免测量误差，请务必在测量前按照下述方法对探头进行检验和校准：将探头与探头校准用的方波信号输入端子 PROBE ADJUST(0.5 V/1 kHz)相连,同时探头的接地导线与接地端子连接。探头的特性为最佳状态时(见图1.3.4 a),若出现如图 1.3.4 b,c 所示的情况,请用改锥调整探头上的频率补偿微调电容进行校准。

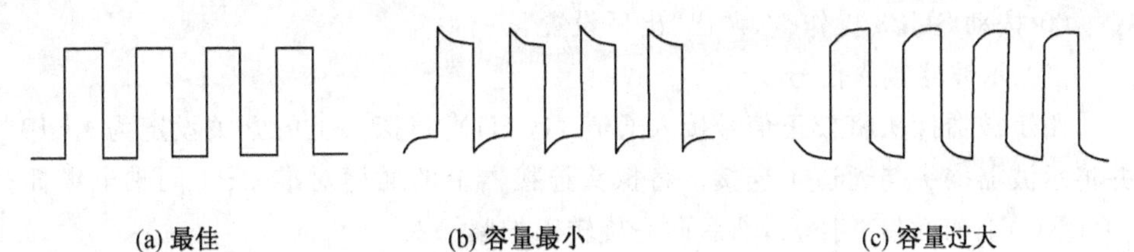

(a) 最佳　　(b) 容量最小　　(c) 容量过大

图 1.3.4　探头校准方波信号

3. 功能性检查

当得到一台新的 LDS20205 示波器时,建议按以下步骤做一次快速功能检查,以核实体仪器运行正常。

(1) 接通仪器电源

通过一跟电源线连接电源与示波器,电线的供电电压为 100～240 V 交流电,频率为 45～440 Hz。接通电源后,仪器正常显示示波器界面,然后进行下列操作,调出出厂设置(见图 1.3.5)。

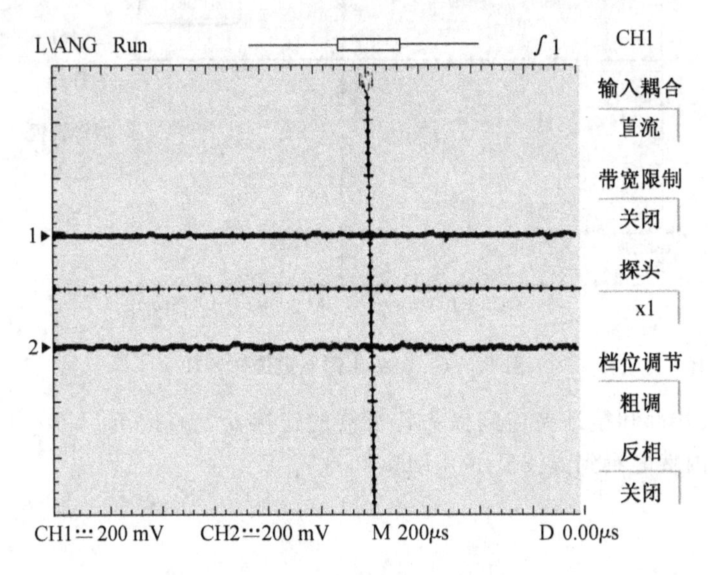

图 1.3.5　出厂设置(调出后的图)

① 按动存储键，调出存储菜单。

② 连续按动 SUB1 操作键选择“出厂设置”，或按动 SUB1 操作键，弹出子菜单后，旋转公共旋钮，选择“出厂设置”，再按一下公共旋钮键，加以确认为“出厂设置”。

③ 按动 SUB3 操作键，调出“出厂设置”。

(2) 示波器接入信号

用示波器探头将校正信号接入通道 1(CH1)：将探头上的开关设定为“×10”，并将示波器探头与通道 1 连接。将探头连接器上的插槽对准 CH1 同轴电缆插接件(BNC)上的插口并插入，然后向右旋转以拧紧探头。

示波器需要输入探头的衰减系数。此衰减系数改为仪器的垂直挡位比例，从而使得测量结果正确反映被测信号的电平。探头的设定方法如下：按 CH2 功能键显示通道 2 的操作菜单，应用与探头平行的 3 号菜单操作键，选择与探头同比例的衰减系数，此时设定为“×10”(见图 1.3.6)。

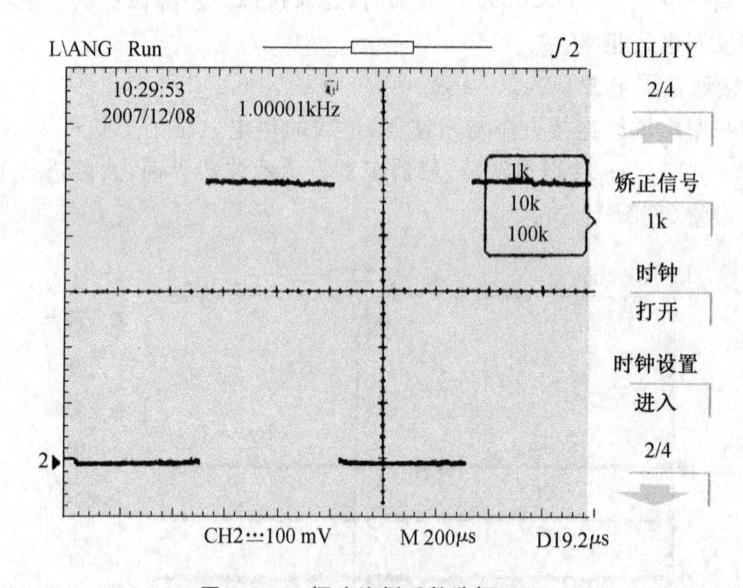

图 1.3.6 探头比例系数选择×10

把探头端部和接地夹连到探头补偿器的连接器上。按 ATUO(自动设置)按键，几秒钟内就能看到方波显示(1 kHz，0.5 V_{pp})。

测试

1. 菜单操作键的设置及多功能旋钮

菜单操作键：在面板左侧有5个垂直的按键为菜单操作键，它们对应显示屏右侧显示的5个菜单选项，通过它们可以设置当前菜单的不同选项。

多功能旋钮：在面板左上方的旋钮为多功能旋钮。当按动菜单选择键，显示菜单键出现子菜单时，多功能旋钮可以选择子菜单项。选中后按一下该旋钮以确认选中子菜单选项，没有子菜单时，按一下该键可以隐藏主菜单，再按一下则可以弹出主菜单。

注意：面板上多功能旋钮以及所有功能性按键连续按两次以上都可以隐藏和显示屏幕右侧的主菜单。

面板上所有的按键和旋钮在长按超过5秒后都可以显示其对应的帮助菜单，按任意键帮助菜单消失。如长按CH1衰减挡位按键可显示图1.3.7所示的帮助菜单。

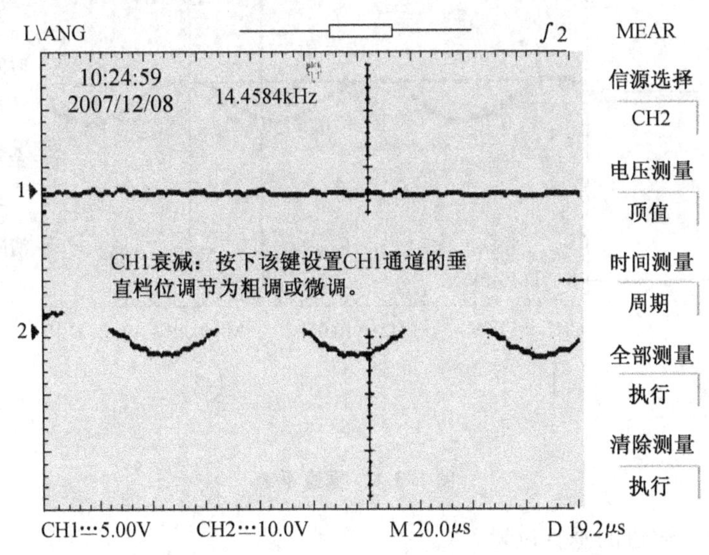

图1.3.7　帮助菜单

2. 垂直系统

每个通道都有独立的操作旋钮，可以随时对通道进行设置。当选择CH1或CH2通道按键时，触发信源也同时选择当前的通道。

垂直位移旋钮：控制信号的垂直显示位置。当转动垂直位移旋钮时，指示通道的标识跟随波形而上下移动。按下该旋钮可以作为设置通道垂直显示位置恢复到中心零点的快捷键。

VOLTS/DIV 旋钮：左右旋转 VOLTS/DIV 旋钮，在粗调时改变垂直挡位设置，波形显示窗口下方的状态栏显示对应通道的挡位；在微调状态下时，可以在当前垂直挡位范围内进一步细调波形幅度。切换粗调/微调不但可以通过通道菜单操作，还可以通过按下 VOLTS/DIV 旋钮作为设置输入通道的粗调/微调状态的快捷键。在微调状态下时，通道的耦合状态表制变为白色字符显示。

垂直系统（见图 1.3.8）标志说明：

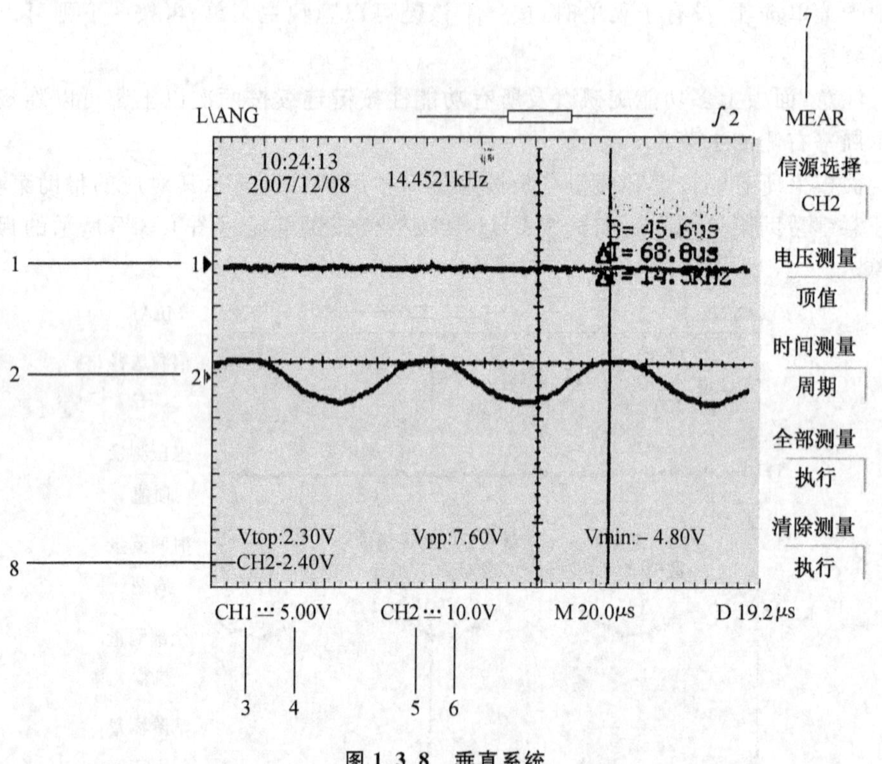

图 1.3.8 垂直系统

1—CH1 通道的垂直位置；

2—CH2 通道的垂直位置；

3—CH1 通道的耦合状态；

4—CH1 通道的挡位；

5—CH2 通道的耦合状态；

6—CH2 通道的挡位；

7—显示当前菜单代表的含义；

8—在调节垂直 POSITION 显示时通道相对水平零点的偏移量。

以 CH1 通道为例说明表 1.3.3 所示功能菜单的设定。

表 1.3.3　功能菜单设定说明

功能菜单	设定	说明
输入耦合	直流 交流 接地	被测信号的交流和直流成分被通过 被测信号含有的直流全量被阻隔 断开输入信号，垂直放大器的输入端被接地
带宽限制	关闭 打开	限制带宽至 20 MHz，将不需要的高频信号滤除 进行观测满带宽
探头	×1 ×10 ×100	为了配合探头的衰减系数，可选择示波器输入通道的比例系数，以避免显示的挡位信息和测量的数据发生错误
挡位调节	粗调 微调	按 1—2—5 进制设定垂直灵敏挡位 在步进设置范围之间进一步细分，以改善分辨率
反相	关闭 打开	波形正常显示 打开波形反向功能

（1）设置通道的输入耦合

按 CH1 键，波形显示区右侧出现 CH1 的主菜单，连续按“输入耦合”对应的菜单操作键，可以选择直流、交流、接地等输入耦合，如图 1.3.9～图 1.3.11 所示。

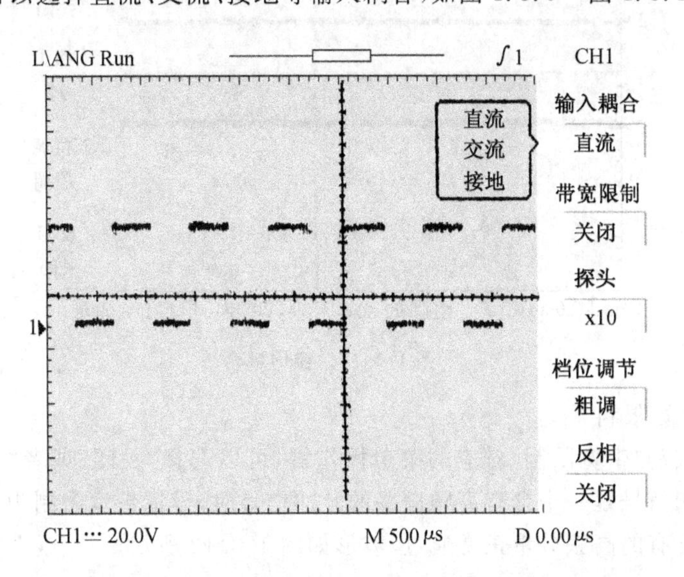

图 1.3.9　直流耦合

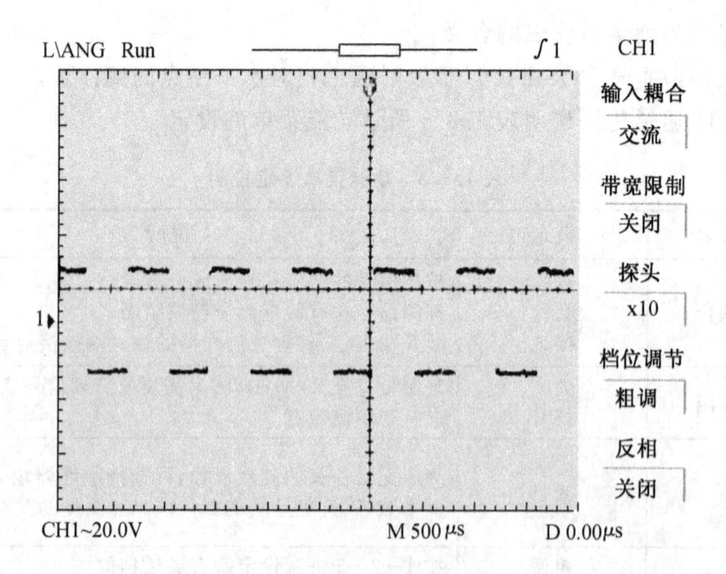

图 1.3.10　交流耦合

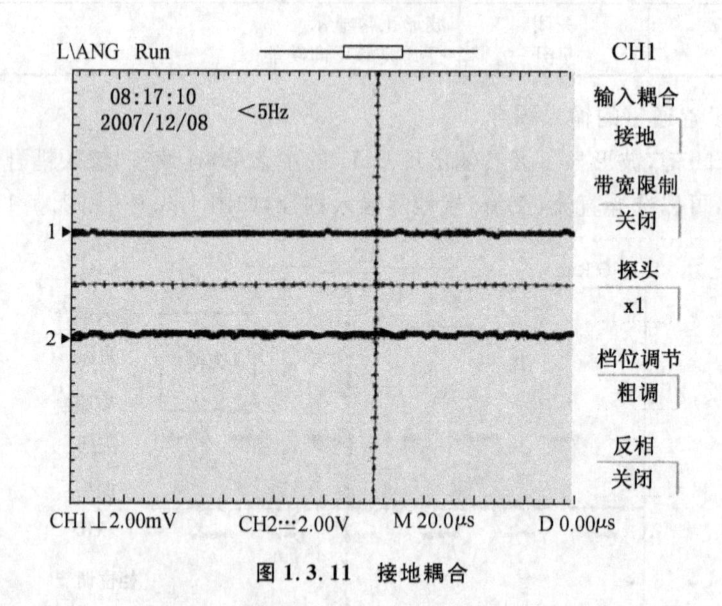

图 1.3.11　接地耦合

(2) 带宽限制

连续按动"带宽限制"对应的菜单操作键,可以选择"关闭"或者"打开"带宽限制。当被测信号是一个含有高频振荡的脉冲信号时,设置带宽限制为关闭状态,则被测信号含有的高频分量正常通过,波形如图 1.3.12 所示。

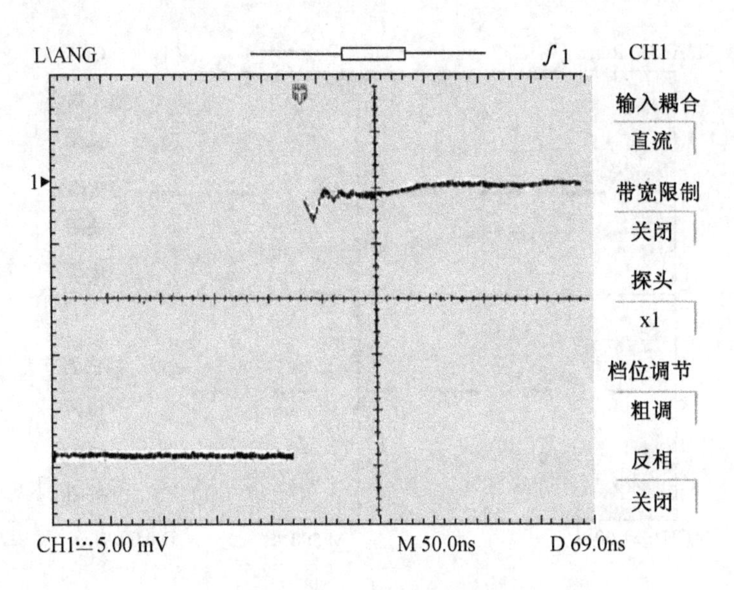

图 1.3.12　带宽限制关闭

设置带宽限制为打开状态，则被测信号含有的高频成分被阻止，波形如图 1.1.13 所示。

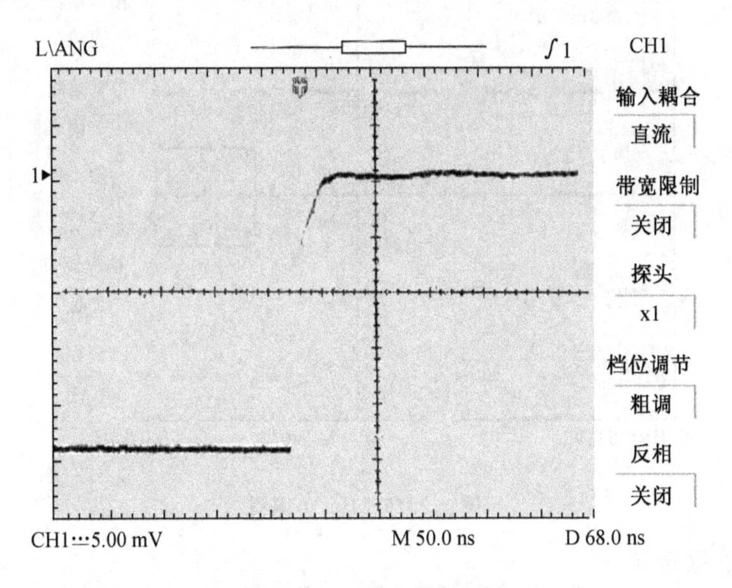

图 1.3.13　带宽限制打开

(3) 探头调节

为了配合探头的衰减系数，直接读出被测信号幅度的大小，需要在通道操作菜单上相应调整探头的衰减比例系数，如图 1.3.14 和图 1.3.15 所示。

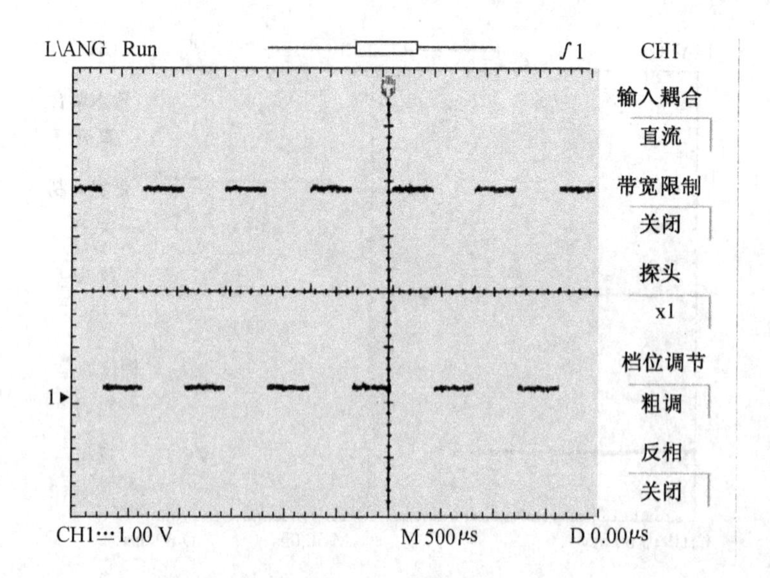

图 1.3.14　1∶1 探头

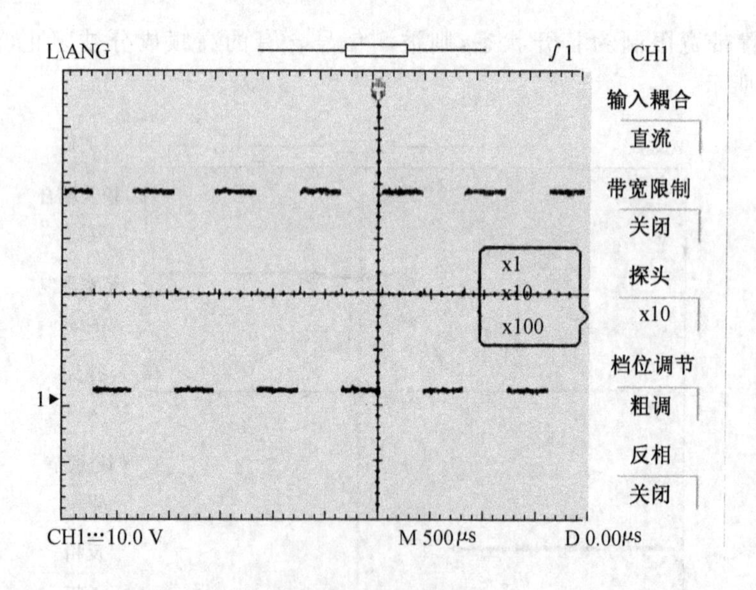

图 1.3.15　10∶1 探头

(4) 挡位调节

垂直挡位调节分为粗调和微调两种模式。粗调是以 1—2—5 方式步进确定垂直灵敏度。微调是指在当前垂直挡位范围内进一步调整，如果输入的波形幅度应在当前挡位略大于满刻度，而应用下一挡位时波形显示幅度又稍低，则可以应用微调以改善波形显示幅度，以利于更好地观察信号的细节，注意此时屏幕下方通道微调数值的变化，同时通道耦合标志在微调状态下以白色字符显示。

(5) 反相

反向打开，屏幕上波形显示的信号相对通道地电位翻转 180°，如图 1.3.16 和图 1.3.17 所示。

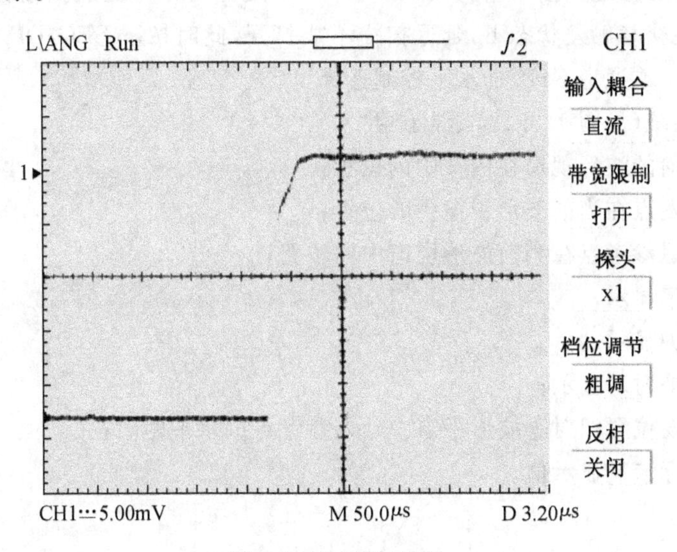

图 1.3.16　正相显示

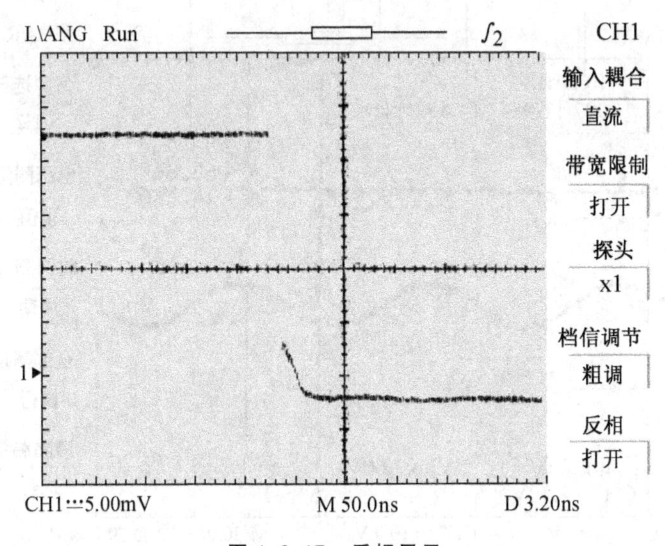

图 1.3.17　反相显示

3. 水平系统

使用水平控制钮可以改变水平时基以及触发在内存中的水平位置。

水平位移旋钮：调整通道波形的水平位置，按下此旋钮作为使触发水平位置立即回到延迟参考点的快捷键。设定水平位位移范围≥20 格，扫描长度>15 格。

SEC/DIV 旋钮：调整主时基或延迟扫描时基，当延迟扫描被打开时，将通过改变该旋钮改变延迟扫描时基。按下 SEC/DIV 旋钮可作为延迟扫描打开或关闭的快捷键。在交替触发状态下，延迟扫描不能打开，此时按下 SEC/DIV 旋钮可以激活通道 CH1 或通道 CH2 的水平控制选择。

水平系统(见图 1.3.18)标志说明：

1—当前的波形视窗在内存中的位置；

2—触发点在当前波形视窗中的位置；

3—延迟参考点在当前波形视窗中的位置；

4—频率显示；

5—时钟显示；

6—水平时基显示；

7—触发位置相对于波形视窗中延迟参考点的水平距离；

8—光标卡尺显示值。

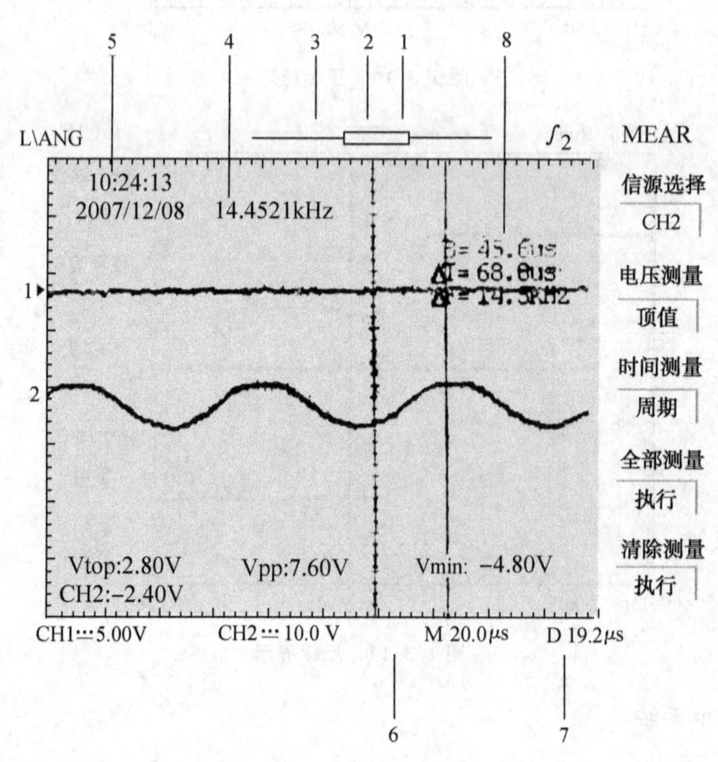

图 1.3.18 水平标志图

VOLTS/DIV:2 V　　$V_{pp}=4.6\times2=9.2$ V

图 1.2.7　交流电压的测量

② 直流电压的测量：当需测量被测信号的直流或含直流成分的电压时，应先将 Y 轴耦合方式开关置“GND”位置，调节 Y 轴移位使扫描基线在一个合适的位置上，再将耦合方式开关转换到“DC”位置，调节“电平”使波形同步。根据波形偏移原扫描基线的垂直距离，用上述方法读取该信号的各个电压值(见图 1.2.8)。

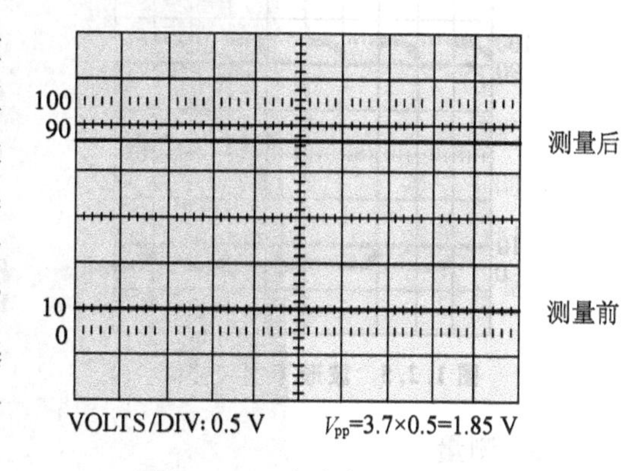

图 1.2.8　直流电压的测量

(2) 时间测量

对某信号的周期或该信号任意两点间时间参数的测量，可首先按上述操作方法，使波形获得稳定同步后，根据该信号周期或需测量的两点间在水平方向的距离乘以“SEC/DIV”开关的指示值获得，当需要观察该信号的某一细节(如快跳信号的上升或下降时间)时，可将“×5 扩展”按键按入，使显示的距离在水平方向得到 5 倍的扩展，调节 X 轴位移，使波形处于方便观察的位置，此时测得的时间值应除以 5。

测量两点间的水平距离，按下式计算出时间间隔：

$$\text{时间间隔}(S)=\frac{\text{两点间的水平距离(格)}\times\text{扫描时间系数(时间/格)}}{\text{水平扩展系数}}$$

例 1：在图 1.2.9 中，测得 A，B 两点的水平距离为 8 格，扫描时间系数设置为 2 ms/格，水平扩展为×1，则

$$\text{时间间隔}=\frac{8\text{ 格}\times2\text{ ms/格}}{1}=16\text{ ms}$$

例 2：在图 1.2.10 中，波形上升沿的 10%处(A 点)至 90%处(B 点)的水平距

显示水平菜单如表 1.3.4 所示。

1.3.4　水平系统功能菜单设定说明

说明
关闭延迟扫描 放大一段波形，以便查看图像细节
Y-T 方式显示垂直电压与水平时间的相对关系 X-Y 方式在水平轴上显示通道 1 幅值，在垂直轴上显示通道 2 的幅值
关闭自动跟踪 根据输入信号幅值大小自动选择垂直灵敏度挡级，使屏幕垂直幅度始终显示 2～5 格波形 可自动跟踪输入信号的频率，使屏幕始终显示 3～8 个周期波形 可自动跟踪输入信号的幅度和频率

一段波形，以便查看图像的细节，延迟扫描时基设定不能
在延迟扫描时分上下两个显示区域，上半部分显示的是原
展一倍，两卡尺之间的区域是期望被水平扩展的波形，下
区域经过水平扩展的波形，如图 1.3.19 所示。

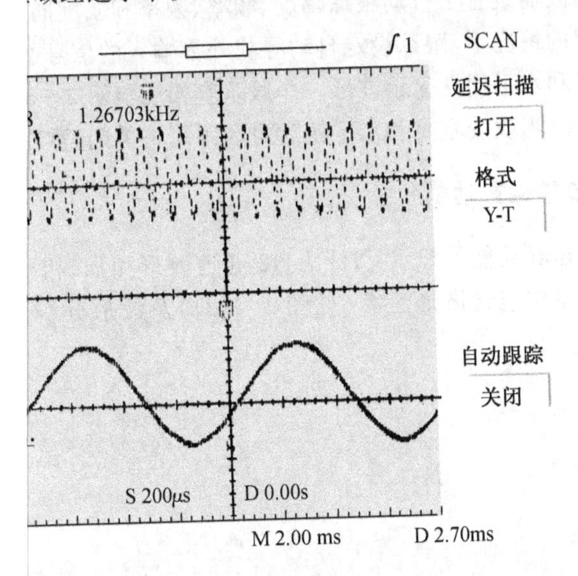

图 1.3.19　延迟扫描图

(2) X-Y 功能

选择 X-Y 显示方式后，水平轴上显示 CH1 电压(水平显示限制在 10 格以内)，垂直轴上显示 CH2 电压，如图 1.3.20 所示。

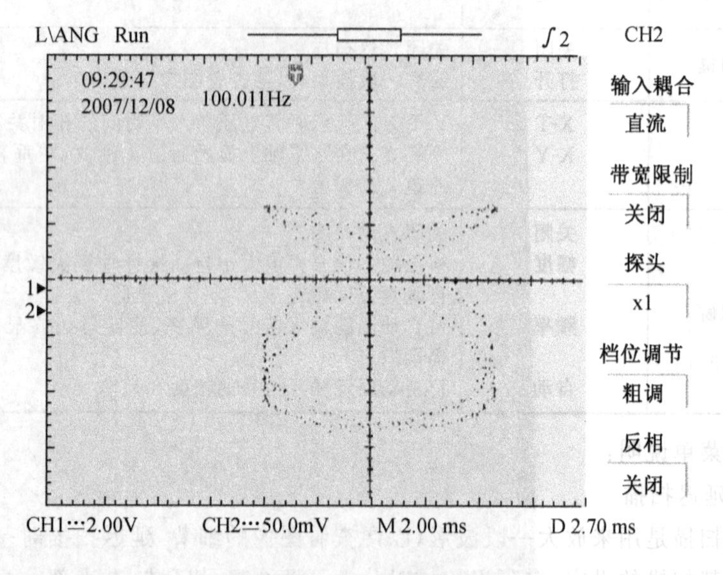

图 1.3.20 *X-Y* 显示

(3) 自动跟踪

本示波器设置了自动跟踪幅度、频率、频率和幅度同时跟踪等功能。在不改变面板旋钮的情况下，跟踪设定自动寻找外界输入的信号的幅度以及频率，以一定的垂直幅度和水平周期显示波形。一般垂直幅度显示 2～5 格，水平周期在 2～12 格之间显示。当改变垂直和水平钮后自动跟踪将关闭，重新变为手动操作。

4. 数学运算功能

波形运算功能是显示 CH1，CH2 通道波形相加、相减、相乘、相除的结果。数学运算菜单中包含波形运算(见图 1.3.21)及波形分析两大功能，下面分别加以介绍。

轴输入接口，将 VOLTS/
头衰减置×10 挡，屏幕
所显示的波形，如波形有
(见图 1.2.5)现象，可用
元件(见图 1.2.6)，使波形

本机工作状态基本正常，

图 1.2.4 波形过冲补偿

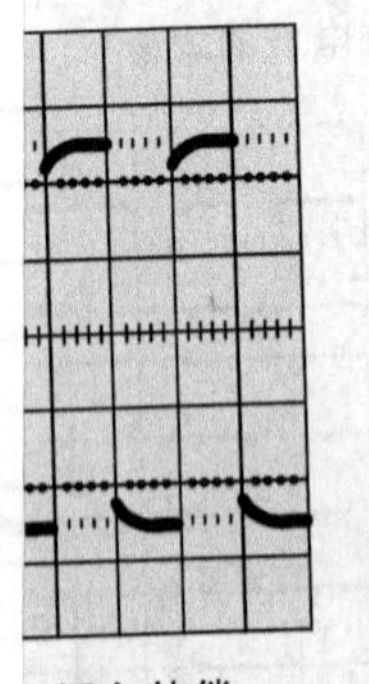

下塌欠补偿

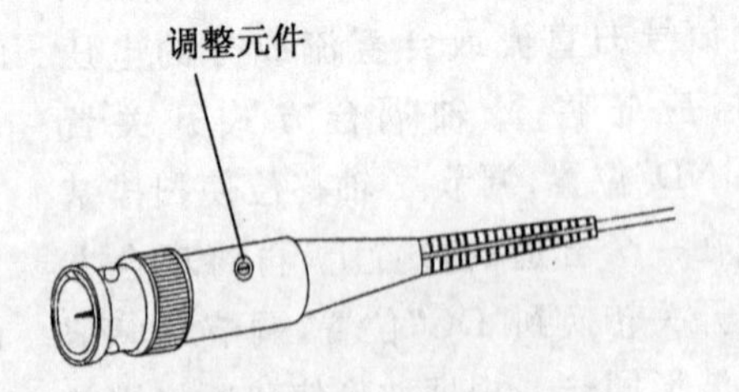

图 1.2.6 调节探极补偿元件

VOCIS/DIV”开关的微调装置以逆时针方向旋至满度的校
OLTS/DIV”的指示值直接计算被测信号的电压幅度。
都含有交流和直流两种成分，因此在测试时应根据下述方

量：当只需测量被测信号的交流成分时，应将 Y 轴输入耦合
，调节“VOLTS/DIV”开关，使波形在屏幕中的显示幅度适
波形稳定，分别调节 Y 轴和 X 轴位移，使波形显示值方便读
根据“VOLTS/DIV”的指示值和波形在垂直方向显示的坐

(DIV)

如果使用的探头置 10∶1 位置，应将该值乘以 10。

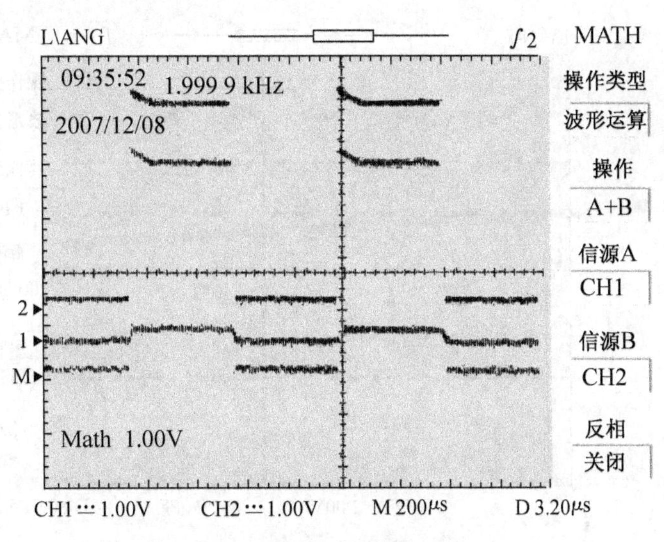

图 1.3.21　波形运算图

(1) 波形运算

波形运算菜单如表 1.3.5 所示。

表 1.3.5　波形运算功能菜单设定说明

功能菜单	设定	说明
操作类型		按下键选择当前页是波形运算或波形分析
操作类型	A+B A−B A×B A/B	信源 A 与信源 B 波形相加 信源 A 波形减去信源 B 波形 信源 A 波形与信源 B 波形相乘 信源 A 波形除以信源 B 波形
信源 A	CH1 CH2	设定信源 A 为 CH1 通道波形 设定信源 A 为 CH2 通道波形
信源 B	CH1 CH2	设定信源 B 为 CH1 通道波形 设定信源 B 为 CH2 通道波形
反相	关闭 打开	关闭反向功能 打开数学运算波形反向功能

(2) 波形分析

波形分析是将时域信号通过一定的数学运算转换成频域信号，可以更加方便地对信号进行研究分析，示波器受资源限制，只是对波形进行了简单的分析处理，如图 1.3.22 所示。

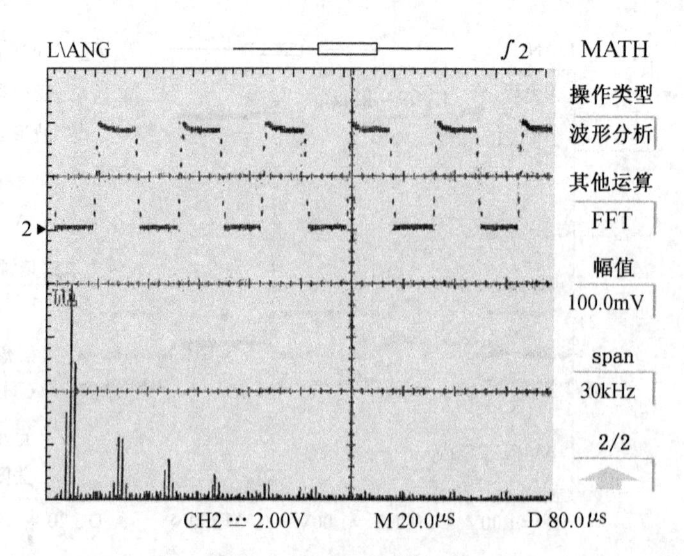

图 1.3.22　波形分析图

波形分析菜单见表 1.3.6～表 1.3.9 所示。

表 1.3.6　微分与积分运算菜单

功能菜单	设定	说明
操作类型	波形分析	按下键选择当前页是波形运算或波形分析
其他运算	dv/dt Sv/dt	被选择信源的微分运算 被选择信源的积分运算
信源	CH1 CH2	设定信源为 CH1 通道波形 设定信源为 CH2 通道波形
幅值	500 V/s～1 GV/s	调节公共旋钮设定分析波形的幅值
位移	−2.0～2.0 GV/s	调节公共旋钮设定分析波形的位移

表 1.3.7　短时傅立叶变换菜单

功能菜单	设定	说明
操作类型	波形分析	按下键选择当前页是波形运算或波形分析
其他运算	STFFT	被选择信源的短时傅立叶变换
信源	CH1 CH2	设定信源为 CH1 通道波形 设定信源为 CH2 通道波形
窗口长度	4～64	调节公共旋钮设定分析波形的窗口长度

表 1.3.8 傅立叶变换菜单

第一屏

功能菜单	设定	说明
操作类型	波形分析	按下键选择当前页是波形运算或波形分析
其他运算	FFT	被选择信源的傅立叶变换
信源	CH1 CH2	设定信源为 CH1 通道波形 设定信源为 CH2 通道波形
窗	汉宁 汉明 矩形 布莱克曼	调节公共旋钮选定汉宁窗 调节公共旋钮选定汉明窗 调节公共旋钮选定矩形窗 调节公共旋钮选定布莱克曼窗
1/2	⇩	

第二屏

功能菜单	设定	说明
操作类型	波形分析	按下键选择当前页是波形运算或波形分析
其他运算	FFT	被选择信源的傅立叶变换
幅值	2.0 mV～500.0 V	调节公共旋钮设定分析波形的幅值
水平刻度	1.2 kHz～12 GHz	调节公共旋钮设定分析波形的水平刻度
2/2	⇧	

表 1.3.9 直方图与相关系数菜单

功能菜单	设定	说明
操作类型	波形分析	按下键选择当前页是波形运算或波形分析
其他运算	直方图 相关系数	被选择信源的直方图 被选择信源的相关系数
信源	CH1 CH2	设定信源为 CH1 通道波形 设定信源为 CH2 通道波形

5. 触发系统

触发决定了示波器什么时候开始采集数据和显示波形。一旦触发被正确设置,可以将不稳定的显示转换成有意义的波形。

示波器在开始采集数据时，先收集足够的数据显示在触发点的左边，当检测到触发后就连续地采集足够的数据显示在触发点的右方，如图 1.3.23 所示。

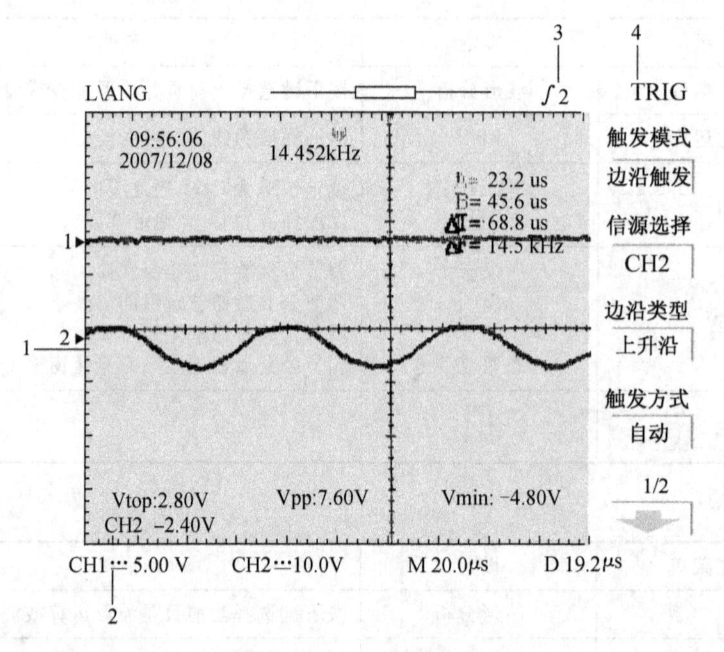

图 1.3.23　触发菜单图

在图 1.3.23 中：

1—触发电平点的位置；

2—触发电平点相对选定通道基准点的偏移量；

3—指示当前触发的模式及信源选择；

4—当前触发菜单。

本示波器的触发方式有自动触发、常态触发和等次触发，其中单次触发是检测到一次触发时采样一次，然后停止。触发类型有边沿触发、脉宽触发、视频触发和斜率触发。

(1) 边沿触发

边沿触发是在输入信号边沿(上升沿或下降沿)的触发阈值上触发，如图 1.3.24 和图 1.3.25 所示。其菜单设定见表 1.3.10。

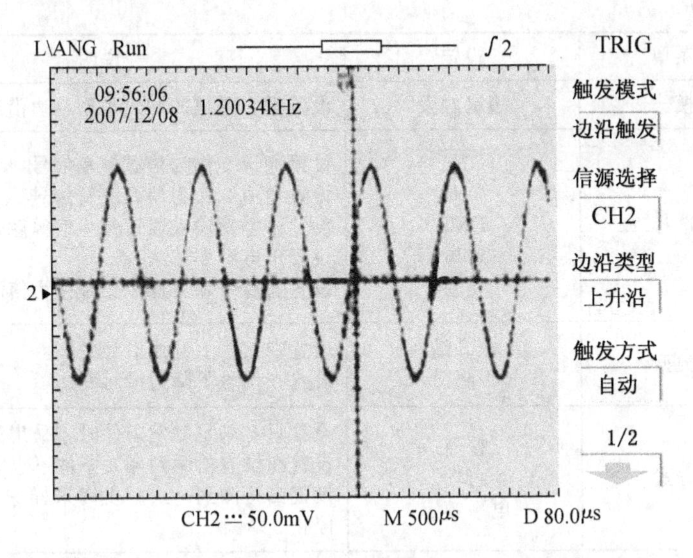

图 1.3.24　上升沿

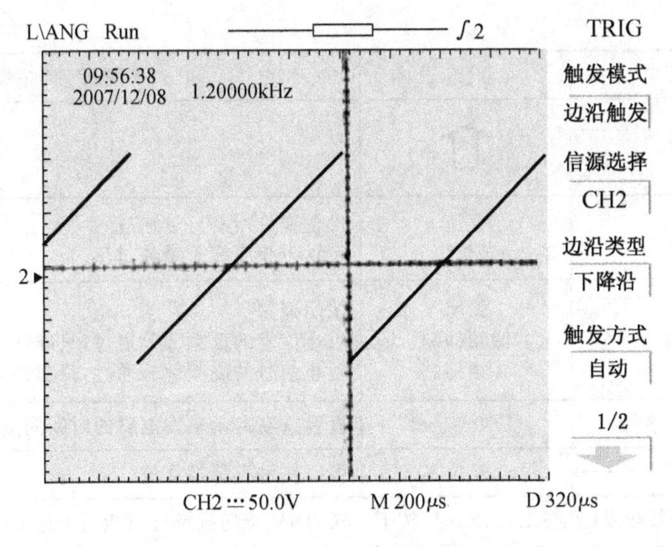

图 1.3.25　下降沿

表 1.3.10　边沿触发菜单

第一屏

功能菜单	设定	说明
触发模式	边沿触发	设置垂直通道的触发类型为边沿触发
信源选择	CH1 CH2 EXT 市电 交替	设置通道 1 作为信源触发信号 设置通道 2 作为信源触发信号 设置外触发输入通道作为信源触发信号 设置市电触发 设置通道 1 和通道 2 交替作为信源触发信号
边沿类型	上升沿 下降沿	设置在信号上升边沿触发 设置在信号下降边沿触发
触发方式	普通 自动 电平锁定	设置只有满足触发条件时才采集波形 设置在没有检测到触发条件下也能采集波形 设置当检测到一次触发时采样一个波形，然后停止
1/2	⇩	

第二屏

功能菜单	设定	说明
2/2	⇧	
耦合	直流 交流	设置准许所有分量通过 设置阻止直流分量通过
抑制	关闭 低频抑制 高频抑制	关闭抑制 阻止信号的低频部分通过，只准许高频分量通过 阻止信号的高频部分通过，只准许低频分量通过
释抑时间(事件)	0～	设置重新启动触发电路的时间间隔或事件次数
释抑	复位	可以使触发释抑复位

注：① 交替触发(见图 1.3.26)时，按下 SEC/DIV 旋钮按键可以激活通道 CH1 或通道 CH2 的水平控制选择，在 CH1 和 CH2 之间来回变换。如选择 CH1 通道，水平位移旋钮、触发电平旋钮以及 SEC/DIV 时基挡级都只能针对 CH1 通道变化。

② 在“电平锁定”状态时，若调节触发电平旋钮，触发方式将自动回到“自动”状态。

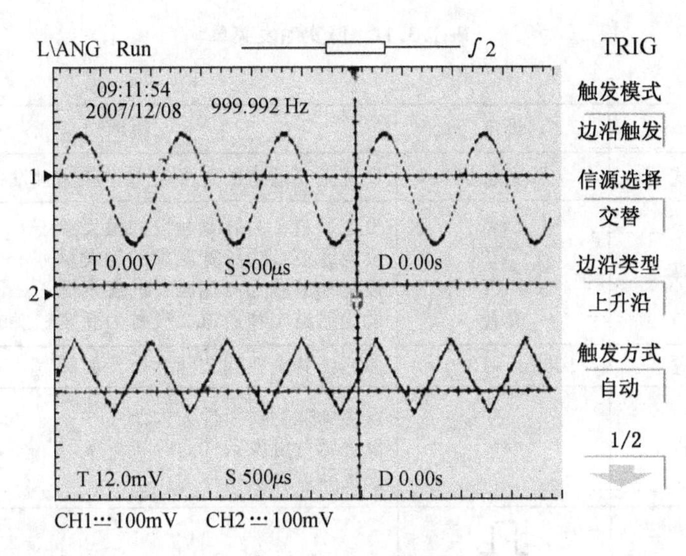

图 1.3.26　交替触发

（2）脉宽触发

脉宽触发是根据脉冲的宽度来确定触发时刻，可以通过设定脉宽条件来捕捉异常脉冲，如图 1.3.27 所示。其菜单设定见表 1.3.11。

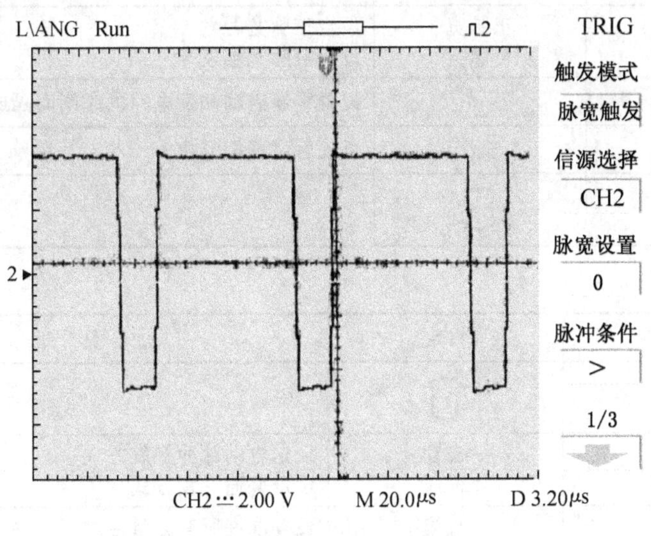

图 1.3.27　脉宽触发

表 1.3.11　脉宽触发菜单

第一屏

功能菜单	设定	说明
触发模式	脉宽触发	设置垂直通道的触发类型为脉宽触发
信源选择	CH1 CH2 EXT 交替	设定通道 1 为脉宽触发的触发源 设定通道 2 为脉宽触发的触发源 设定外触发为脉宽触发的触发源 设定通道 1 和通道 2 交替为脉宽触发的触发源
脉宽设置	100 ns～10.0 s	使用公共旋钮调节脉冲触发的脉宽
脉冲条件	＞ ＝ ＜	设置脉宽触发条件为大于 设置脉宽触发条件为等于 设置脉宽触发条件为小于
1/3	⇩	

第二屏

功能菜单	设定	说明
2/3	⇧	
极性	正脉宽 负脉宽	设定正脉宽触发 设定负脉宽触发
释抑时间(事件)	0～	设置重新启动触发电路的时间间隔或事件的次数
释抑	复位	可使触发释抑复位
2/3	⇩	

第三屏

功能菜单	设定	说明
3/3	⇧	
触发方式	自动 普通	设定自动脉冲触发方式 设定普通触发方式
耦合	直流 交流	设置准许所有分量通过 设置阻止直流分量通过
抑制	关闭 低频抑制 高频抑制	关闭抑制 设置阻止信号的低频成分通过 设置阻止信号的高频成发通过

(3) 视频触发

视频触发是在标准视频信号的场或行上触发的，所测出的频率值是以场频来检测的，如图 1.3.28～图 1.3.30 所示。视频触发菜单设定见表 1.3.12。

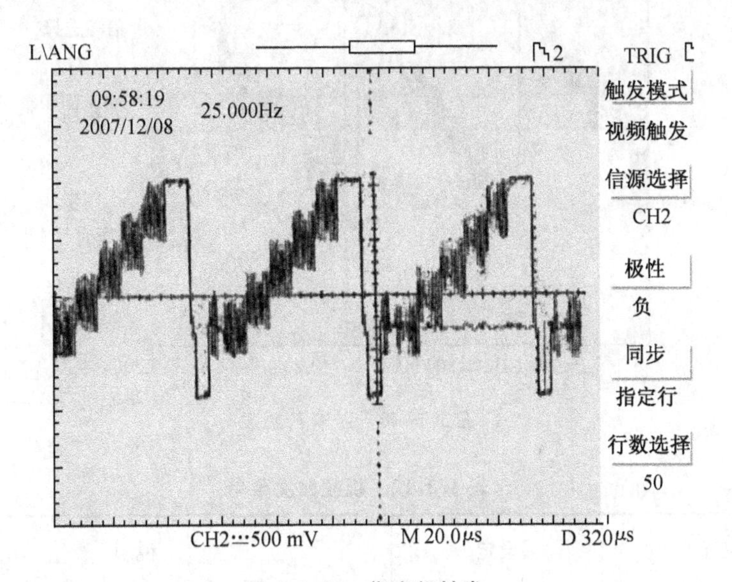

图 1.3.28　指定行触发

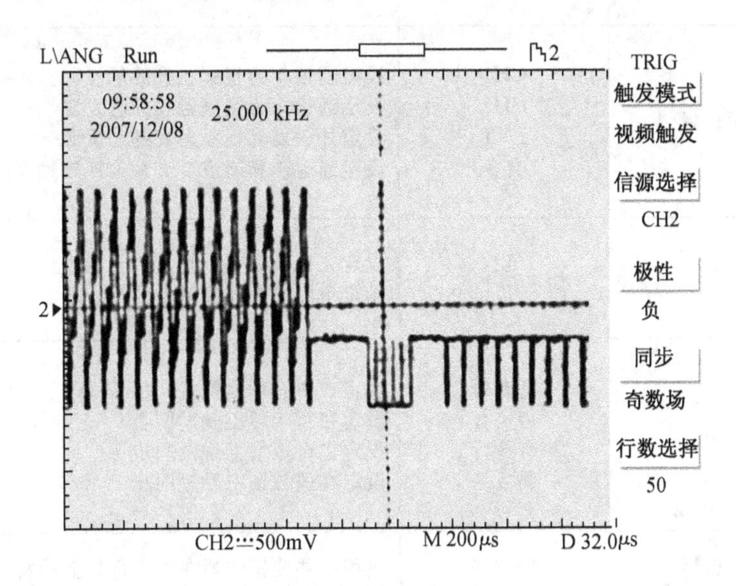

图 1.3.29　场触发

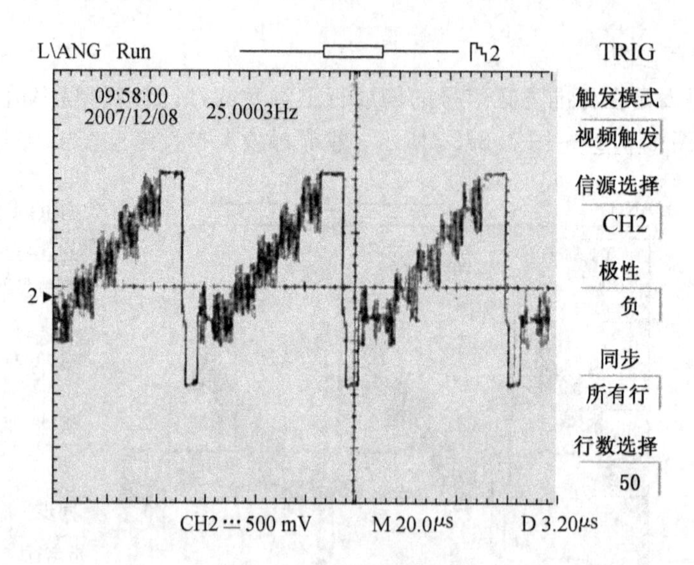

图 1.3.30　所有行触发

表 1.3.12　视频触发菜单

功能菜单	设定	说明
触发模式	视频触发	设置垂直通道的触发类型为视频触发
信源选择	CH1 CH2 EXT 交替	设定通道 1 为视频触发的触发源 设定通道 2 为视频触发的触发源 设定外触发为视频触发的触发源 设定通道 1 和通道 2 交替为视频触发的触发源
极性	正 负	设定正极性为视频触发的开始端 设定负极性为视频触发的开始端
同步	所有行 指定行 奇数行 偶数场	设定在所有行上触发同步 设定在指定行上触发同步 设定在奇数场上触发同步 设定在偶数场上触发同步
行数选择	1～625	使用公共旋钮选择在指定行数上触发

（4）斜率触发

斜率触发是把示波器设置为指定时间的正斜率或负斜率触发。其菜单设定见表1.3.13。

表1.3.13　斜率触发菜单

第一屏

功能菜单	设定	说明
触发模式	斜率触发	设置垂直通道的触发类型为斜率触发
信源选择	CH1 CH2 EXT 交替	设置通道1为斜率触发的触发源 设置通道2为斜率触发的触发源 设置外触发为斜率触发的触发源 设置通道1和通道2交替为斜率触发的触发源
斜率条件	> = <	设置斜率条件为大于一个值 设置斜率条件为等于一个值 设置斜率条件为小于一个值
时间设置	100 ns～10 s	使用公共旋钮设置斜率的时间
1/3	⇩	

第二屏

功能菜单	设定	说明
2/3	⇧	
垂直窗	A B AB	设置A是作为触发平旋钮调节的触发电平 设置B是作为触发电平旋钮调节的触发电平 设置触发电平旋钮调节的触发电平的范围在A到B之间
释抑时间(事件)	0～	设置重新启动触发电路的时间间隔或事件次数
释抑	复位	可以使触发释抑复位
2/3	⇩	

第三屏

功能菜单	设定	说明
3/3	⇧	
极性	上升沿 下降沿	设定正斜率触发 设定负斜率触发
触发方式	自动 普通	设定自动斜率触发方式 设定普通斜率触发方式
耦合	直流 交流	设置准许所有分量通过 设置阻止直流分量通过
抑制	关闭 低频抑制 高频抑制	关闭抑制 阻止信号的低频部分通过,只准许高频分量通过 阻止信号的高频部分通过,只准许低频分量通过

6. 自动测量系统

自动测量是将选择的信源信号的各项参数值直接显示在波形界面上。本示波器具有 21 种自动测量功能,包括最大值、最小值、峰峰值、顶端直、底端值、幅值、均方根值、平均值、过冲、预冲、阻尼、周期、频率、上升时间、下降时间、正脉宽、负脉宽、正占空比、负占空比、延迟 1－2↑、延迟 1－2↓的测量,共 11 种电压测量和 10 种时间测量。其菜单见表 1.3.14。

表 1.3.14　自动测量系统菜单

功能菜单	显示	说明
信源选择	CH1 CH2	设置通道 1 为测量通道 设置通道 2 为测量通道
电压测量		按下该键选择电压测量参数
时间测量		按下该键选择时间测量参数
全部测量	执行	该键打开可显示全部电压,时间测量参数
清除测量	执行	停止测量,并清除屏幕上的测量结果

测量值的数据显示在屏幕下方,最多可同时显示 3 个测量值的数据,如图 1.3.31～图 1.3.33 所示。选择“全部测量”时,屏幕上会显示全部测量值的数据。所有测量值的数据都是动态数据,显示值会在一定范围内不停刷新。

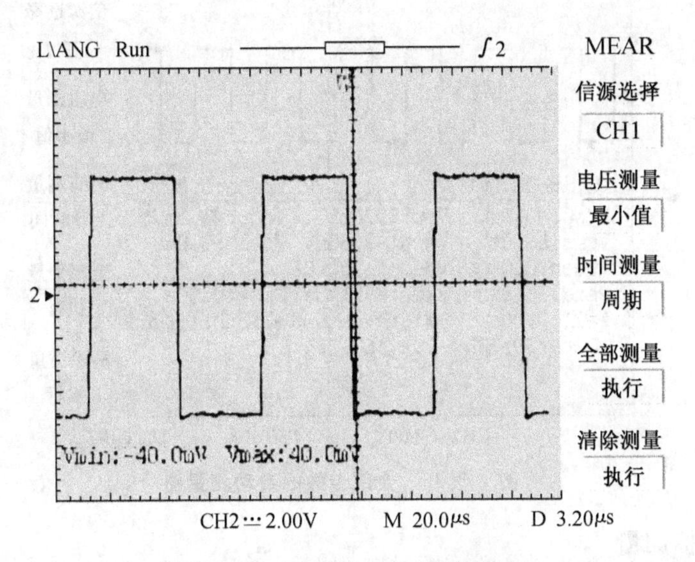

图 1.3.31　电压参数的自动测量图

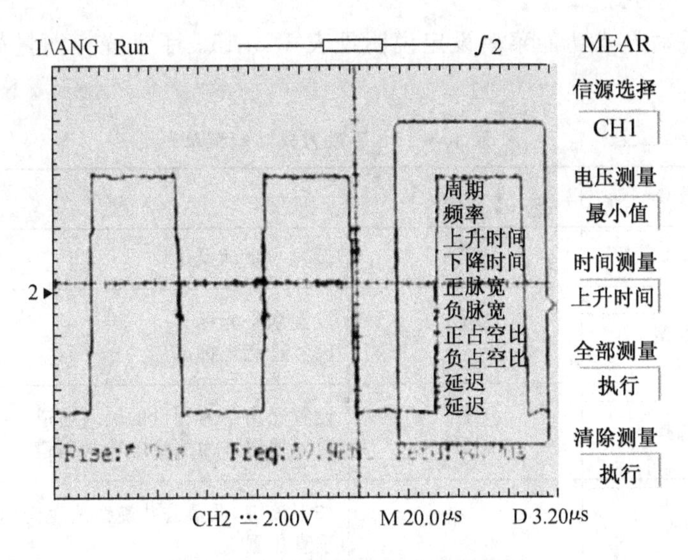

图 1.3.32　时间参数的自动测量图

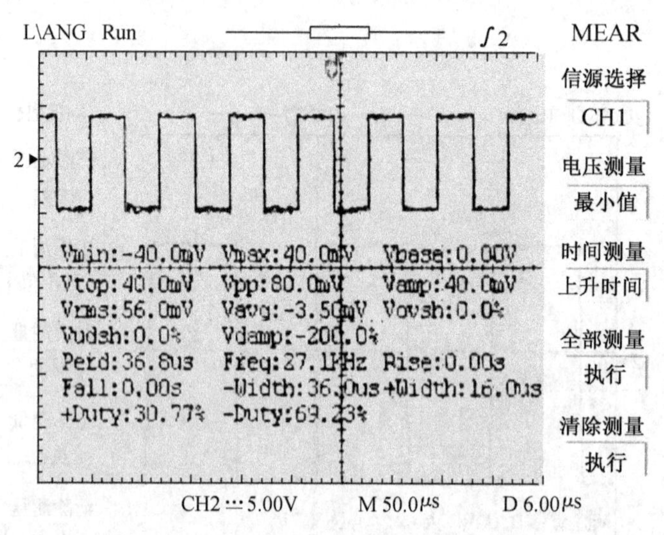

图 1.3.33 全部参数的自动测量图

7. 光标测量

光标测量模式允许用户通过移动光标进行测量，光标测量分为 3 种模式。

(1) 手动方式

光标手动方式功能菜单设定说明见表 1.3.15。手动光标测量如图 1.3.34 所示。

表 1.3.15 手动方式功能菜单

功能菜单	显示	说明
光标模式	手动	设置为手动操作
光标类型	T V	设置水平光标 设置垂直光标
信源选择	CH1 CH2	设置通道 1 为测量的输入通道 设置通道 2 为测量的输入通道
CURA		按下该键，调节公共旋钮改变光标 A 的水平或垂直位置
CURB		按下该键，调节公共旋钮改变光标 B 的水平或垂直位置

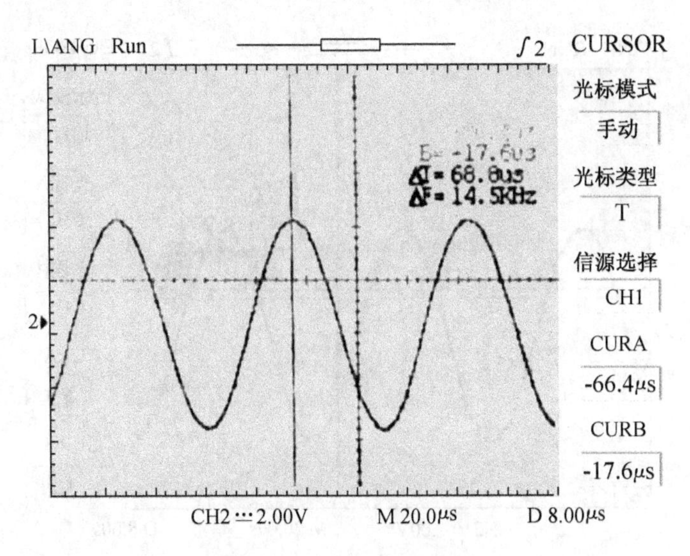

图 1.3.34　手动光标测量

(2) 追踪方式

光标追踪方式功能菜单设定说明见表 1.3.16。追踪光标测量图 1.3.35 所示。

表 1.3.16　追踪方式功能菜单

功能菜单	显示	说明
光标模式	追踪	设置光标测量模式为追踪
光标 A	CH1 CH2 无光标	设置通道 1 为光标 A 的追踪通道 设置通道 2 为光标 A 的追踪通道 光标 A 没有追踪通道
光标 B	CH1 CH2 无光标	设置通道 1 为光标 B 的追踪通道 设置通道 2 为光标 B 的追踪通道 光标 B 没有追踪通道
CURA		追踪时调节光标 A 的水平位置，自动测量光标 A 的垂直参数
CURB		追踪时调节光标 B 的水平位置，自动测量光标 B 垂直参数

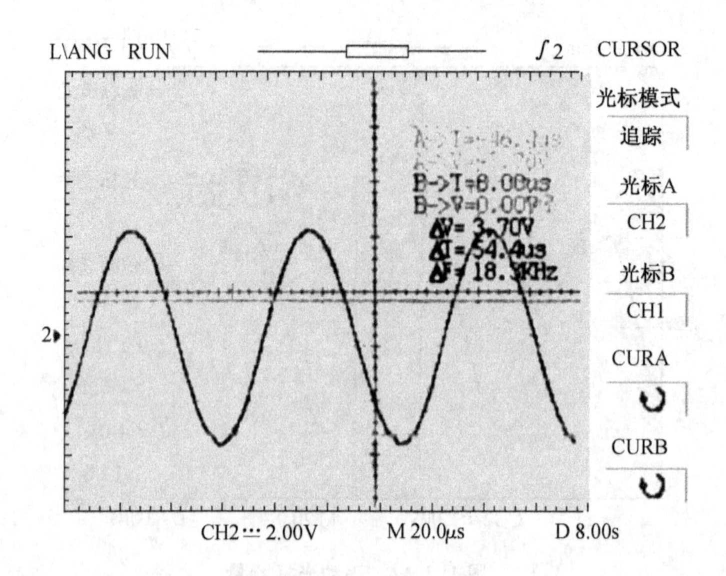

图 1.3.35 追踪光标测量

(3) 自动测量方式

光标自动测量方式与测量参数按键联动，当打开测量参数时，光标卡尺可以自动测量。

8. 采样方式

采样方式包括实时采样和等效采样。

实时采样方式在每一次采样采集满内存空间。本示波器系列最高实时采样率可做到 1 GSa/s，在 10 ns 或更快的设置下，示波器自动进行插值算法，即在采样点之间插入光点。

等效采样即重复采样。等效采样方式有利于细致观察重复的周期性信号，使用等效采样方式可得到比实时采样高得多的水平分辨率，即等效 50 GSa。其菜单设定说明见表 1.3.17。

表 1.3.17 等效采样菜单

功能菜单	显示	说明
采样方式	实时、等效	
存储深度	普通 深存储	选择普通存储深度 选择深存储深度
采样率		该菜单显示当前状态下的采样率

9. 显示系统

显示系统包括屏幕的设置(见表 1.3.18)及波形的显示形式(见图 1.3.36～图 1.3.39)。

表 1.3.18　屏幕设置菜单

第一屏

功能菜单	显示	说明
显示类型	点 矢量	直接显示采样点 示波器采取数字内插的方式连接采样点显示
屏幕网格	网格 坐标 无	设置屏幕网类型为网格 设置屏幕网格类型为坐标 设置屏幕没网格
波形亮度	0～100%	按下键并旋转公用旋钮可改变波形亮度
网格亮度	0～100%	按下键并旋转公用旋钮可改变风格亮度
1/2	⇩	

第二屏

功能菜单	显示	说明
2/2	⇧	
菜单保持	2 s,5 s,10 s,20 s,无限	按下该键可以设置菜单显示的时间
清除显示	执行	清除所有先前采集的显示
显示方式	常规	设置示波器按相等的时间间隔对信号采样以显示波形
	平滑	设置通过数字滤波,减少输入信号的随机噪声,在屏幕上产生更平滑的波形
	平均(2,4,8,16,32,64,128,256)	设置在平均化模式下,平均多次采样数据以减少噪声分辨率(可通过调节公共旋钮选择平均次数)
	余辉(100 ms,500 s,1 s,2 s,5 s,10 s,无限)	设置在屏幕对信号采样的显示波形以设置的时间间隔刷新(可通过调节公共旋钮选择余辉时间)
	峰值	设置实时状态下,在不考虑扫描速度的情况下获得信号的毛刺或窄脉冲

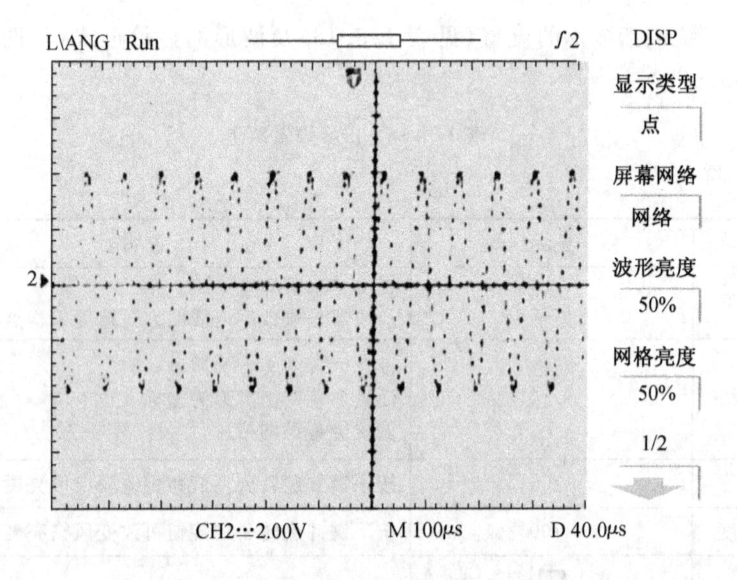

图 1.3.36　点显示图

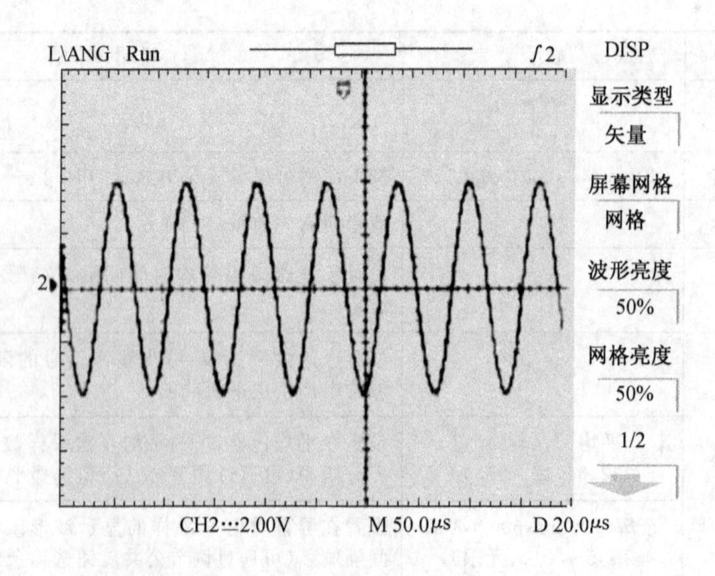

图 1.3.37　矢量显示图

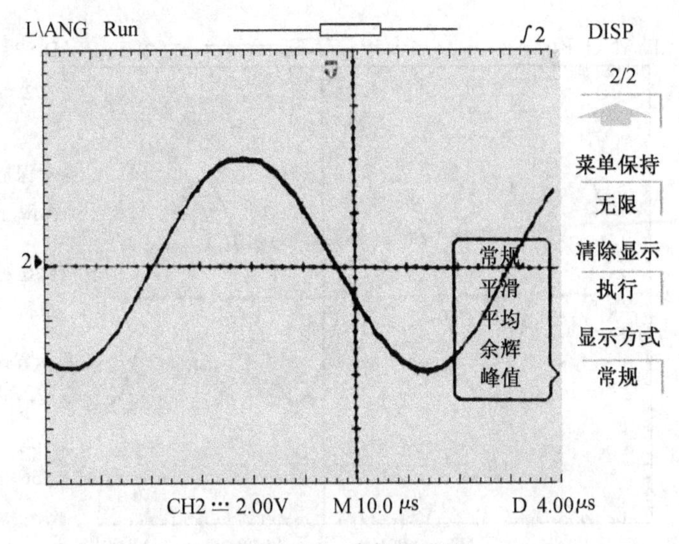

图 1.3.38　常规显示图

注:常规显示是示波器按相等的时间间隔对信号采样,不加任何处理,将信号波形显示出来。

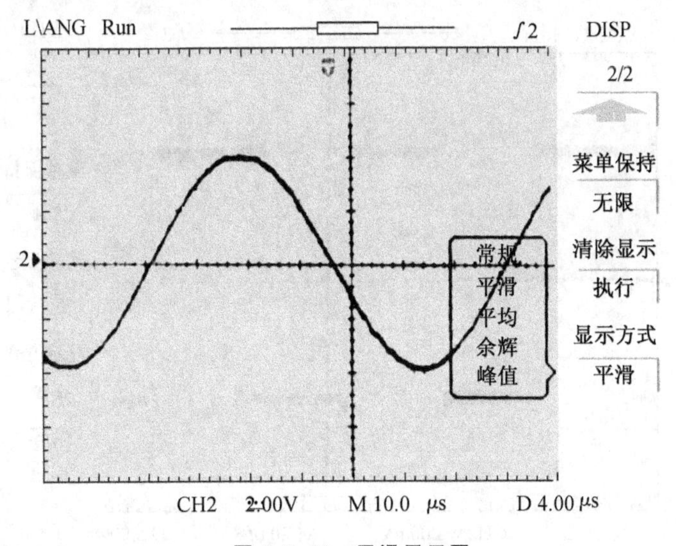

图 1.3.39　平滑显示图

注:平滑是指一种过取样技术,它在数字转换器取样率高于采集存储器存样本速率时使用。例如若示波器以 200 MSa/s 取样,而保存样本的速率为 1 MSa/s,那么在每 200 个样本中只需保存 1 个样本。使用平滑会减慢扫描速度,每一个显示点都对较大的样本数取平均就减小了输入信号的随即噪声,在屏幕上产生更平滑的示踪。

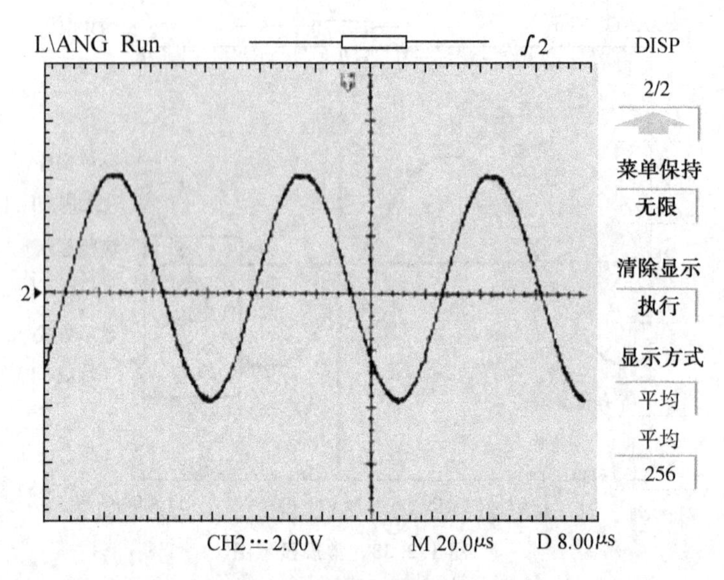

图 1.3.40　平均显示图

注：设置在平均化模式下平均多次采样数据以减小噪声分辨率。

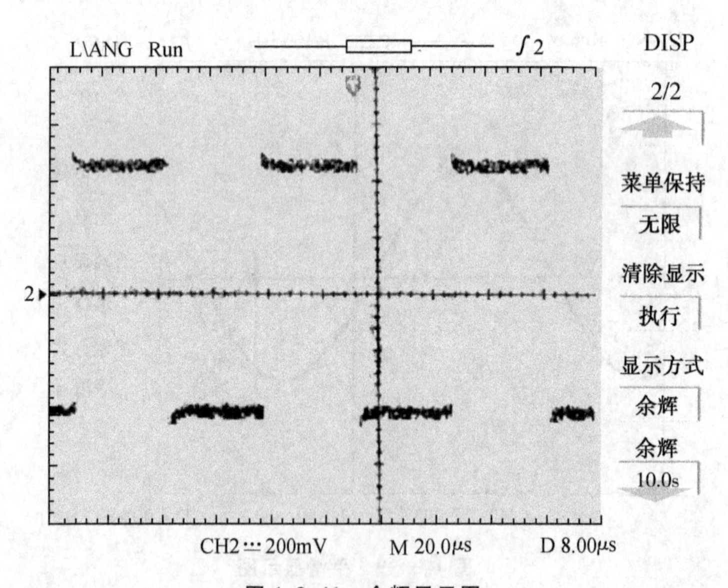

图 1.3.41　余辉显示图

注：余辉是用新的采集更新显示，但它并不立即擦出先前的采集，而是以设置的余辉时间来擦除先前的采集。任何时候改变扫描速度，先前的采集将被擦除，然后再次开始累积，用无限余辉测量噪声和抖动。查看最恶劣情况下的变化波形寻找时序违规或找出间歇事件。

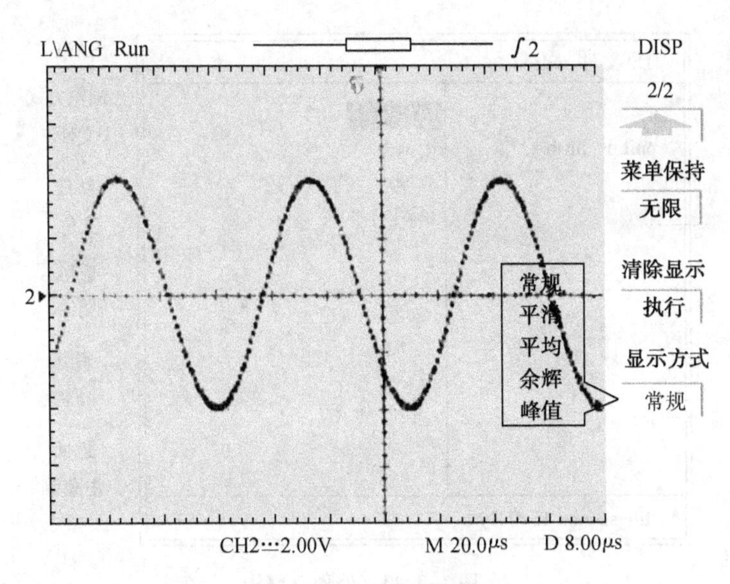

图 1.3.42　余辉显示图

注：峰值检测采集模式显示任何宽度大于 10 ns 的信号脉冲，使用户能发现毛刺和窄尖峰，而不管扫描速度是多少。只有在 20 ms/div～1 μs/div 档可使用峰值检测。

10. 存储系统

存储系统包含波形存储设置存储、位图存储、CSV 存储及出厂设置。

用户可以通过菜单对示波器内部存储区和 USB 存储设备上的波形和设置文件、位图文件以及 CSV 文件进行新建和删除操作；不能删除仪器内部的存储文件，但可以将它覆盖。

(1) 波形存储菜单(见表 1.3.19)。

表 1.3.19　波形存储菜单

功能菜单	显示	说明
存储类型	波形存储	设置保存，调出波形操作
内部存储	执行	对示波器内部存储区的波形文件进行保存调出操作
外部存储	执行	按下该键进入外部存储菜单(见图 1.3.43)，在 USB 存储设备上可以新建、删除或调出文件
磁盘管理	运行	在该菜单中可对 USB 存储设备进行整理，对文件夹可进行新建、删除和重新命名操作，对文件可进行删除、重命名和调出操作

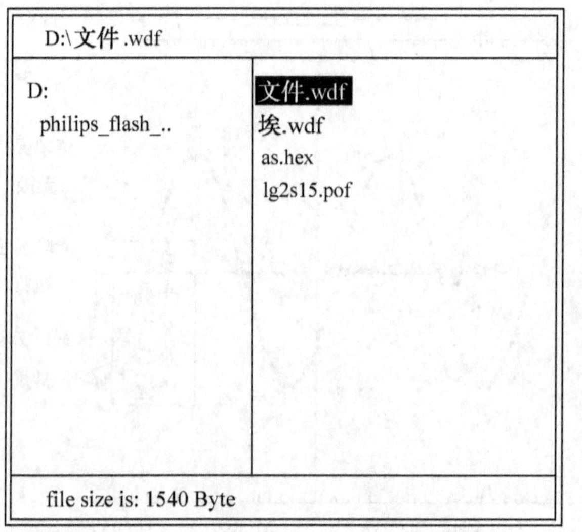

图 1.3.43　外部存储图

(2) 内部存储菜单(见表 1.3.20)。

表 1.3.20　内部存储菜单

功能菜单	显示	说明
清除波形		
存储位置	1～10	设置波形在内部存储区内的存储位置
存储	执行	保存波形和设置文件到内部存储区的指定位置
调出	执行	调出内部存储区指定位置的波形和设置文件
返回	主菜单	

注:当调出波形后水平位移和时基挡位不能改变,垂直位移和波形存储为内部存储菜单如下:VOLTS/DIV 挡级只能对调出的波形进行操作,要对实时波形操作必须清除调出的波形。

(3) 设置存储菜单(见表 1.3.21)。

表 1.3.21　设置存储菜单

功能菜单	显示	说明
存储类型	设置存储	设置保存,调出设置操作
内部存储	执行	对示波器内部存储的设置文件进行保存或调出操作
外部存储	执行	按下键进入外部存储菜单,在 USB 存储设备上可以新建、删除或调出文件
磁盘管理	运行	在该菜单中可对 USB 存储设备进行整理,对文件夹可进行新建、删除和重新命名操作,对文件可进行删除、重命名和调出操作

设置存储内部存储菜单(见表 1.3.22)。

表 1.3.22　内部存储菜单

功能菜单	显示	说明
存储位置	1～10	
存储		
调出		
返回		

(4) 位图存储菜单(见表 1.3.23)。

表 1.3.23　位图存储菜单

功能菜单	显示	说明
存储类型	位图存储	设置新建、删除位图文件操作
参数保存	打开 关闭	设置在保存位图是否以同一名字保存示波器参数文件
外部存储		按下键进入外部存储菜单,在 USB 存储设备上可以新建、删除或调出文件
磁盘管理		在该菜单中可对 USB 存储设备进行整理,对文件夹可进行新建、删除和重新命名操作,对文件可进行删除、重命名和调出操作

(5) CSV存储菜单(见表1.3.24)。

表1.3.24 CSV存储菜单

功能菜单	显示	说明
存储类型	CSV存储	设置新建、删除CSV文件操作
参数保存	打开 关闭	设置在保存CSV是否以同一名字保存示波器参数文件
数据长度	屏幕	按下该键选择CSV文件存储的数据为屏幕数据或内存数据
外部存储		按下该键进入外部存储菜单,在USB存储设备上可以新建、删除或调出文件
磁盘管理		在该菜单中可对USB存储设备进行整理,对文件夹可进行新建、删除和重新命名操作,对文件可进行删除、重命名和调出操作

(6) 出厂设置菜单(见表1.3.25)。

表1.3.25 出厂设置菜单

功能菜单	显示	说明
存储类型	出厂设置	设置调出出厂设置
调出	执行	示波器出厂前已为各种正常操作进行预先设定。用户可以调出厂家设置
磁盘管理		在该菜单中可对USB存储设备进行整理,对文件夹可进行新建、删除和重新命名操作,对文件可进行删除、重命名和调出操作

(7) 外部存储菜单(见表1.3.26)。

表1.3.26 外部存储菜单

功能菜单	显示	说明
浏览方式	文件/路径/目录	切换文件系统显示的路径、目录和文件
新建	文件	如从波形存储菜单进入,则生成.wdf文件; 如从设置存储菜单进入,则生成.sdf文件; 如从CSV存储菜单进入,则生成.csv文件; 如从BMP存储菜单进入,则生成.bmp文件
删除	文件	删除用户选定文件
调出	执行	从波形存储菜单进入时,可调出.wdf文件; 从设置存储菜单进入时,可调出.sdf文件
返回	主菜单	

(8) 新建文件菜单如表 1.3.27 和图 1.3.44 所示。

表 1.3.27 新建文件功能菜单

功能菜单	显示	说明
上一区	↑	文件名称的输入焦点向上移动
下一区	↓	文件名称的输入焦点向下移动
删除	执行	删除文件名称字符串或拼音字符串中高亮显示的字符
保存	执行	执行保存文件操作
返回	执行	

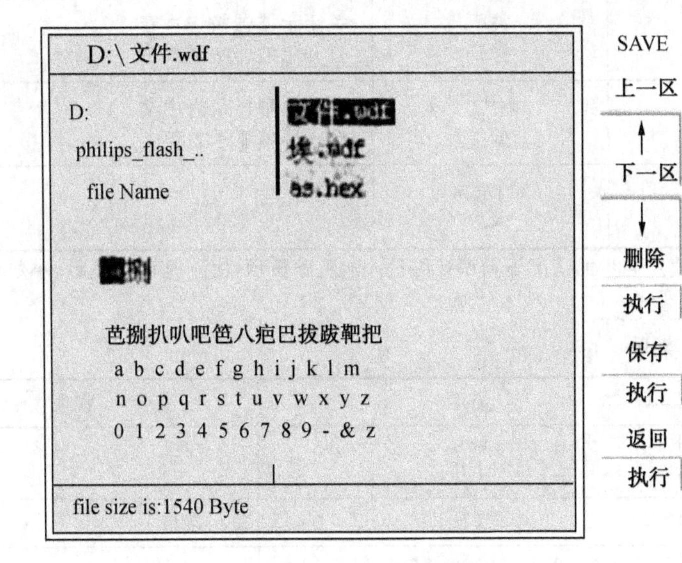

图 1.3.44 新建文件

(9) 磁盘管理菜单(见表 1.3.28)。

表 1.3.28 磁盘管理菜单

功能菜单	显示	说明
磁盘信息	执行	
格式化		
返回	主菜单	

注:位图存储 CSV 存储,仅适用于外部 U 盘存储;磁盘管理等功能只有在外部插入 U 盘被激活后才起作用,可能存在有少量品种的 U 盘不能识别。

11. 应用功能设置

应用功能的设置是本示波器为用户更方便地使用而设置的辅助系统功能。

(1) 应用系统功能设置菜单(见表 1.3.29)。

表 1.3.29 应用系统功能设置菜单

第一屏

功能菜单	显示	说明
接口设置	进入	
频率计	关闭 打开	关闭示波器的频率计功能 打开示波器的频率计功能
声音	关闭 打开	关闭示波器按键声音 打开示波器按键声音
语言	中文 英文	选择屏幕显示为中文 选择屏幕显示为英文
1/4	⇩	

注:在波形稳定同步的情况下频率计测量才能正确显示,由于是动态测量,小数点后面的频率显示值会有所变化。

接口设置菜单

功能菜单	显示	说明
返回	⇧	
接口选择	关闭	关闭接口
	RS232(2 400,4 800,9 600,19 200,38 400,57 600,115 200)	可以选择 RS232 的波特率
	USB	选择 USB 接口
	网口	选择网口接口

选择网口菜单

功能菜单	显示	说明
返回	⇧	
接口选择	网口	选择网口接口

续表

功能菜单	显示	说明
网络设置	IP 设置	可以选择 IP 地址、子网掩码以及默认网关
	网卡设置	可以选择 MAC 地址
	DNS 设置	可以选择 DNS 设置
保存设置		保存网络设置
退出设置		退出网络设置

注:配置接口软件需选配,具体操作见接口操作使用手册。

第二屏

功能菜单	显示	说明
2/4		
校正信号	1 k,10 k,100 k	可以选择输出校正的频率
时钟	关闭、打开	按下该键可以打开或关闭时钟
时钟设置	进入	按下该键可以进入时钟设定界面
2/4	⇩	

时钟设置菜单(见图 1.3.45)

功能菜单	显示	说明
返回	⇧	
年月日	年份 月份 日期	可以设置年份的时间 可以设置月份的时间 可以设置日期的时间
时分	小时 分钟 秒	可以设置时钟的时间 可以设置分钟的时间 可以设置秒钟的时间
存储	执行	可以保存设置的年月日以及时分的参数

说明:分别选择年、月、日、时、分、秒后,旋转公共旋钮调到所需参数值,按存储键保存即可。时钟精确为每天误差不超过 5 秒,如长期不开机造成内部备有电池电力不足有可能造成时钟不准确,请重新校正一下。

第三屏

功能菜单	显示	说明
3/4	⇧	
打印设置	打印	请确认打印机已连好
系统维护	进入	进入系统维护菜单
界面风格	现代 简洁	可选择界面方案，屏幕将按照选定的方案改变界面颜色
3/4	⇩	

说明：打印机型号为指定的北京工业大学微型计算机应用研究所生产的《汉字 $\frac{TP\mu P-T(CH)}{TP\mu P-A(CH)}$ 微型打印机》。

系统维护菜单

功能菜单	显示	说明
返回	⇧	
系统信息	执行	显示系统的信息
屏幕测试	执行	屏幕显示红、绿、蓝三种测试画面
键盘测试	执行	选择测试按键 按运行/停止键退出测试

说明：系统信息包括产品名称、公司名称、产品串号、系统版本号以及开机总小时数。

第四屏

功能菜单	显示	说明
4/4	⇧	
校正	快速 校正	按下该键可以对示波器进行自校正，以获得更精确的测量值
通过测试	进入	该键可以设置 Pass/Fail 菜单选项，通过判断输入信号是否在创建规则范围内，以输出通过或失败波形，用以监测信号变化情况
波形录制	进入	进入波形录制菜单

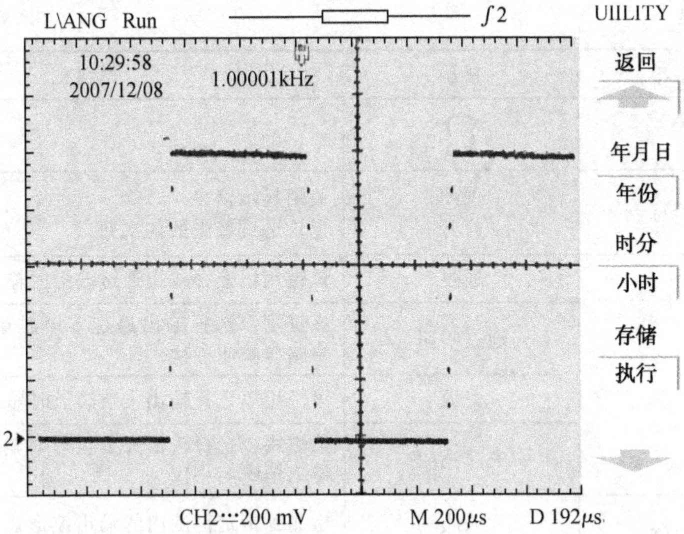

图 1.3.45　时钟设置菜单

(2) 通过测试菜单(见表 1.3.30)。

功能:判断输入信号是否在创建规则范围内,输出通过/失败波形,从而监测信号的变化情况,如图 1.3.46 所示。

表 1.3.30　通过测试菜单

第一屏

功能菜单	显示	说明
返回	⇧	
允许测试	关闭 打开	关闭允许测试功能 按下键即准许测试输入信号是否在创建的规则范围内
信源选择	CH1 CH2	设置通道 1 为信源输入 设置通道 2 为信源输入
操作	停止、开始	开始进入操作
1/2	⇩	

第二屏

功能菜单	显示	说明
2/2	⇧	
显示信息	关闭 打开	关闭显示信息 记录通过或失败的次数
输出	通过	该键用以选择输出通过波形时输出有效。
	通过鸣叫	该键用以选择输出通过波形时输出有效并且蜂鸣器鸣叫一次。
	失败	该键用以选择输出失败波形时输出有效
	失败鸣叫	该键用以选择输出失败波形时输出有效,并且蜂鸣器鸣叫一次
输出即停	关闭 打开	检测到指定范围内的输出波形以后,设置示波器停止采样或继续采样
规则设置	进入	按下该键进入规则设置菜单,在该菜单中用户可以根据需要创建、保存、调出和导入/导出Pass/Fail规则文件

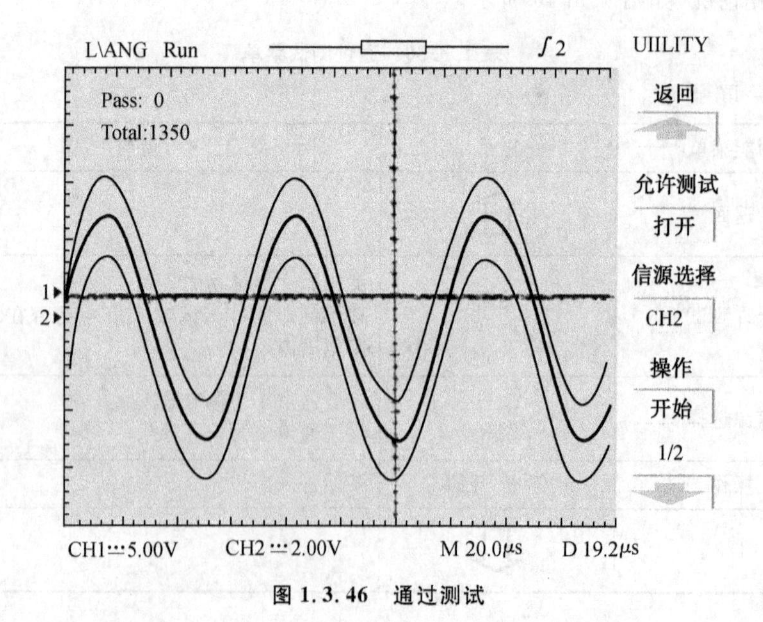

图 1.3.46 通过测试

(3) 规则设置菜单(见表 1.3.31)。

表 1.3.31　规则设置菜单

第一屏

功能菜单	显示	说明
返回	⇧	
水平调整	0.04～4 div	通过公共旋钮调节水平通过的格数，由两边向中心计算
垂直调整	0.04～4 div	通过公共旋钮调节垂直通过的区间
创建规则	关闭 一般规则 波形规则	关闭创建规则 根据通道当前水平和垂直格数划定区间 根据通道的波形来划定区间
1/2	⇩	

第二屏

功能菜单	显示	说明
2/2	⇧	
存放位置	内部 外部	用户选择规则文件存放的位置
保存	执行	将 Pass/Fail 的规则文件保存到内部存储区
调出	执行	调出内部存储区的 Pass/Fail 的规则文件
导入/导出	执行	在该菜单中用户可将内部存储区的 Pass/Fail 的规则文件保存到外部存储区或将外部存储区的规则文件导入到内部存储区

通过/失败的输出连接如图 1.3.47 所示。

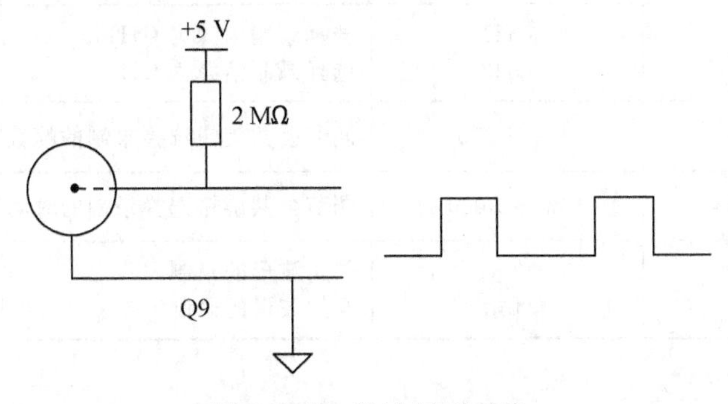

图 1.3.47　通过/失败输出

通过/失败测试输出电路采用了光电源隔离技术，用户需外接一部分电路来实现该功能。

此电路输出及使用光电继电器无极性限制，可以任意连接，最高电压不要超过400 V。

(4) 波形录制

为了更好地对波形进行分析，本示波器设置了波形录制功能，并通过回放和保存来重现录制的波形。

波形录制菜单见表1.3.32。

表1.3.32 波形录制菜单

功能菜单	显示	说明
返回	⇧	
波形录制	关闭 打开	关闭波形录制功能 打开波形录制功能
录制	进入	进入录制功能
回放	进入	进入回放功能
存储	进入	进入存储功能

① 录制菜单见表1.3.33。录制波形如图1.3.48所示。

表1.3.33 录制菜单

功能菜单	显示	说明
返回	⇧	
信源选择	CH1 CH2	选择录制信源为CH1 选择录制信源为CH2
终止帧	1～1 000	调节公共旋钮选择录制的帧数
时间间隔	1 ms～1 000 s	调节公共旋钮选择录制的时间间隔
操作	停止 开始	停止波形的录制 开始波形的录制

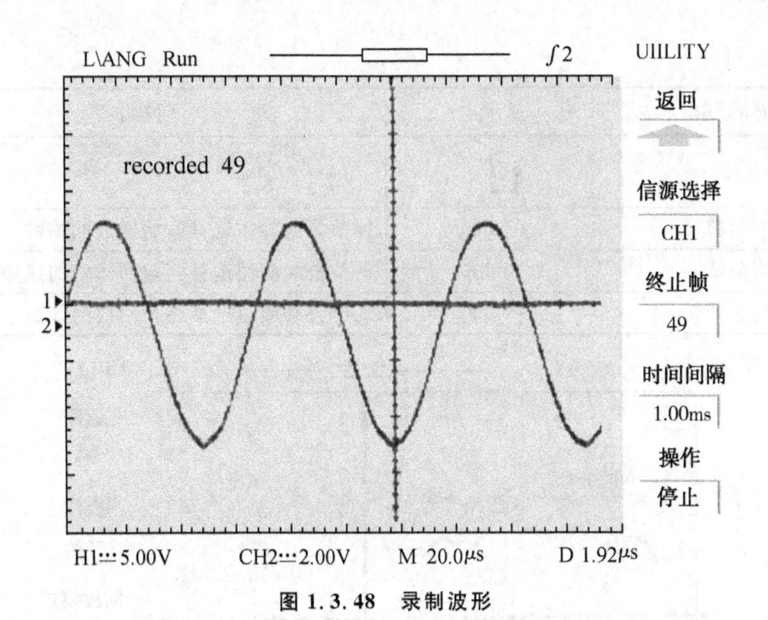

图 1.3.48　录制波形

② 回放菜单见表 1.3.34。

表 1.3.34　回放菜单

第一屏

功能菜单	显示	说明
返回	⇧	
操作	停止 开始	停止波形的回放 开始录制波形的回放
回放模式	循环(见图 1.3.49) 单次	循环回放录制的波形 回放一次录制的波形
时间间隔	1 ms～1 000 s	调节公共旋钮选择回放录制波形的时间间隔
1/2	⇩	

第二屏

功能菜单	显示	说明
2/2	⇧	
起始帧	1～1 000	调节公共旋钮选择开始回放的帧数
当前帧	1～1 000	调节公共旋钮造势当前回放帧的波形
终止帧	1～1 000	调节公共旋钮选择终止回放的帧数

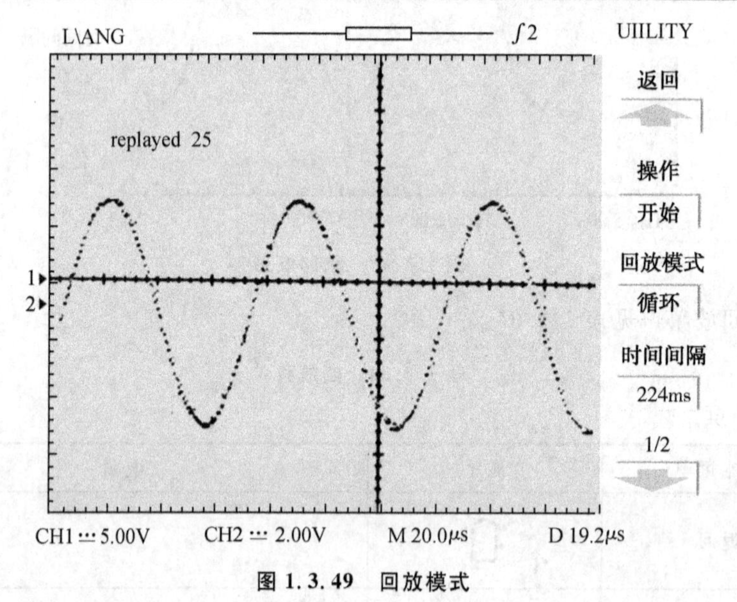

图 1.3.49　回放模式

③ 存储菜单见表 1.3.35。

表 1.3.35　存储菜单

第一屏

功能菜单	显示	说明
返回	⇧	
起始帧	1～1 000	调节公共旋钮选择开始保存的帧数
终止帧	1～1 000	调节公共旋钮选择终止保存的帧数
存放位置	内部 外部	将录制的波形保存到内部空间 将录制的波形保存到外部空间
1/2	⇩	

第二屏

功能菜单	显示	说明
2/2	⇧	
保存	执行	保存录制的波形
调出	执行	调出录制的波形
导入　导出	执行	用户可将内部存储区的波形录制文件保存到外部存储区或将外部存储区的波形录制文件导入到内部存储区

12. 自动设置按键和运行停止键

自动设置可以自动设定仪器各项控制值(见表 1.3.36),以产生适宜观察的波形显示自动设定功能项目。

表 1.3.36　功能设定

功能	设定
显示方式	Y-T
获取方式	普通
垂直耦合	直流
垂直挡位	适当挡位
带宽限制	满带宽
信号反相	关闭
水平位置	居中
扫描时基	适当挡位
触发类型	边沿
触发信源	有信号输入的通道
触发耦合	交流
触发电平	中点
触发方式	自动

运行/停止波形采样:

在运行状态下,按键指示灯为绿色,并且屏幕左上角显示“RUN”;在停止状态下,按键指示灯变为红色,并且屏幕左上角显示“STOR”。对于波形垂直挡位和水平时基可以在一定的范围内调整,相当于对信号进行水平或垂直方向上的扩展。

仪器四

【模拟电子技术实验教程】

YB2172型交流毫伏表

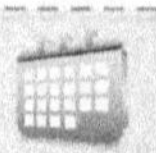

仪器介绍

技术指标

● 测量电压范围：100 μV～300 V。

仪器共分 12 挡量程：

1,3,10,30,100,300 mV

1,3,10,30,100,300 V

dB 量程分 12 挡量程：

－60,－50,－40,－30,－20,－10 dB

0,＋10,＋20,＋30,＋40,＋50 dB

本仪器采用两种 dB 电压刻度值：

正弦波有效值 1 V＝0 dB 值；1 mW＝0 dBm 的 dBm 值。

● 基准条件下电压的固有误差：⩽满刻度的±3%(以 1 kHz 为基准)。

● 测量电压的频率范围：10 Hz～2 MHz。

● 基准条件下频率影响误差(以 1 kHz 为基准)：

20 Hz～200 kHz	⩽3%
10～20 Hz　200 kHz～2 MHz	⩽3%

● 输入阻抗：输入电阻⩾10 MΩ。

● 输入电容：输入电容⩽45 pF。

● 最大输入电压($DC+AC_{pp}$)：

300 V　　1 mV～1 V 量程

500 V　　3～300 V 量程

● 噪声：输入短路时小于 2%(满刻度)。

● 输出电压(以 1 kHz 为基准,无负载):1 Vrms±10%(在每一个量程上,当指针指标满度“1.0 V”位置时)。

● 输出电压频响:10 Hz～200 kHz≤±10%(以 1 kHz 为基准,无负载)。

● 输出电阻:600 Ω,允差±20%。

● 电源电压:AC 220 V±10%,50 Hz±4%。

面板控制件作用说明

YB2172 型交流毫伏表如图 1.4.1 所示。

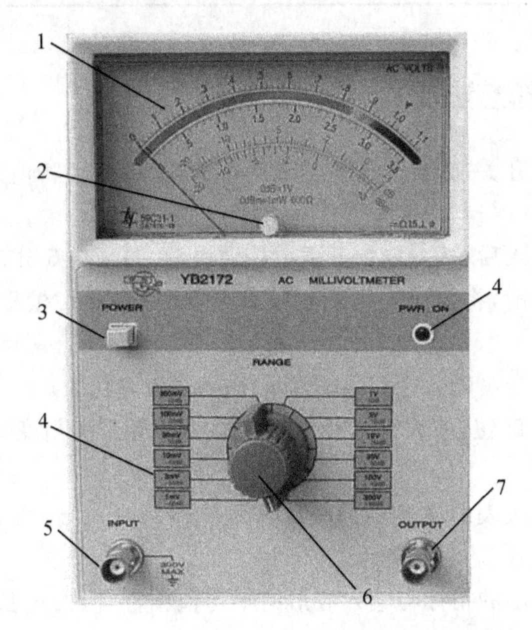

图 1.4.1　YB2172 型交流毫伏表前面板

YB2172 型交流毫伏表控制件作用如表 1.4.1 所示。

表 1.4.1　YB2172 型交流毫伏表控制件作用

序号	控制件名称	控制件作用
1	显示窗口	表头指示输入信号的幅度
2	机械零点调节	开机前,如表头指针不在机械零点处,请用小一字起调节机械零调节螺丝,使指针置于 0

续表

序号	控制件名称	控制件作用
3	电源开关	电源开关按键弹出(即为“关”位置),将电源线接入,按入电源开关以接通电源
4	量程指示	指示灯显示仪器所处的量程和状态
5	输入(INPUT)端口	输入信号由此端口输入
6	量程旋钮	开机后,在输入信号前,应将量程调至最大处,即量程指示灯“300 V”处亮,然后,当输入信号送至输入端口后,调节量程旋钮,使表头指针正确显示输入信号的电压值
7	输出(OUTPUT)端口	输出信号由此端口输出
8	电源指示灯	当电源开关 3 被按入即电源被接通时,此指示灯应当亮

基本操作方法及说明

(1) 打开电源开关前,首先检查输入的电源电压,然后将电源线插入后面板上的交流插孔。

(2) 电源线接入后,按入电源开关以接通电源,并预热 5 分钟。

(3) 输入信号前,将量程旋钮调至最大量程处(在最大量程处时,量程指示灯“300 V”应亮)。

(4) 将输入信号由输入端口(INPUT)送入交流毫伏表。

(5) 调节量程旋钮,使表头指标位置在大于或等于满刻度 30% 又小于满刻度值时读出示值。

(6) 将交流毫伏表的输出用探头送入示波器的输入端,当表头指标是满刻度“1.0”位置时,其输出应满足指标。

(7) 本仪器给出的指标与输入波形的平均值相符合,按正弦波的有效值校准,因此输入电压波形的失真会引起读数的不准确。

(8) 当被测量的电压很小时,或者被测量电压源阻抗很高时,一个不正常的指示可以归结为外部噪声感应的结果。如果这个现象发生,可利用屏蔽电缆减少或消除噪声干扰。

(9) dB 量程的使用。表头有两种刻度:1 V 作 0 dB 的 dB 刻度值;0.775 V 作 0 dBm(1 mW 600 Ω)的 dBm 的刻度值。“Bel”是一个表示两个功率比值的对数单位,1 dB=1/10 Bel。

dB 被定义如下：

$$dB=10\log(P_2/P_1)$$

若功率 P_2，P_1 的阻抗相等，则其比值也可以表示为

$$dB=20\log(E_2/E_1)=20\log(I_2/I_1)$$

dB 原是作为功率的比值，然而，其他值的对数（如电压的比值或电流的比值）也可以称为“dB”。

例如，当一个输入电压幅度为 300 mV、输出电压为 3 V 时，其放大倍数为

$$3\ V/300\ mV=10\ 倍$$

也可以 dB 表示如下：

放大倍数＝20log 3 V/300 mV＝20 dB

dBm 是 dB(mW)的缩写，它表示功率与 1 mW 的比值，通常“dBm”暗指一个 600 Ω 的阻抗所产生的功率，因此“dBm”可被认为：

$$0\ dBm=1\ nW\quad 或\ 0.775\ V\ 或\ 1.291\ mA$$

功率或电压的电平由表面读出的刻度值与量程开关所在的位置相加而定。

例：	刻度值		量程		电平
	（−1 dB）	＋	（＋20 dB）	＝	＋19 dB
	（＋2 dB）	＋	（＋10 dB）	＝	＋12 dB
	（＋2 dBm）	＋	（＋20 dBm）	＝	＋22 dBm

仪器五

【模拟电子技术实验教程】

UT803数字万用表

仪器介绍

UT803 数字万用表是 5999 计数 3 5/6 数位，自动量程真有效值数字台式万用表。具有全功能显示、全量程过载保护和独特的外观设计等特点，使之成为性能更为优越的电工测量仪表。本仪表可用于测量真有效值交流电压和电流、直流电压和电流、电阻、二极管、电路通断、电容、频率、温度(℃,℉)、hFE、最大/最小值等参数，并备有 RS232C，USB 标准接口，具备数据保持、欠压显示、背光和自动关机功能。内置供电系统适用于 AC220 V 或二号电池/R20(1.5 V×6 节)

外形结构图

UT803 数字万用表的功能结构如图 1.5.1 所示。

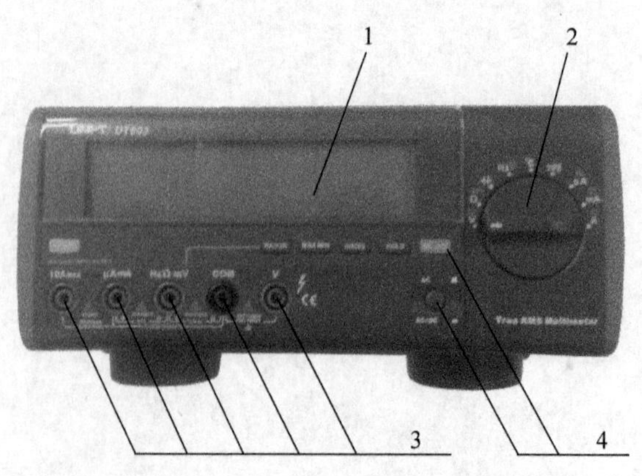

图 1.5.1　UT803 数字万用表外形结构图

界面说明：

1—LCD 显示窗；

2—功能量程选择旋钮；

3—输入端口；

4—按键组。

旋钮开关及按键功能

UT803 数字万用表的旋钮开关及按键功能如表 1.5.1 所示。

表 1.5.1　旋钮开关及按键功能

开关位置	功能说明	开关位置	功能说明
V≂	交直流电压测量	A≂	0.01～10.00 A 交直流电流测量
Ω	电阻测量	POWER	电源按键开关
▶|	二极管，PN 结正向压降测量	LIGHT	背光控制轻触按键
·))	电路通断测量	SELECT	选择交流或直流；电阻，二极管或电路通断；频率或华氏温度轻触键
⊣⊢	电容测量		
Hz	频率测量	HOLD	数据保持轻触按键
℃	摄氏温度测量	RANGE	量程选择轻触按键
℉	华氏温度测量	RS232C	RS232 串行数据输出按键
hFE	三极管放大倍数 β 测量	MAX MIN	最大或最小值选择按键
μA≂	0.1～5 999 μA 交直流电流测量	AC AC+DC	交流或交流＋直流选择按键开关
mA≂	1.01～599.9 mA 交直流电流测量		

LCD显示器

WT803 数码万用表的 LCD 显示器如图 1.5.2 所示。

12 10 1 11
5.6.7 Auto Range Manual
AC+DC True RMS
14 RS232
2 HOLD MAX
hFE MIN
°CμmVAβ
~mV Trms
DCmμnF°F
MkΩHz 15
16 13 3 4 8 9

图 1.5.2 LCD 显示器

界面说明：

1—True RMS 真有效值提示符；

2—HOLD 数据保持提示符；

3—具备自动关机功能提示符；

4—显示负的读数；

5—AC 交流测量提示符；

6—DC 直流测量提示符；

7—AC+DC 交流+直流测量提示符；

8—OL 超量程提示符；

9—单位提示符(见表 1.5.2)；

表 1.5.2 单位提示符

Ω,kΩ,MΩ	电阻单位：欧姆、千欧姆、兆欧姆
mV,V	电压单位：毫伏、伏
μA,mA,A	电流单位：微安、毫安、安培
nF,μF,mF	电容单位：纳法、微法、毫法
℃,℉	温度单位：摄氏度、华氏度
kHz,MHz	频率单位：千赫兹、兆赫兹
β	三极管放大倍数单位：倍

10—二极管测量提示符；

11—电路通断测量提示符；

12—Auto Range,Manual 自动或手动量程提示符；

13—MAX MIN 最大或最小值提示符；

14—RS232 RS232 接口输出提示符；

15—电池欠压提示符；

16—HFE 三极管放大倍数测量提示符。

测量操作说明

1. 交直流电压测量(见图 1.5.3)

(1) 将红表笔插入“V”插孔,黑表笔插入“COM”插孔。

(2) 将功能旋钮开关置于“V ≂”电压测量挡,按 SELECT 键选择所需测量的交流或直流电压,并将表笔并联到待测电源或负载上。

(3) 从显示器上直接读取被测电压值。交流测量显示值为真有效值。

(4) 表的输入阻抗均约为 10 MΩ(除 600 mV 量程为大于 3 000 MΩ 外),仪表在测量高阻抗的电路时会引起测量上的误差。但是大部分情况下电路阻抗在 10 kΩ以下,所以误差(0.1%或更低)可以忽略。

(5) 测量交流加直流电压的真有效值,必须按下 AC/AC+DC 选择按钮。

(6) 测得的被测电压值小于 600.0 mV,必须将红表笔改插入“mV”插孔,同时,利用 RANGE 按钮,使仪表处于“手动”600.0 mV 挡(LCD 屏有“MANUL”和“mV”显示)。

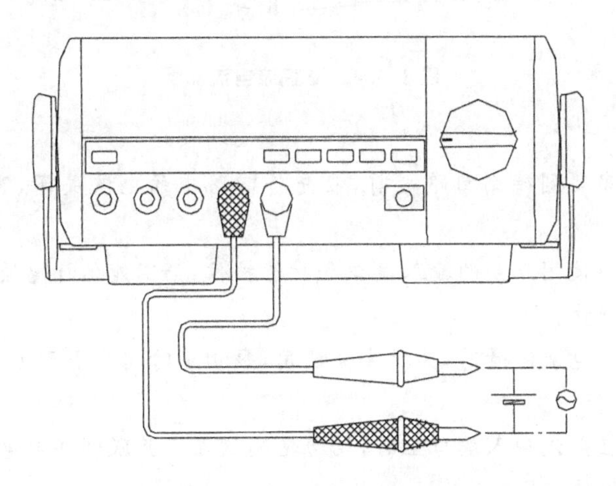

图 1.5.3　交直流电压测量

⚠ 注意:

● 不要输入高于 1 000 V 的电压。测量更高的电压虽有可能,但仪表的安全是没有保障的。

● 在测量高电压时,要特别注意避免触电。

● 在完成所有的测量操作后,要断开表笔与被测电路的连接。

2. 交直流电流测量(见图 1.5.4)

(1) 将红表笔插入“μA mA”或“A”插孔，黑表笔插入“COM”插孔。

(2) 将功能旋钮开关置于电流测量挡“μA”“mA”或“A”，按 SELECT 键选择所需测量的交流或直流电流，并将仪表表笔串联到待测回路中。

(3) 从显示器上直接读取被测电流值，交流测量显示真有效值。

(4) 测量交流加直流电流的真有效值，必须按下 AC/AC+DC 选择按键。

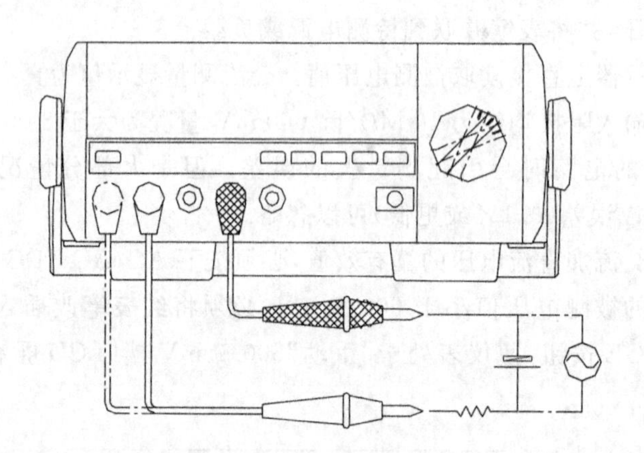

图 1.5.4 交直流电流测量

注意：

● 在仪表串联到待测回路之前，应先将回路中的电流关闭，否则有打火花的危险。

● 测量时应使用正确的输入端口和功能挡位，如不能估计电流的大小，应从大电流量程开始测量。

● 大于 5 A 电流测量时，为了安全使用，每测量时间应小于 10 秒，间隔时间应大于 15 分钟。

● 表笔插在电流输入端口上时，切勿把测试表笔并联到任何电路上，否则会烧断仪表内部保险丝，损坏仪表。

● 完成所有的测量操作后，应先关断被测电流再断开表笔与被测电路的连接。对大电流的测量更为重要。

3. 电阻测量(见图 1.5.5)

(1) 将红表笔插入“Hz Ω mV”插孔，黑表笔插入“COM”插孔。

(2) 将功能旋钮开关置于“Ω·))) ⊣⊢”测量挡，按 SELECT 键选择电阻测量，并将表笔并联到被测电阻两端。

(3)从显示器上直接读取被测电阻值。

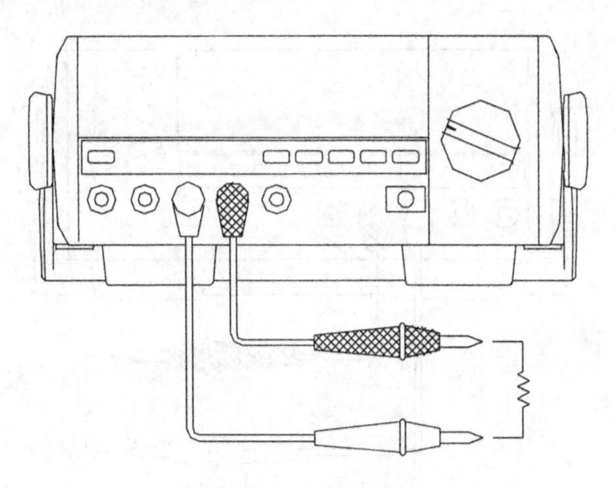

图 1.5.5　电阻测量

⚠ 注意：

● 当被测电阻开路或阻值超过仪表最大量程时，显示器将显示“OL”。

● 当测量在线电阻时，在测量前必须先将被测电路内所有电源关断，并将所有电容器放尽残余电荷，才能保证测量正确。

● 在低阻测量时，表笔及仪表内部引线会带来 0.2～0.5 Ω 电阻的测量误差。为获得精确读数，应首先将表笔短路，记住短路显示值，在测量结果中减去表笔短路显示值，才能确保测量精度。

● 如果表笔短路时的电阻值不小于 0.5 Ω，则应检查表笔是否有松脱现象或其他原因。

● 测量 1 MΩ 以上的电阻时，可能在几秒后读数才会稳定，这对于高阻的测量属正常。为了获得稳定读数尽量选用短的测试线。

● 不要输入高于直流 60 V 或交流 30 V 以上的电压，避免伤害人身安全。

● 在完成所有的测量操作后，要断开表笔与被测电路的连接。

4. 电路通断测量·)))(见图 1.5.6)

(1) 将红表笔插入“Hz Ω mV”插孔，黑表笔插入“COM”插孔。

(2) 将功能旋钮开关置于“Ω·))) ⊣⊢”测量挡，按 SELECT 键选择电路通断测量，并将表笔并联到被测电路负载的两端。如果被测两端之间电阻小于 10 Ω，认为电路良好导通，蜂鸣器连续声响；如果被测两端之间电阻大于 30 Ω，认为电路断路蜂鸣器不发声。

(3) 从显示器上直接读取被测电路负载的电阻值，单位为 Ω。

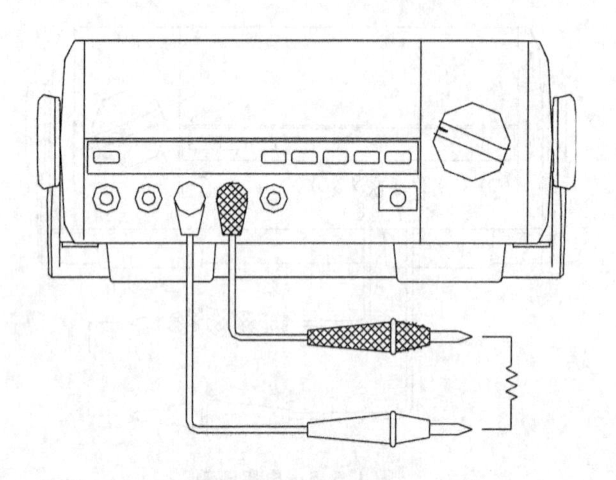

图 1.5.6 电路通断测量

⚠ 注意：

● 当检查在线电路通断时，在测量前必须先将被测路内所有电源关断，并将所有电容器放尽残余电荷。

● 电路通断测量，开路电压约为－1.2 V，量程为 600 Ω 测量挡。

● 不要输入高于直流 60 V 或交流 30 V 以上的电压，避免伤害人身安全。

● 在完成所有的测量操作后，要断开表笔与被测电路的连接。

5. 二极管测量→|(见图 1.5.7)

(1) 将红表笔插入"Hz Ω mV"插孔，黑表笔插入 COM 插孔。红表笔极性为"＋"，黑表笔极性为"－"。

(2) 将功能旋钮开关置于"Ω·))) →|"测量挡按 SELECT 键，选择二极管测量，红表笔接到被测二极管的正极，黑表笔接到二极管的负极。

(3) 从显示器上直接读取被测二极管的近似正向 PN 结结电压。对硅 PN 结而言，一般 500～800 mV 确认为正常值。

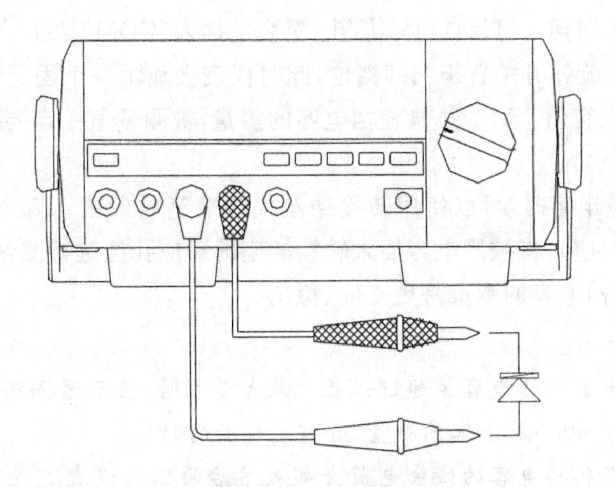

图 1.5.7　二极管测量

注意：

● 当被测二极管开路或极性反接时，显示器显示“OL”。

● 当测量在线二极管时，在测量前必须首先将被测电路内所有电源关断，并将所有电容器放尽残余电荷。

● 二极管测试开路电压约为 2.7 V。

● 不要输入高于直流 60 V 或交流 30 V 以上的电压，避免伤害人身安全。

● 在完成所有的测量操作后，要断开表笔与被测电路的连接。

6. 电容测量(见图 1.5.8)

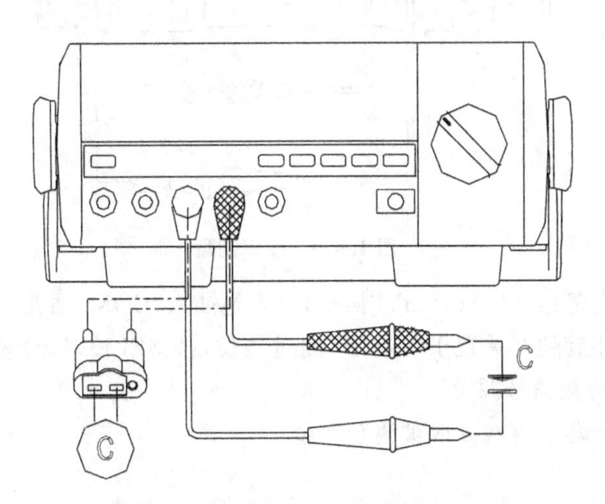

图 1.5.8　电容测量

(1) 将红表笔插入“Hz Ω mV”插孔，黑表笔插入“COM”插孔。

(2) 将功能旋钮开关置于“⊣⊢”挡位，此时仪表会显示一个固定读数，此数为仪表内部的分布电容值。对于小量程档电容的测量，被测量值一定要减去此值，才能确保测量精度。

(3) 在测量电容时，可以使用转接插座代替表笔插入图 1.5.8 所示表笔的位置(+，一应该对应)；将被测电容插入转接插座的对应孔位进行测量。使用转接插座，对于小量程档电容的测量将更正确、稳定。

⚠ 注意：

● 当被测电容短路或容值超过仪表的最大量程时，显示器将显示“OL”。

● 对于大于 600 μF 电容的测量，会需要较长的时间。

● 测试前必须将电容的残余电荷全部放尽后再输入仪表进行测量，对带有高压的电容尤为重要，避免损坏仪表和伤害人身安全。

● 在完成测量操作后，要断开表笔与被测电容的连接。

7. 频率测量(见图 1.5.9)

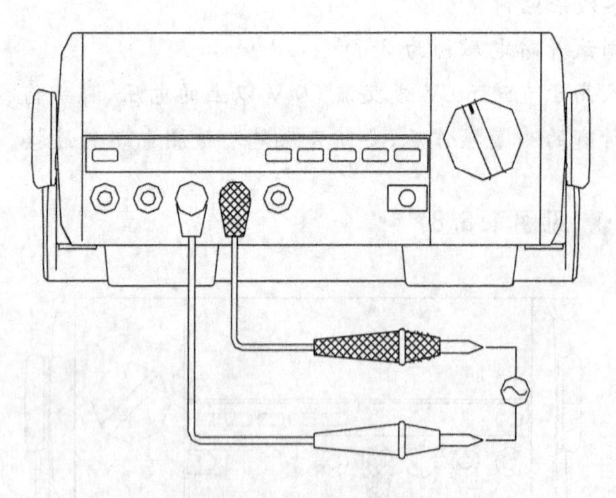

图 1.5.9　频率测量

(1) 将红表笔插入“Hz Ω mV”插孔，黑表笔插入“COM”插孔。

(2) 将功能旋钮开关置于“Hz ℉”测量挡位，按 SELECT 键选择 Hz 测量，并将表笔并联到待测信号源上。

(3) 从显示器上直接读取被测频率值。

⚠ 注意：

● 测量时必须符合输入幅度 a 要求(直流电平为 0)：

10 Hz～1 MHz 时：150 mV≤a≤30 Vrms；

1～10 MHz 时：300 mV≤a≤30 Vrms；

10～50 MHz 时：600 mV≤a≤30 Vrms；

＞50 MHz 时：未指定。

● 不要输入高于 30 Vrms 被测频率电压，避免伤害人身安全。

● 在完成所有的测量操作后，要断开表笔与被测电路的连接。

8. 温度测量(见图 1.5.10)

(1) 将功能旋钮开关置于“℃”挡位。

(2) 将转接插座插入“Hz Ω mV”及“COM”两插孔。将温度 K 型插头按图 1.5.10 所示插入对应孔位。

(3) 将温度探头探测被测温度表面，数秒后从 LCD 上直接读取被测温度值。

在进行华氏温度测量时，功能旋钮开关置于“Hz ℉”挡位，按 SELECT 键选择“℉”测量。

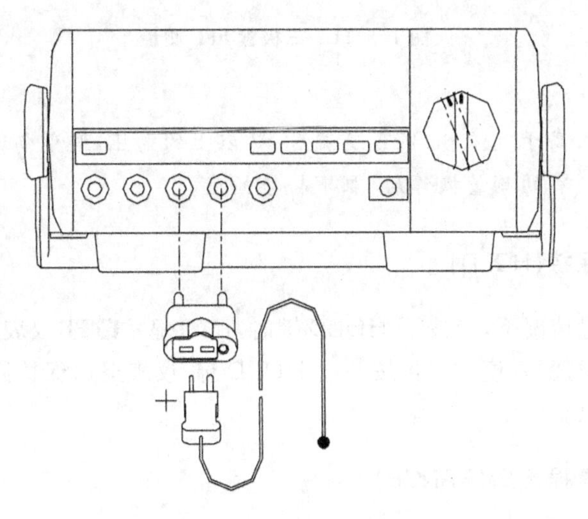

图 1.5.10　温度测量

⚠ 注意：

● 仪表所处环境温度不得超出 18～28 ℃范围，否则会造成误差，对低温测量更为明显。

● 不要输入高于直流 60 V 或交流 30 V 以上的电压，避免伤害人身安全。

● 仪表测常温，开路、短路若有差，以输入短路为准。

● 在完成所有的测量操作后，取下温度探头。

9. 三极管 hFE 测量(见图 1.5.11)

(1) 将功能旋钮开关置于"hFE"挡位

(2) 将转接插座插入"μA mA"和"Hz Ω mV"插孔。

(3) 将被测 NPN 或 PNP 型三极管插入转接插座对应孔位。

(4) 从显示器上直接读取被测三极管 hFE 近似值。

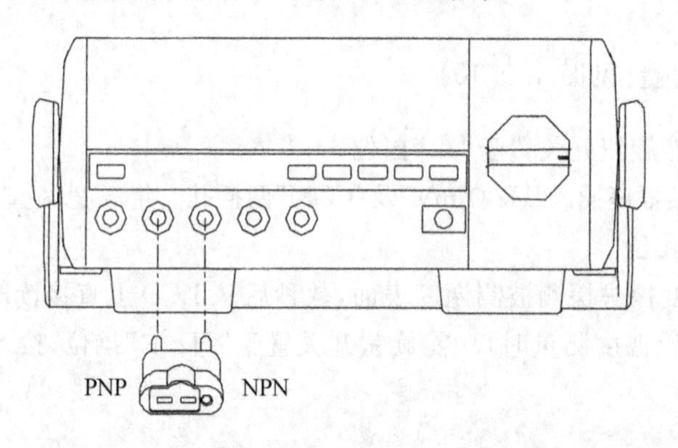

图 1.5.11　三极管 hFE 测量

⚠ 注意:

- 不要输入高于直流 60 V 或交流 30 V 以上的电压,避免伤害人身安全。
- 在完成所有的测量操作后,取下转接插座。

10. 数据保持(HOLD)

在任何测量情况下,当按下 HOLD 键时,LCD 显示HOLD,仪表随即保持显示测量结果,进入保持测量模式。再按一次 HOLD 键,仪表退出保持测量模式,随机显示当前测量结果。

11. 手动量程选择(RANGE)

按此键退出(Auto)自动量程进入(Manual)手动量程模式。当按下时间超过 1 秒则退出(Manual)手动量程重返(Auto)自动量程模式。

12. 最大、最小值测量(MAX/MIN)

按此键开始保持最大、最小值。逐步按此键可依次循环显示最大、最小值。当按下时间超过 1 秒时退出最大、最小值测量模式。

13. **串行数据输出(RS232)**

按此键可以使仪表接口进入或退出测量串行数据输出状态，在数据输出状态下仪表无自动关机功能，LCD“↺”显示熄灭。如果仪表进行 HOLD，MAX/MIN 等操作，LCD 按相应操作显示数据，但接口输出数据还是当前输入端测量的随机值。接口串行数据输出中不会显示“＋DC”“hFE”“β”符号。

14. **LCD 背光控制(LIGHT)**

按此键 LCD 背光打开，再按一次背光关闭。在交流供电时背光常亮，此键不起作用。

15. **功能选择(SELECT)**

当测量功能复合在同一个功能位置时，按此键可以选择所需要的测量功能。

16. **供电选择开关(AC/DC)**

(AC)220 V/50 Hz 或(DC)二号电池/R20(1.5 V×6 节)

17. **电源开关(POWER)**

供电电源开或关。

18. **交流、交流＋直流选择按键开关(AC/AC＋DC)**

本选择按键是在交流测量时，选择测量交流还是交流＋直流，所以只有在功能旋钮开关选择“V≂”(“mV≂”手动)、“μA≂”、“mA≂”或“A≂”，按 SELECT 键选择“AC”测量时，本选择按键才有用；按 SELECT 键选择“DC”测量时，请不要按下本选择按键，否则将显示“＋DC”符号。

19. **自动关机功能↺**

当 LCD 显示符号↺且约 10 分钟内没有转动功能旋钮开关或使用 HOLD 按键等操作时，显示器将消隐显示，同时保存消隐前最后一次测量数据，随即仪表进入微功耗休眠状态。若要唤醒仪表重新工作，除了关闭电源开关后重新打开外，只要按一次 HOLD 等键即可。唤醒仪表后，LCD 显示消隐前最后一次测量数据并处于 HOLD 模式。转动旋钮开关也能唤醒仪表，但不能保持消隐前最后一次测量数据。在开机的同时按下 MAX/MIN，RANGE，LIGHT 或 RS232 键中的任何一个键都可以关闭自动关机功能，并消隐提示符号↺。

RS232C、USB接口

1. RS232C 接口连接、设置

(1) 仪表与电脑的连接如图 1.5.12 所示。

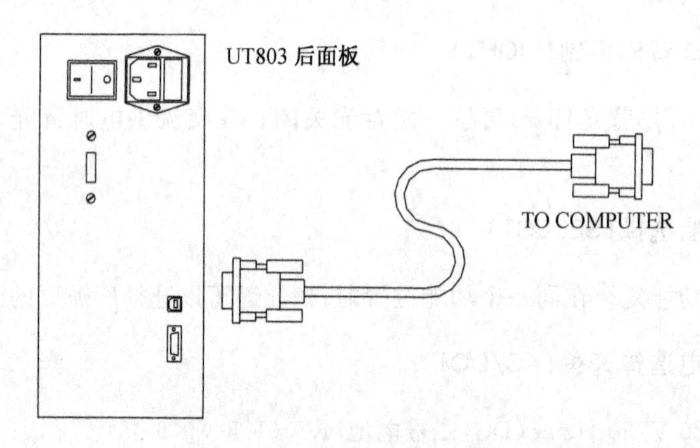

图 1.5.12　仪表与电脑的连接(RS232C 接口)

(2) RS232C 接口线的连接如图 1.5.13 所示。

DMM		电脑 Computer	
D-sub 9 Pin Male		D-sub 9 Pin Female	D-sub 25 Pin Female
1 (DCD)	……	1 (DCD)	8 (DCD)
2 (RXD)	……	3 (RXD)	2 (RXD)
3 (TXD)	……	2 (TXD)	3 (TXD)
4 (DTR)	……	4 (DTR)	20 (DTR)
5 (SG)	……	5 (SG)	7 (SG)
6 (DSR)	……	6 (DSR)	6 (DSR)
7 (RTS)	……	7 (RTS)	4 (RTS)
8 (CTS)	……	8 (CTS)	5 (CTS)
9 (RI)	……	9 (RI)	22 (RI)

图 1.5.13　RS232C 接口线的连接

(3) RS232C 接口设定。RS232C 接口进行通讯时，其默认的设定值为(运行电脑接口软件时，软件将自动设置为以下值)：

波特率　Baud Rate 19200

起始位　Start bit 1

停止位　Stop bit 1

数据位数　Date bits 7

校验　Parity odd

(4) 有关 RS232C 接口软件的安装及应用参见光盘内操作说明文件。

2. USB 接口的连接、设置

(1) 仪器和电脑连接如图 1.5.14 所示。

(2) USB 接口电缆可通用标准 USB 打印线。

(3) USB 接口的设定。将仪表和 USB 相连时，先安装 USB 接口的驱动程序，安装参见光盘内的安装说明文件。

(4) 在操作系统的计算机设备管理器的端口部分出现 USB Serial Port(com x)，在计算机和仪表相连时采用相一致的 com x。

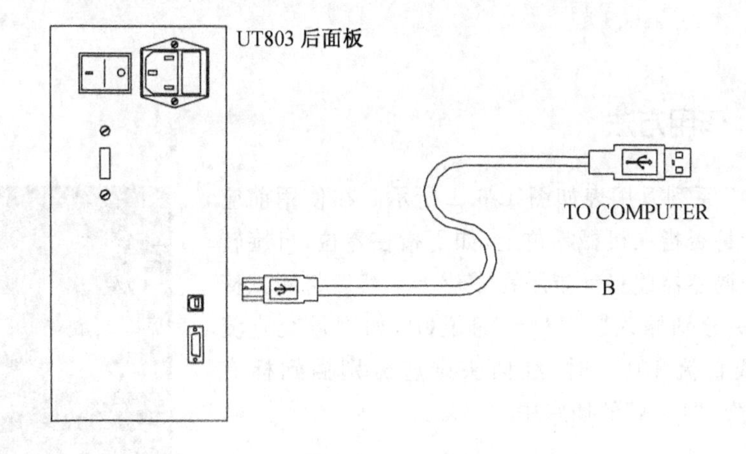

图 1.5.14　仪器和电脑连接(USB 接口)

仪器六

【模拟电子技术实验教程】

MF47系列万用表

仪器介绍

MF47系列万用表是在原MF47表基础上研制的多功能、多用途、多重保护的系列产品。针对各类用户的特点,对功能进行了优化组合,方便了用户使用,降低了用户的使用成本,提高了性价比。从事电脑、电器设备、家用电器、电子电工的工厂,以及学校的科研、生产、维护和维修人员,都可以在MF47系列中选择合适的产品。

作用方法

MF47系列万用表如图1.6.1所示。在使用前应检查指针是否指在机械零位上,如不指在零位,可旋转表盖上的调零器使指针指示在零位上。然后将测试棒红、黑插头分别插入"+""−"插孔中,如测量交直流2 500 V或直流10 A时,红插头则应分别插到标有"2 500 V"或"10 A"的插座中。

图1.6.1 MF47系列万用表

1. 直流电流测量

测量0.05～500 mA时,转动开关至所需的电流挡。测量10 A时,应将红插头"+"插入10 A插孔内,转动开关可放在500 mA直流电流量限上,而后将测试棒串接于被测电路中。

2. 交直流电压测量

测量交流 10～1 000 V 或直流 0.25～1 000 V 时，转动开关至所需电压挡。测量交直流 2 500 V 时，开关应分别旋至交直流 1 000 V 位置上，而后将测试棒跨接于被测电路两端。若配以高压探头，可测量电视机≤25 kV 的高压。测量时，开关应放在 50 μA 位置上，高压探头的红、黑插头分别插入"＋""－"插座中，接地夹与电视机金属底板连接，而后握住探头进行测量。测量交流 10 V 电压时，读数请看交流 10 V 专用刻度(红色)。

3. 直流电阻测量

装上电池(R14 型 2＃1.5 V 及 6F22 型 9 V 各一只)，转动开关至所需测量的电阻挡，将测试棒两端短接，调整欧姆旋钮，使指针对准欧姆"0"位，然后分开测试棒进行测量。测量电路中的电阻时，应先切断电源，如电路中有电容应先行放电。当检查有极性电解电容漏电电阻时，可转动开关至 R×1 k 挡，测试棒红杆必须接电容器负极，黑杆接电容器正极。注意：当 R×1 挡不能调至零位或蜂鸣器不能正常工作时，请更换 2＃(1.5 V)电池；当 R×10 k 挡不能调至零位，或者红外线检测档发光管亮度不足时，请更换 6F22(9 V)层叠电池。

4. 通路蜂鸣器检测(•)))

首先同欧姆挡一样将仪表调零，此时蜂鸣器工作发出约 1 kHz 长鸣叫声，即可进行测量。当被测电路阻值低于 10 Ω 左右时，蜂鸣器发出鸣叫声，此时不必观察表盘即可了解电路通断情况。音量与被测线路电阻成反比例关系，此时表盘指示值约为 R×3(参考值)。

5. 红外遥控器发射信号检测(ЛЕ)

该档是为判别红外线遥控发射器工作是否正常而设置的。旋至该挡时，将红外线发射器的发射头垂直对准表盘左下方"ЛЕ"接收窗口(偏差不大于±15°)，按下需检测功能按钮。若红色发光管闪亮，则表示该发射器工作正常。在一定距离内(1～30 cm)移动发射器，还可以判断发射器输出功率状态。使用该挡时应注意：① 发射头必需垂直于接收窗口±15°内检测；② 当有强烈光线直射接收窗口时，红色指示灯会点亮，并随入射光线强度不同而变化(此时可做光照度计参考使用)，所以检测红外遥控器时应将万用表表盘面避开直射光。

6. 音频电平测量

在一定的负荷阻抗上，用来测量放大器的增益和线路输送的损耗，测量单位以分贝表示，音频电平是以交流 10 V 为基准刻度，如指示值大于＋22 dB时，可在50 V挡位以上各量限测量，按表上对应的各量限的增加值进行修正。测量方法与交流电压基本相似，转动开关至相应的交流电压挡，并使指针有较大的偏转。如被测电路中带有直流电压成分，可在“＋”插座中串接一个 0.1 μF 的隔直流电容器。

7. 电容测量

首先将开关旋至被测电容容量大约范围的挡位上（见表 1.6.1），用 0 Ω 调零电位器校准调零。被测电容接在表棒两端，表针摆动的最大指示值即为该电容电量。随后表针将逐步退回，表针停止位置即为该电容的品质因数（损耗电阻）值。

注意：① 每次测量后应将电容彻底放电后再进行测量，否则测量误差将增大；② 有极性电容应按正确极性接入，否则测量误差及损耗电阻将增大。

表 1.6.1　被测电容量范围

电容挡位 C(μF)	C×0.1	C×1	C×10	C×100	C×1 k	C×10 k
测量范围 (μF)	1 000 pF～1 μF	0.01～10 μF	0.1～100 μF	1～1 000 μF	10～10 000 μF	100～100 000 μF

8. 晶体管放大倍数测量

转动开关至 R×10 hFE 处，同 Ω 挡方法调零后将 NPN 或 PNP 型晶体管对应插入晶体管 N 或 P 孔内，表针指示值即为该管直流放大倍数。如指针偏转指示大于 1 000 应首先检查：① 是否插错管脚；② 晶体管是否损坏。本仪表按硅三极管定标、复合三极管，锗三极管测量结果仅供参考。

9. 电池电量测量

使用 BATT 刻度线，该挡位可供测量 1.2～3.6 V 的各类电池（不包括纽扣电池）电量。负载电阻 R_L＝8～12 Ω。测量时将电池按正确极性搭在两根表棒上，观察表盘上 BATT 对应刻度，分别为 1.2，1.5，2，3，3.6 刻度。绿色区域表示电池电力充足，“?”区域表示电池尚能使用，红色区域表示电池电力不足。测量纽扣电池及小容量电池时，可用直流 2.5 V 电压挡（R_L＝50 k）进行测量。

10. 负载电压LV(V)(稳压)、负载电流LI(mA)参数测量

该挡主要测量在不同的电流下非线性器件电压降性能参数或反向电压降(稳压)性能参数,如发光二极管、整流二极管、稳压二极管及三极管等,在不同电流下曲线或稳压二极管性能。测量方法同Ω档,其中0~1.5 V供R×1~R×1 k挡用,0~10.5V供R×10 k挡用(可测量10 V以内稳压管)。各挡满度电流见表1.6.2。

表1.6.2　各挡满度电流

开关位置(Ω)挡	R×1	R×10	R×100	R×1 k	R×10 k	R×100 k
满度电流LI	100 mA	10 mA	1 mA	100 μA	70 μA	7 μA
测量范围LV	0~1.5 V				0~10.5 V	

11. 标准电阻箱应用(Ω)

在一些特殊情况下,可利用本仪表直流电压或电流挡作为标准电阻使用(见表1.6.3)。当该表位于直流电压挡时,如1 V挡相当于20 k标准电阻(1.0 V×20 k=20 k),其余各挡类推;当该表位于直流电流挡时,如5 mA挡相当于50 Ω标准电阻(0.25 V÷0.005 A=50 Ω),其余各挡可根据技术规范类推(注意:使用该项功能时,应避免表头过载而出现故障)。

表1.6.3　各挡标准阻值

档位	标准阻值(Ω)	档位	标准阻值(Ω)
10 A	0.025	2.5 V	50 k
500 mA	0.5	10 V	200 k
50 mA	5	50 V	1 M
5 mA	50	250 V	2.25 M
0.5 mA	500	500 V	4.5 M
50 μA	5 k	1 000 V	9 M
1 V	20 k	2 500 V	22.5 M

12. 200V̰火线判别(测电笔功能)

将仪表旋至220V̰火线判别挡位,首先将正负表棒插入220V̰插孔内,此时红色指示灯应发亮,将其中任一根表棒拔出红色指示灯继续点亮的一端即为火线端。使用此挡时若发光管亮度不足应及时更换9 V层叠电池以免发生误判断。

第二章

基本实验

实验一

【模拟电子技术实验教程】

二极管和三极管的测试

实验目的

（1）掌握用万用表判别二极管、三极管的极性以及类别。

（2）掌握测试二极管、三极管输出特性曲线的方法。

实验原理

1. 二极管极性的判断

二极管由一个单向导电的 PN 结构成。图 2.1.1 为硅二极管的表示符号及伏安特性曲线。

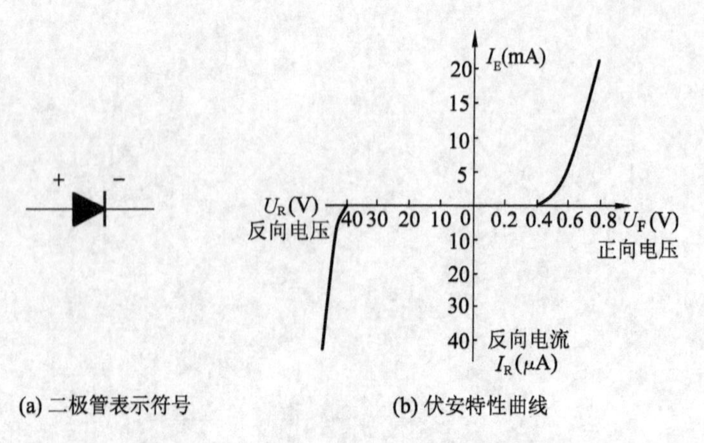

(a) 二极管表示符号　　(b) 伏安特性曲线

图 2.1.1　二极管表示符号及伏安特性曲线

根据万用表的内部电路工作原理可知，万用表的正极端（红表笔）接万用表内部电池的负极，万用表的负极端（黑表笔）接万用表内部电池的正极。因此，万用表的正极（红表笔）可看作外加电源的负极，万用表的负极（黑表笔）可看作外加电源的正极。在万用表用欧姆挡测试二极管、三极管时，一般采用 R * 100 Ω 挡或 R * 1 kΩ挡；二极管的正向电阻为几百欧至几千欧，反向电阻为几百千欧。二极管主要分为两类：硅管和锗管。硅管的正向电阻大于锗管的正向电阻，而硅管的反向电阻也远大于锗管的反向电阻。因此，一般情况下，硅管采用 R * 1 kΩ 挡来判别二极管的极性，而锗管采用 R * 100 Ω 挡来判别二极管的极性。具体测量方法如图 2.1.2所示。

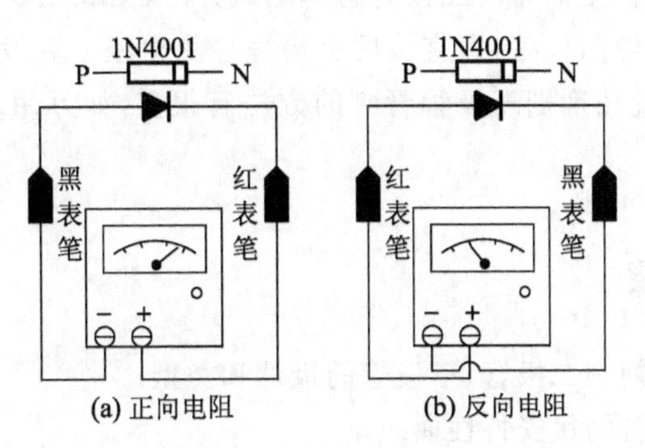

(a) 正向电阻　　(b) 反向电阻

图 2.1.2　二极管极性的测试电路

2. 三极管管脚的判断

(1) 判断基极 b 和三极管类型

根据二极管的判断方法，采用 R * 100 Ω 挡或 R * 1 kΩ 挡；寻找正向电阻或者反向电阻都相等的公共端，即基极 b。

确定基极 b 后，根据正向导通或反向截止原理，按照图 2.1.2 所示电路可以判断三极管的类别，即该三极管为 NPN 型还是 PNP 型。

(2) 判断集电极 c 和发射极 e

按照三极管的放大原理，只要给予基极 b 合适的偏置电流，集电极 c 和发射极 e 之间就可以导通，从而集电极 c 和发射极 e 之间的电阻大大降低。NPN 型三极管如图 2.1.3 a 所示，PNP 型三极管如图 2.1.3 b 所示。如果测量集电极 c 和发射极 e 之间的电阻值变小了，则说明图 2.1.3 中的集电极 c 和发射极 e 判断正确；反之，把前次的集电极 c 和发射极 e 相反假设，再按图 2.1.3 来测试。

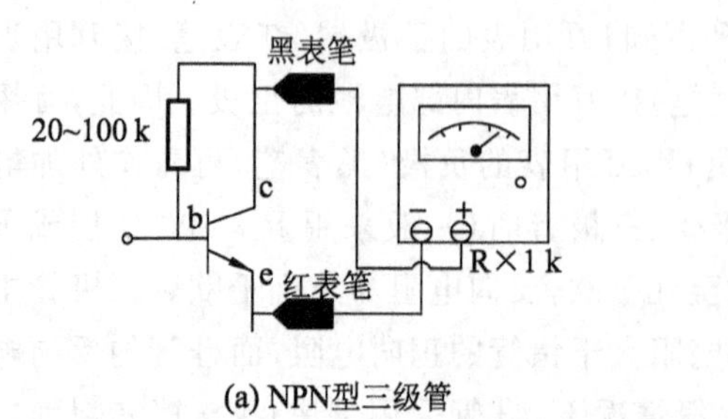

(a) NPN型三级管

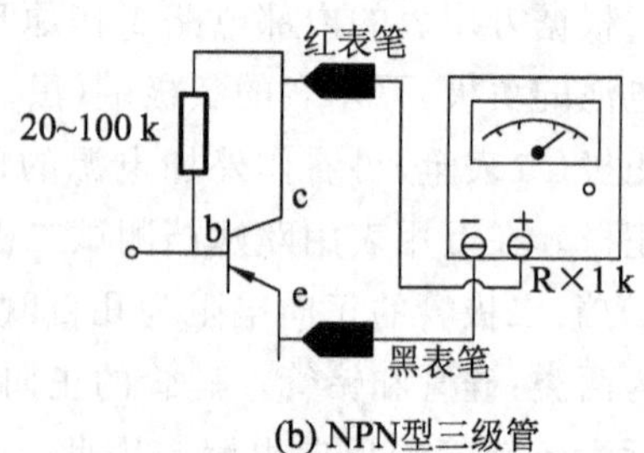

(b) NPN型三级管

图 2.1.3　三极管的集电极 c 和发射极 e 测试电路

以上介绍的仅仅是简单的三极管管脚测试方法，图 2.1.3 中 20～200 kΩ 的电阻还可以利用人体电阻代替，即直接用手指捏住集电极 c 和发射极 e，这个方法更简洁方便。当然，现在判别三极管管脚的方法有很多，如万用表、数字万用表以及晶体管特性图示仪。

实验步骤

（1）用万用表判别二极管、三极管的极性和类型。

（2）测试二极管的伏安特性曲线。

按照图 2.1.4 连接电路进行测试，并将数据填入表 2.1.1 和表 2.1.2。

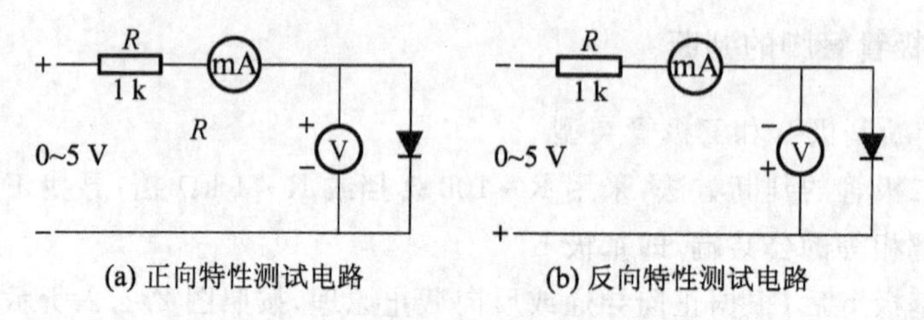

(a) 正向特性测试电路　　(b) 反向特性测试电路

图 2.1.4　二极管的伏安特性曲线测试电路

表 2.1.1　二极管正向电压、电流数据

表 2.1.2　二极管反向电压、电流数据

（3）自己设计。

从信号发生器中输出一个频率为 f、幅值为 U_i 的正弦波信号，分别通过二极管和三极管在示波器上观察正弦波信号，比较在通过二极管和三极管前后的变化。

实验报告要求

（1）整理实验数据，作出二极管的正向、反向特性曲线。

（2）总结用万用表测试二极管和三极管的步骤和方法。

预习要求

（1）复习二极管和三极管的特点、结构以及特性曲线。

（2）进一步掌握有关示波器、信号发生器、万用表、数字万用表、实验箱 YB02-8 等实验设备的使用方法。

（3）复习三极管的信号放大原理。

实验仪器与器材

（1）双踪示波器，1 台。

（2）函数发生器，1 台。

（3）万用表，1 只。

（4）数字万用表，1 台。

（5）电工电子综合实验箱 YB02-8，1 台。

（6）交流毫伏表，1 台。

共发射极基本放大电路

实验目的

(1) 通过对共发射极基本放大电路的工程估算和调试，了解放大器的主要性能指标，并掌握其测试方法。

(2) 观察放大电路中有关参数的变化对放大电路性能的影响。

(3) 掌握二踪示波器、函数信号发生器、数字万用表等的使用方法。

实验原理

1. 单级交流放大电路简介

图2.2.1为典型的分压式工作点稳定的阻容耦合单管放大器实验原理图。它的偏置电路采用 R_{B1}（即 $R_{W1}+R_{b11}$之和）和 R_{b12}组成的分压电路，并在发射极中接有电阻 R_{E1}（$R_{e11}+R_{e12}$），以稳定放大器的静态工作点。晶体管在电路中实际上起着电流控制作用。发射极电容 C_{e1}对集电极电流的交流分量提供了交流通路；C_1，C_2 能够隔离直流、通过交流电流，起到隔直流通交流的作用，它们分别把交流信号电流输入基极以及把放大后的交流信号电压送到负载，而不影响晶体管的直流工作状态。当在放大器的输入端输入信号 U_i 后，在放大器的输出端便可得到一个与 U_i 相位相反，幅值被放大了的输出信号 U_o，从而实现了电压放大。

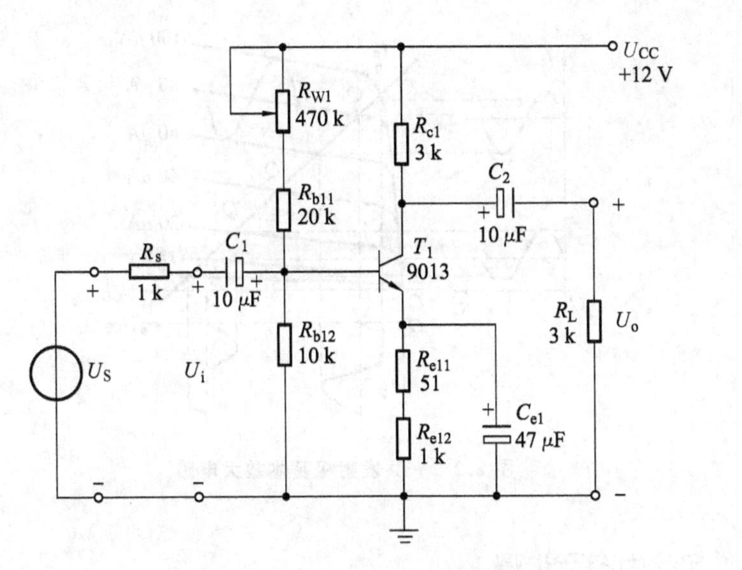

图 2.2.1　单级放大电路原理图

在图 2.2.1 电路中，静态工作点可用下式估算：

$$U_B=\frac{R_{b12}}{R_{B1}+R_{b12}}U_{CC};I_e=\frac{U_B-U_{be}}{R_{E1}}\approx I_c;U_{ce}=U_{CC}-I_c(R_{c1}+R_{E1})$$

电压放大倍数

$$A_u=\frac{U_o}{U_i}=-\beta\frac{R_L{}'}{r_{be}}$$

其中，$R_L{}'=R_{C1}\parallel R_L$，$r_{be}\approx r_{bb'}+(1+\beta)\dfrac{26\ \mathrm{mV}}{I_{EQ}}=300+(1+\beta)\dfrac{26\ \mathrm{mV}}{I_{EQ}}$。

输入电阻：$R_i=R_{B1}/\!/R_{b12}/\!/r_{be}$。

输出电阻：$R_o\approx R_{c1}$。

放大器的测量和调试一般包括：放大器静态工作点的测量与调试，消除干扰与自激振荡，放大器各项动态参数的测量与调试等。

2. 共发射极基本放大电路简介

基本放大电路静态工作点的设置是否合适，都直接影响其性能，否则将会产生截止失真和饱和失真，如图 2.2.2 所示。

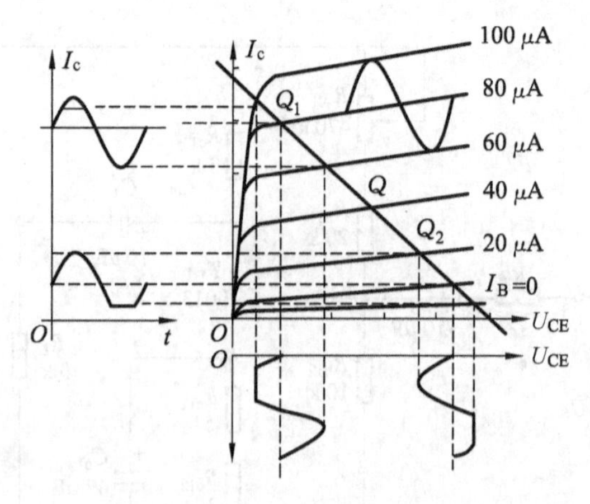

图 2.2.2　共发射极基本放大电路

实验内容及步骤

根据单级放大原理图 2.2.1，在图 2.2.3 中连接电路，将 M 点与 N 点、K 点与 L 点、U 点与 V 点、A 点与 B 点相连，W 点接通 +12 V，C 点 U_o 为输出，构成如图 2.2.1 所示的共发射极基本放大电路。

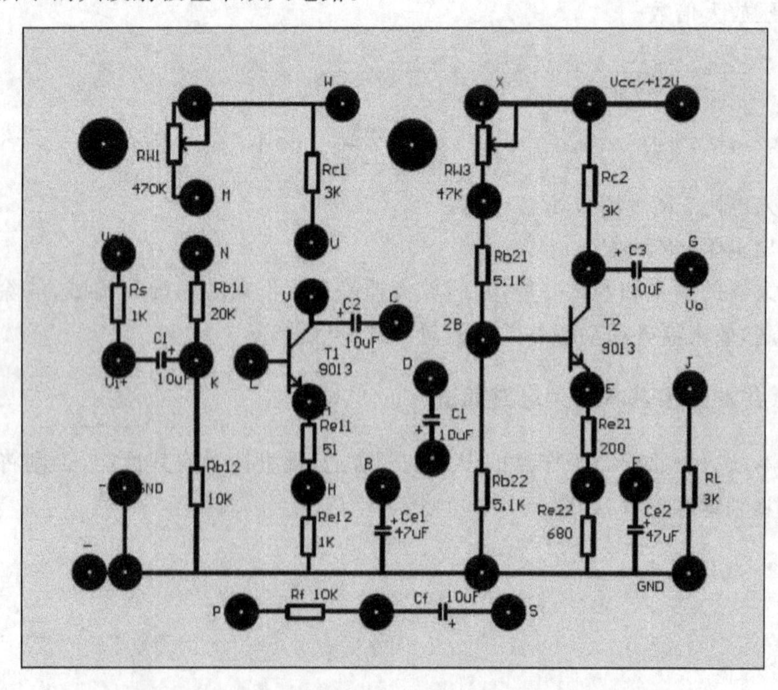

图 2.2.3　电工电子综合实验箱 YB02-8 单放负反馈模块连线图

(1) 测试三极管的 β 值

调节 R_{W1}，$U_{CE}=6$ V，使得三极管工作在放大区域，把万用表分别串联在 K 点和 L 点间测 I_{b1}、在 U 点和 V 点间测 I_{c1}，再次调节 R_{W1}，测得 I_{b2}，I_{c2}，则可算出 β 值，即

$$\beta=\frac{\Delta I_c}{\Delta I_b}=\frac{I_{c2}-I_{c1}}{I_{b2}-I_{b1}}。$$

(2) 静态工作点的测量

① 函数发生器产生 1 kHz，5 mV 的正弦波信号，接入输入端，即 $U_i=5$ mV；调节 R_{W1} 使 $U_{CE1}=6$ V，用示波器观察输出信号波形，在输出信号不失真的条件下，用万用表分别测量 U_{BEQ}，U_{CEQ}，I_{BQ}，I_{EQ}，I_{CQ}。

② 关闭电源，断开 M 点与 N 点的连接，用万用表测量基极偏置电阻 R_{B1}（即 $R_{W1}+R_{b11}$ 之和），然后计算出 U_{BEQ}，U_{CEQ}，I_{BQ}，I_{CQ}，并将数据填入表 2.2.1。

表 2.2.1　静态工作点测量

测量值				计算值			
U_{BEQ}	U_{CEQ}	I_{BQ}	I_{CQ}	U_{BEQ}	U_{CEQ}	I_{BQ}	I_{CQ}

(3) 电压放大倍数的测量

① 函数发生器产生 1 kHz，5 mV 的正弦波信号，接入输入端，即 $U_i=5$ mV；调节 R_{W1}，使得 $U_{RC}=4$ V，当 $R_L=\infty$，10 k，3 k 时分别用数字万用表测量输出信号 U_o 的有效值，然后计算出电压放大倍数 A_u，并将数据填入表 2.2.2。

表 2.2.2　$U_{RC}=4$ V 时的电压放大倍数

	∞	10 k	3 k
U_i(mV)			
U_o(mV)			
A_u			

② 使得 $U_{RC}=3$，4，5 V，保持负载 $R_L=10$ k 不变，分别用数字万用表测量输出信号 U_o 的有效值，然后计算出电压放大倍数 A_u，并将数据填入表 2.2.3。

表 2.2.3　$R_L=10$ k 时的电压放大倍数

	3 V	4 V	5 V
U_i(mV)			
U_o(mV)			
A_u			

通过理论分析计算出电压放大倍数 A_u 并与测试值比较。

(4) 研究静态工作点对输出波形的影响

① 保持 $U_{RC}=4\ \text{V}$ 条件下的静态工作点不变，增大输入信号 U_s，用示波器观察输出电压 U_o 波形，使输出波形为最大不失真正弦波（当同时出现正、负向失真后，稍微减小输入信号幅度，使输出波形的失真刚好消失时的输出电压幅值），测量此时输出电压的峰峰值 U_{opp}。

② 增大 R_{W1} 的阻值，观察输出电压波形是否出现截止失真，描出失真波形。

③ 减小 R_{W1} 的阻值，观察输出波形是否出现饱和失真，描出失真波形。

(5) 输入电阻的测量

① 理论计算输入电阻 R_i。先关掉电源，去掉 M，N 点的连线，用万用表测量 R_{B1}（即 $R_{W1}+R_{b11}$ 之和），然后由式 $R_i=R_{B1}\,//\,R_{b12}\,//\,r_{be}$ 计算出输入电阻 R_i。

② 用换算法测量输入电阻 R_i。测量电路如图 2.2.4 所示，在信号源与放大器之间串入一个已知电阻 R_S，用低频毫伏表测量图 2.2.4 中的 U_S 和 U_i，然后由公式 $R_i=\dfrac{U_i}{U_S-U_i}\times R_S=\dfrac{U_i}{U_S-U_i}\times 1\ \text{k}$ 计算出 R_i。

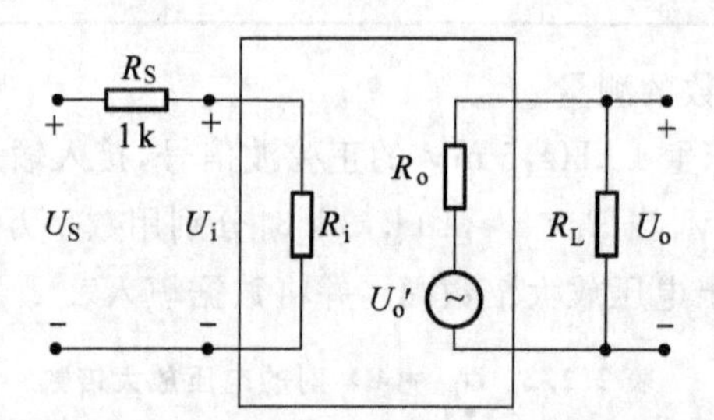

图 2.2.4 用换算法测量 R_i 的原理图

③ 比较输入电阻 R_i 的理论计算值和测量值。

(6) 输出电阻的测量

① 理论计算输出电阻 R_o。

R_{C1} 的值即为输出电阻 R_o。

② 用换算法测量输出电阻 R_o。

在放大器输入端加入一个固定信号电压 U_S，当 $R_L=\infty$ 时用低频毫伏表测量放大器的输出信号（输出信号不失真的前提下），记为 U_o'，当 $R_L=3\ \text{k}$ 时再用低频毫伏表测量放大器的输出信号，记为 U_o。

由公式 $R_o=\left(\dfrac{U_o'}{U_o}-1\right)\times R_L=\left(\dfrac{U_o'}{U_o}-1\right)\times 3\ \text{k}$ 计算出 R_o。

③ 比较输出电阻 R_o 的理论计算值和测量值。

(7) 放大器幅频特性曲线的测量

调整 I_{CQ} 在合适的位置(保证输出不失真),保持 $U_i=5$ mV 不变,改变信号频率,用逐点法测量不同频率下的 U_o 值,记入表 2.2.4 中,并作出幅频特性曲线,定出 3 dB 带宽 B_W(即幅值等于最大值 $\frac{\sqrt{2}}{2}$ 倍时对应的频带宽)。

表 2.2.4　放大器幅频特性($U_i=5$ mV 时)

f(kHz)	0.1	自定
U_o(V)		

预习要求

(1) 掌握基本放大电路的基本组成形式,了解电路哪些参数的变化对电路的性能会有影响?

(2) 阅读相关背景知识,复习射极偏置的单极共射低频放大器工作原理、静态工作点的估算及 A_u,R_i,R_o 的计算。

(3) 复习相关仪器的使用方法。

(4) 自拟本实验有关数据记录表格。

实验报告要求

(1) 整理实验数据,计算 A_u,R_i,R_o 值,列表比较其理论值和测量值,并加以分析。

(2) 用坐标纸画出放大器的幅频特性曲线,确定 f_H,f_L,f_{bw} 值。

(3) 记录实验有关波形,并加以分析讨论。

实验仪器与器材

(1) 二踪示波器,1 台。

(2) 函数发生器,1 台。

(3) 电工电子综合实验箱 YB02-8,1 台。

(4) 数字万用表,1 台。

(5) 万用表,1 台。

实验三

【模拟电子技术实验教程】

多级放大电路

实验目的

(1) 加深理解阻容耦合的基本概念和特点。

(2) 加深理解两级阻容耦合放大器的工作原理,以及其电路性能的改善。

(3) 掌握两级阻容耦合放大器的性能指标的调试和测量方法。

实验原理

1. 实验原理电路

阻容耦合两极放大电路如图 2.3.1 所示。

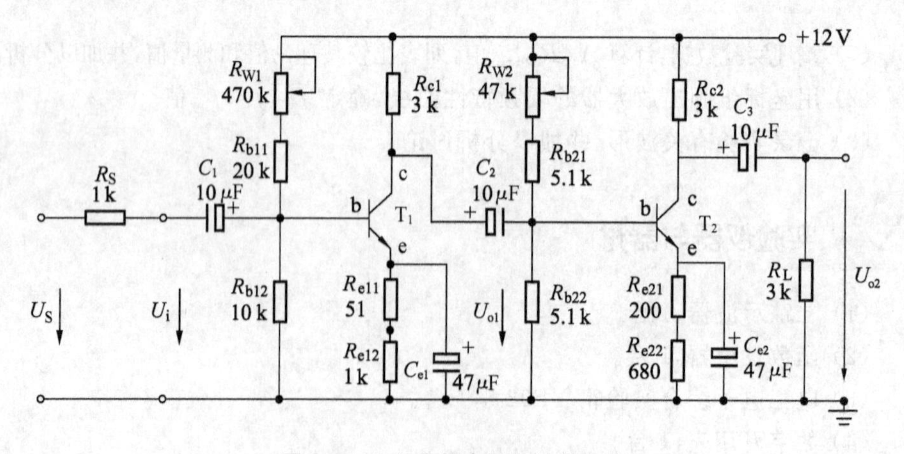

图 2.3.1 阻容耦合两级放大电路

2. 工作原理

(1) 放大器静态工作点 Q 的求法

由于两级放大器是阻容耦合，电容隔直流，所以两级 Q 点相互独立，与单级放大器的静态工作点 Q 的测量与调整方法一样。放大器应工作在放大区，选$U_{CE}=6$ V。

① 第一级放大器静态工作点 Q 的求法：

$$I_{EQ1}=(1+\beta)I_{BQ1};U_{CC}=U_{RC1}+U_{CEQ1}+U_{E1};U_{E1}=I_{EQ1}(R_{e11}+R_{e12})$$

② 第二级放大器静态工作点 Q 的求法：

$$I_{EQ2}=(1+\beta)I_{BQ2};U_{CC}=U_{RC2}+U_{CEQ2}+U_{E2};U_{E2}=I_{EQ2}(R_{e21}+R_{e22})$$

(2) 各交流参数的计算

① 电压放大倍数的求法：

理论计算电压放大倍数

$$A_{u1}=-\beta_1\frac{R'_{L1}}{r_{be1}},A_{u2}=-\beta_2\frac{R'_{L2}}{r_{be2}}$$

其中，$R'_{L1}=R_{c1}/\!/r_{i2}$，$R'_{L2}=R_{c2}/\!/R_L$，$r_{i2}=r_{be2}/\!/R_{b2}$，$R_{b2}=R_{b21}/\!/R_{b22}$。

通常 $r_{be}\ll R_b$，$r_{i2}\ll R_{c1}$，所以 $R'_{L1}=R_{c1}/\!/r_{i2}\approx r_{i2}\approx r_{be2}$，即得到

$$A_U=A_{U1}\cdot A_{U2}\approx\beta_1\cdot\beta_2\frac{R'_{L2}}{r_{be1}}$$

② 输入电阻 $R_i=r_{be1}\parallel R_{b1}\approx r_{be1}$。

③ 输出电阻 $R_o\approx R_{c2}$。

3. 频率响应特性

在放大电路中，由于电抗元件及晶体管极间电容的存在，放大倍数变成了频率的函数，这种函数关系称为频率响应。由于耦合电容存在，当信号频率低到一定程度时，电容的容抗不可忽略，从而导致放大倍数下降，且产生相移。由于三极管极间电容存在，当信号频率高到一定程度时，极间电容将分流，从而导致放大倍数下降，且产生相移。图 2.3.2 所示即为放大器的频率响应曲线的一般图形。

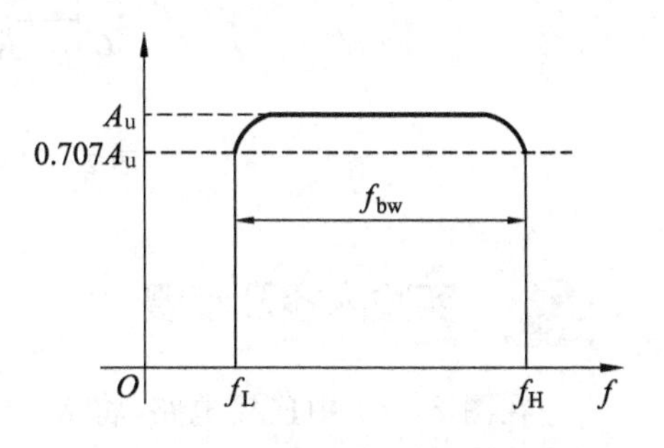

图 2.3.2　放大器频率响应曲线

在图 2.3.2 中，当放大倍数下降至中频区的 0.707 倍时，低频区所对应的频率点为下限频率，记为 f_L，高频区所对应的频率点为上限频率，记为 f_H，频带宽度为 $f_{bw}=f_H-f_L$。

对于多级放大电路，$\dot{A}_u = \prod_{k=1}^{n} \dot{A}_{uk}$

$20\lg|\dot{A}_u| = \sum_{k=1}^{n} 20\lg|\dot{A}_{uk}|$　幅频特性

$\varphi = \sum_{k=1}^{n} \varphi k$　相频特性

$f_L > f_{Lk}, k=1\sim n$；

$f_H < f_{Hk}, k=1\sim n$；

$f_{bw} < f_{bwh}, k=1\sim n$。

如图 2.3.3 所示。

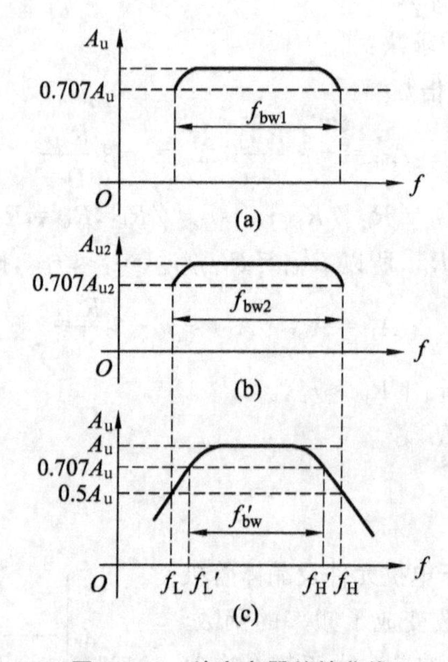

图 2.3.3　放大电器特性曲线

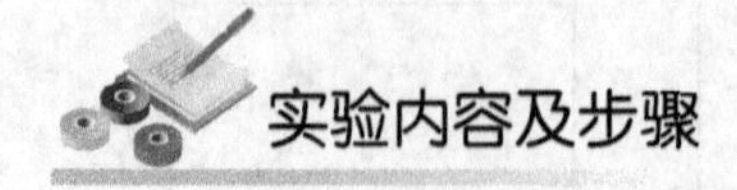

实验内容及步骤

在图 2.3.4 中连接电路，将 M 点与 N 点、K 点与 L 点、U 点与 V 点、A 点与 B 点、C 点与 2B 点、E 点与 F 点相连，构成如图 2.3.1 所示阻容耦合两级放大电路。

(1) 各级静态工作点 Q 的调整和测量

接通电源，在 U_{i+} 点输入正弦信号有效值 $U_i = 5$ mV，频率 1 kHz。调整静态工作点（反复调节 R_{W1} 和 R_{W2}），同时用示波器观察波形，使每一级的输出都不失真。用万用表分别测出各级静态工作点 U_{EQ1}，U_{CQ1}，U_{EQ2}，U_{CQ2}，并将数据填入表 2.3.1。

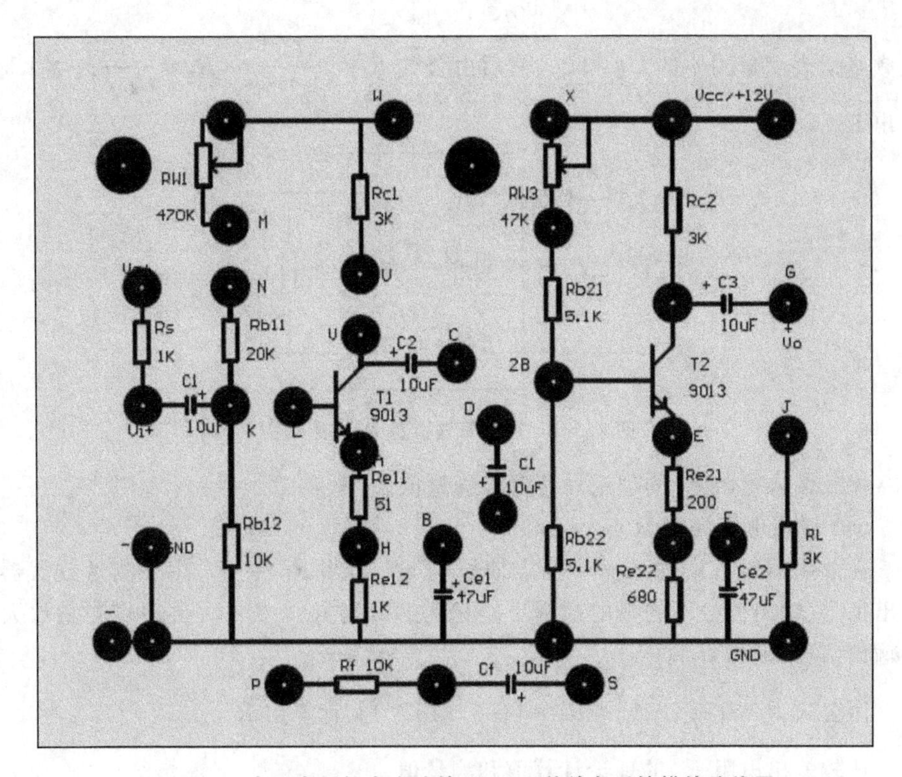

图 2.3.4　电工电子综合实验箱 YB02-8 单放负反馈模块连线图

表 2.3.1　各级静态工作点数据

测试项目	U_{EQ1}	U_{CQ1}	U_{EQ2}	U_{CQ2}
测试数据				

(2) 测量放大器的电压放大倍数

从第一级的 U_S 点加入 $f=1$ kHz，$U_S=10$ mV 的正弦波信号，使第二级输出最大波形且不产生失真，在空载和加负载时用表测量出级联电路的 U_{o1} 和 U_{o2}，算出对应的 A_{u1}，A_{u2}，A_u，并将数据填入表 2.3.2。

表 2.3.2　放大器的放大倍数

	输入信号 $U_S=10$ mV					
	U_i	U_{o1}	U_{o2}	A_{u1}	A_{u2}	A_u
$R_L=\infty$						
$R_L=3$ k						

(3) 输入电阻的测量

测量电路如图 2.3.5 所示，在信号源与放大器之间串入一个已知电阻 R_S，用低频毫伏表测量图中的 U_S 和 U_i，然后由公式 $R_i=\frac{U_i}{U_S-U_i}\times R_S=\frac{U_i}{U_S-U_i}\times 1\ \text{k}$ 计算出 R_i。

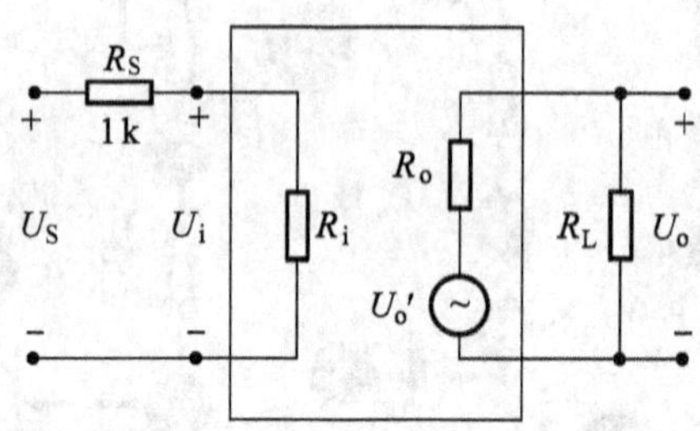

图 2.3.5　用换算法测量 R_i 的原理图

比较输入电阻 R_i 的理论计算值和测量值。

(4) 输出电阻的测量

在放大器输入端加入一个固定信号电压 U_S，当 $R_L=\infty$ 时用表测量放大器的输出信号(输出信号不失真的前提下)，记为 U_o，当 $R_L=3\ \text{k}$ 时再用表测量放大器的输出信号，记为 U_o'。

由公式 $R_o=\left(\frac{U_o}{U_o'}-1\right)\times R_L=\left(\frac{U_o}{U_o'}-1\right)\times 3\ \text{k}$ 计算出 R_o。

比较输出电阻 R_o 的理论计算值和测量值。

(5) 测量两级放大器的频率特性

在电路 U_{i+} 点输入 $U_i=5\ \text{mV}$，$f=1\ \text{kHz}$ 的正弦波信号，当输出波形不失真时，测出 U_{o2}，然后在不改变信号源电压大小的情况下升高其频率，使其输出电压降至 $0.707\ U_{o2}$ 时，此时的信号源频率即对应放大器的上限截止频率 f_H；同理，降低输入信号的频率，使其输出电压降至 $0.707\ U_{o2}$ 时，此时的信号源频率即对应于放大器的下限截止频率 f_L(在改变信号源频率时，应保持 U_i 不变)，并将测试结果填入表 2.3.3。

表 2.3.3　两级放大器频率

R_L	U_i	U_o	$U_{oL}=U_{oH}$	f_H	f_L
∞					
3 k					

预习要求

(1) 复习多级放大器工作原理及有关计算其主要性能指标的方法。

(2) 熟悉实验电路。

实验报告要求

(1) 通过两级阻容耦合放大器的实验，比较它与单级放大器有何不同。

(2) 整理实验数据和记录实验有关波形，列表比较理论值和测量值，并加以分析。

(3) 根据表 2.3.3 画出实验电路的幅频特性图，标出下限截止频率 f_L 和上限截止频率 f_H，并标出通频带 f_{bw}，用坐标纸画图。

(4) 在图 3-11 中，R_{P1}，R_{P2} 发生短路或开路，电路会怎么样，为什么?

(5) 如果 C_1，C_2，C_5 其中之一开路，电路会怎么样?

实验仪器与器材

(1) 二踪示波器，1 台。

(2) 函数发生器，1 台。

(3) 电工电子综合实验箱 YB02-8，1 台。

(4) 数字万用表，1 台。

(5) 万用表，1 台。

实验四

负反馈放大电路

实验目的

(1) 加深理解负反馈放大电路的工作原理及负反馈对放大电路性能的影响。

(2) 掌握负反馈放大电路性能的测量与调试方法。

(3) 进一步掌握多级放大电路静态工作点的调试方法。

实验原理

负反馈就是将放大器输出信号(电压或电流)的一部分或者全部,通过一定的形式返回到它的输入端;负反馈放大器有四种组态,即电压串联、电压并联、电流串联、电流并联;它在电子电路中有着非常广泛的应用,虽然它使放大器的放大倍数降低,但能在多方面改善放大器的动态指标,如稳定放大倍数,改变输入、输出电阻,减小非线性失真和展宽通频带等。因此,几乎所有的实用放大器都带有负反馈。

1. 负反馈对放大器各项性能指标的影响

本实验以电压串联负反馈为例,分析负反馈对放大器各项性能指标的影响。

图 2.4.1 为带有负反馈的两级阻容耦合放大电路,在电路中通过 R_{e11} 把输出电压 U_o 引回到输入端,加在晶体管 T_1 的发射极上,在发射极电阻 R_{e11} 上形成反馈电压 U_F。根据反馈的判断法可知,它属于电压串联负反馈。

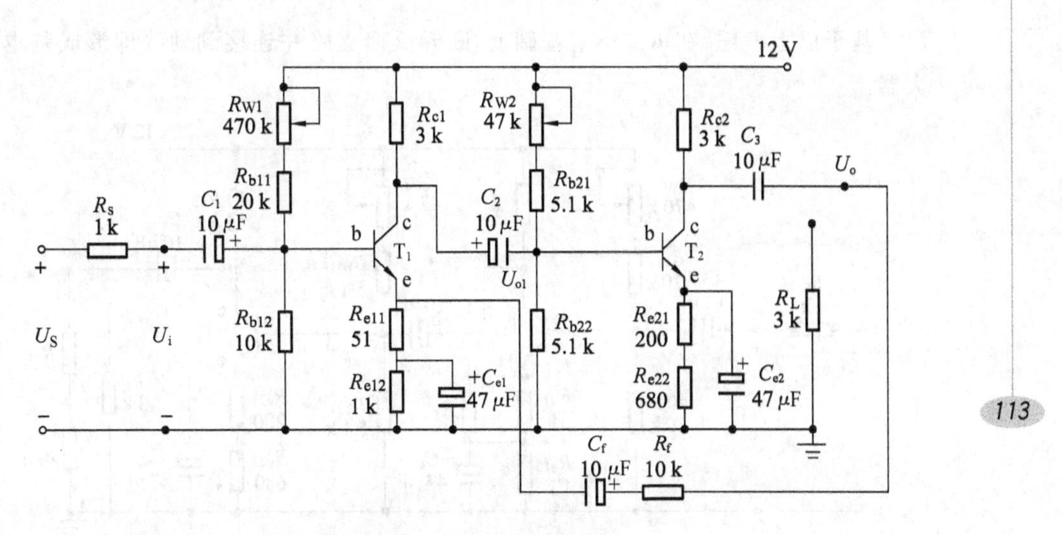

图 2.4.1　负反馈放大电路

主要性能指标如下：

① 闭环电压放大倍数 $A_{uf}=\dfrac{A_u}{1+A_uF}$。

其中，$A_u=U_o/U_i$ 表示基本放大器（无反馈）的电压放大倍数，即开环电压放大倍数；$1+A_uF$ 表示反馈深度，它的大小决定了负反馈对放大器性能改善的程度。

② 反馈系数 $F=\dfrac{R_{e11}}{R_f+R_{e11}}$。

③ 输入电阻 $R_{if}=(1+A_uF)R_i$。

④ 输出电阻 $R_{of}=\dfrac{R_o}{1+A_uF}$，$R_o$ 表示基本放大器的输出电阻。

2. 基本放大器的动态参数

本实验还需要测量基本放大器的动态参数，怎样实现无反馈而得到基本放大器呢？不能简单地断开反馈支路，而是要去掉反馈作用，但又要把反馈网络的影响（负载效应）考虑到基本放大器中去。图 2.4.2 为基本放大器的电路图。

(1) 在画基本放大器的输入回路时，因为是电压负反馈，所以可将负反馈放大器的输出端交流短路，即令 $U_o=0$，此时 R_f 相当于并联在 R_{e11} 上，由于 $R_f \gg R_{e11}$，R_f 可忽略。

(2) 在画基本放大器的输出回路时，由于输入端是串联负反馈，因此需将反馈放大器的输入端（T_1 管的射极）开路，此时（R_f+R_{e11}）相当于并接在输出端，可近似认为 R_f 并接在输出端。

基于以上考虑，在 $R_f \gg R_{e11}$ 基础上，断开反馈支路并连接到地线即形成基本放大器。

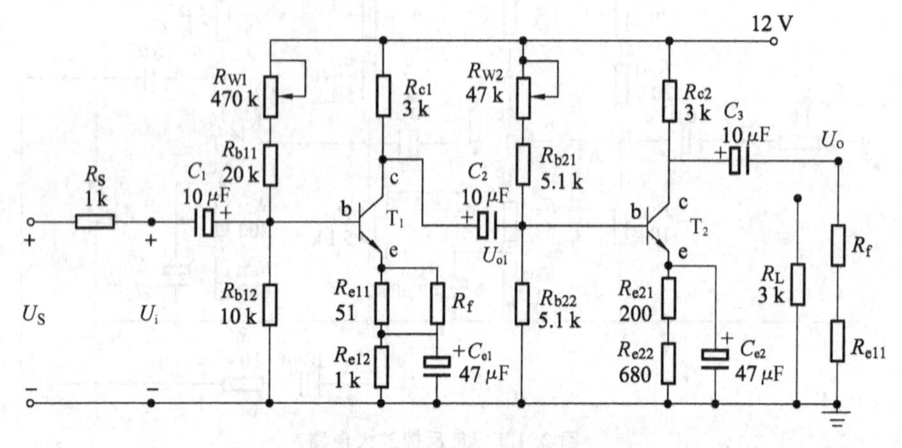

图 2.4.2　基本放大器的电路图

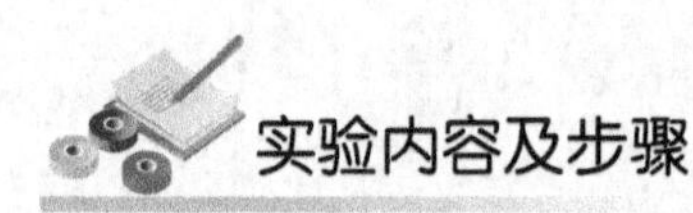
实验内容及步骤

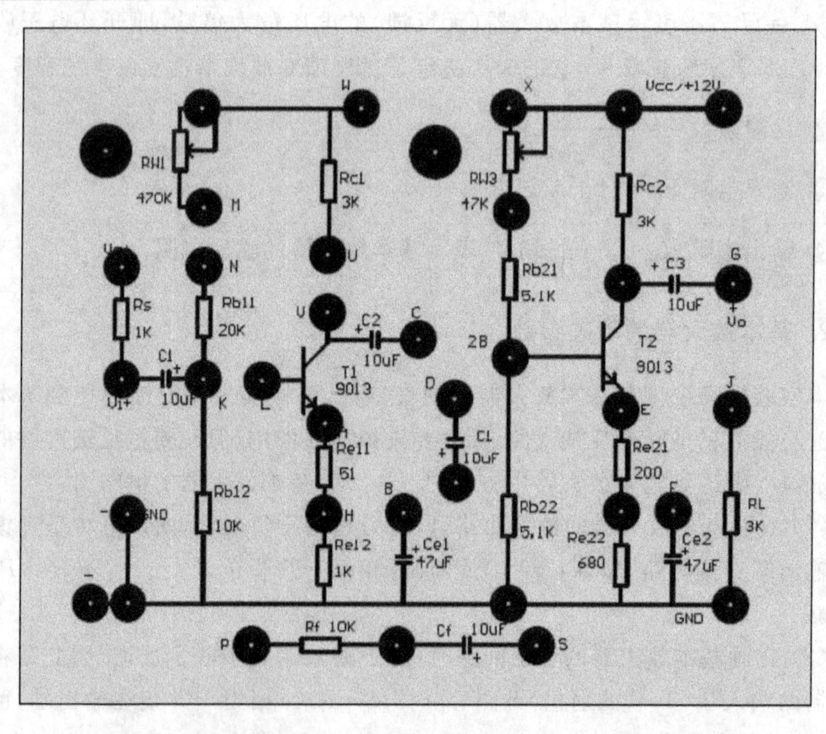

图 2.4.3　电工电子综合实验箱 YB02-8 单放负反馈模块连线图

1. 两级放大电路各级静态工作点 Q 的调整和测量

不接负反馈，由于 $R_f \gg R_{e11}$，在图 2.4.3 中连接电路，将 M 点与 N 点、K 点与 L 点、U 点与 V 点、B 点与 H 点、C 点与 2B 点、E 点与 F 点、G 点与 S 点、P 点与 GND 点相连，构成如图 2.3.1 所示的阻容耦合两级放大电路，接通电源，在点 U_{i+} 输入 $U_i = 5$ mV，$f = 1$ kHz 的正弦波信号。调整静态工作点（反复调节 R_{W1} 和 R_{W2}），同时用示波器观察波形，使每一级的输出都不失真。用万用表分别测出各级静态工作点 U_{EQ1}，U_{CQ1}，U_{EQ2}，U_{CQ2}，并将数据填入表 1.4.1。

表 2.4.1　静态工作点测量值

测试项目	U_{EQ1}	U_{CQ1}	U_{EQ2}	U_{CQ2}
测试数据				

2. 测量放大器的电压放大倍数、输入输出电阻

从第一级的输入端 U_S 加入 $U_S = 10$ mV，$f = 1$ kHz 的正弦波信号，使第二级输出最大波形且不产生失真，在空载和加负载时用表测量出级联电路的 U_{o1} 和 U_{o2}，算出对应的 A_{u1}，A_{u2}，A_u 以及电路的输入电阻、输出电阻，并将数据填入表 2.4.2。

表 2.4.2　电压放大倍数测量值

	输入信号 $U_S = 10$ mV							
	U_i	U_{o1}	U_{o2}	A_{u1}	A_{u2}	A_U	R_i	R_o
$R_L = \infty$								
$R_L = 3$ k								

3. 测量两级放大器的频率特性

在点 U_{i+} 输入 $U_i = 5$ mV，$f = 1$ kHz 的正弦波信号，当输出最大波形且不失真时，测出 U_{o2}，然后在不改变信号源电压大小的情况下升高其频率，使其输出电压降至 0.707 U_{o2}，此时的信号源频率即对应放大器的上限截止频率 f_H；同理，降低输入信号的频率，使其输出电压降至 0.707 U_{o2}，此时的信号源频率即对应于放大器的下限截止频率 f_L（在改变信号源频率时，应保持 U_i 不变），将测试结果填入表 2.4.3。

表 2.4.3　无反馈的频带宽测量值

R_L	U_i	U_o	f_H	f_L
∞				
3 k				

4. 加入负反馈后，测试放大电路的性能

在图 2.4.3 中连接电路，将 M 点与 N 点、K 点与 L 点、U 点与 V 点、B 点与 H 点、C 点与 2B 点、E 点与 F 点、G 点与 S 点、P 点与 A 点相连，构成如图 2.4.1 所示的负反馈放大电路。

(1) 电压放大倍数测量

在点 U_{i+} 输入 $U_i=5$ mV，$f=1$ kHz 的正弦波信号，当 $R_L=\infty$ 时，用示波器观察在输出波形不失真的情况下，用表测量输出信号 U_o，然后计算电压放大倍数 A_u。

(2) 输入电阻的测量

输入 $U_S=10$ mV，$f=1$ kHz 的正弦波信号，用表测量 U_S 和 U_i，计算输入电阻 R_i。

(3) 输出电阻的测量

输入 $U_S=10$ mV，$f=1$ kHz 的正弦波信号，当 $R_L=\infty$ 时，用表测量输出信号 U_o；当 $R_L=3$ k 时，用表测输出信号 U_o'，计算输出电阻 R_o。

(4) 电路频率特性的测试

在电路中输入 $U_i=10$ mV，$f=1$ kHz 的正弦信号，当输出最大波形且不失真时，测出 U_{o2}，然后在不改变信号源电压大小的情况下升高其频率，使其输出电压降至 0.707 U_{o2}，此时的信号源频率即对应放大器的上限截止频率 f_H；同理，降低输入信号的频率，使其输出电压降至 0.707 U_{o2}，此时的信号源频率即对应于放大器的下限截止频率 f_L(在改变信号源频率时，应保持 U_i 不变)，将测试结果填入表 2.4.4。

表 2.4.4　有反馈的频带宽测量值

R_L	U_i	U_{o1}	U_{o2}	$U_{oL}=U_{oH}$	f_H	f_L
∞						
3 k						

实验思考

(1) 将基本放大器和负反馈放大器动态参数的实测值和理论估算值列表进行比较。

(2) 根据实验结果,总结电压串联负反馈对放大器性能的影响。

预习要求

(1) 复习负反馈的基本概念、类型和性能,学会判断放大电路中是否存在反馈,并掌握判断负反馈的方法。

(2) 熟悉本实验中电压串联负反馈放大电路的工作原理及其对放大电路性能的影响。

(3) 估计实验电路在无反馈和有反馈时的输入电阻、输出电阻及其电压放大倍数。

实验报告要求

(1) 画出实验电路图,并标出各元件数值。

(2) 根据实验所得数据,求出无反馈和有反馈时的电压放大倍数、输入电阻、输出电阻和频带宽度。

(3) 根据实验结果说明电压串联负反馈对放大器性能有何影响。

实验仪器与器材

(1) 二踪示波器,1 台。

(2) 函数发生器,1 台。

(3) 电工电子综合实验箱 YB02-8,1 台。

(4) 数字万用表,1 台。

(5) 万用表,1 台。

实验五

集成运算放大器的基本应用

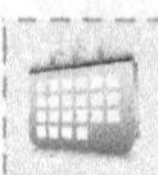

实验目的

(1) 深刻理解运算放大器的"虚短""虚断"概念，掌握集成运算放大器作为加法器、减法器、比例器、积分器、微分器的各种原理及运算功能。

(2) 掌握以上各种应用电路的组成及测试方法，学会用示波器测量信号波形的方法。

实验原理

集成运算放大器是高增益的直流放大器。在其输出端和输入端之间接入不同的反馈网络，就能实现各种不同的电路功能。当集成运算放大器工作在线性区时，其参数很接近理想值，因此在分析这类放大器时应注意抓住两个重要特点，便可使得分析这类问题时变得十分简便。第一，由于理想运放的开环差模输入电阻为无穷大，输入偏置电流为零，因此不会从外部电路索取任何电流，故流入放大器反相输入端和同相输入端的电流 $I_i=0$；第二，由于理想运放的开环差模电压增益为无穷大，那么当输出电压为有限值时，差模输入电压 $|U_- - U_+|=|U_o|/|A_o|=0$ 即 $U_-=U_+$。

集成运放是由多级放大器组成的，将其闭环构成深度负反馈时，可能会在某些频率上产生附加相移，造成电路工作不稳定，甚至产生自激振荡，使运放无法正常工作，因此必须在相应运放规定的引脚端接上相位补偿网络；在需要放大含直流分量信号的应用场合，为了补偿运放本身失调的影响，保证在集成运放闭环工作后，输入为零时输出为零，必须考虑调零问题；为了消除输入偏置电流的影响，通常让集成运放两个输入端对地直流电阻相等，以确保其处于平衡对称的工作状态。

调零一般是在运放的输入端外加一个补偿电压，抵消运放本身的失调电压，达到调零的目的。有的运放由调零引出端如本实验用到的 μA 741CN KBD851，如图 2.5.1 所示，其调零电路如图 2.5.2 所示，调节电位器 R_W，可使运放输出电压为零；也有的运放无调零引出端，需要在同相端或反相端接一定的补偿电压来实现。

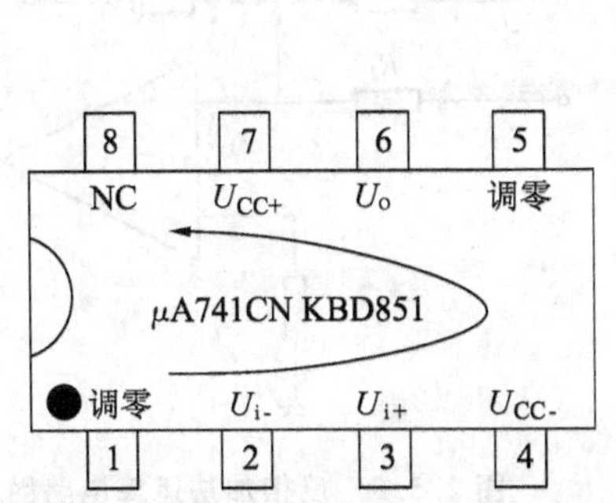

图 2.5.1　μA 741CN KBD851 外引线功能端排列图

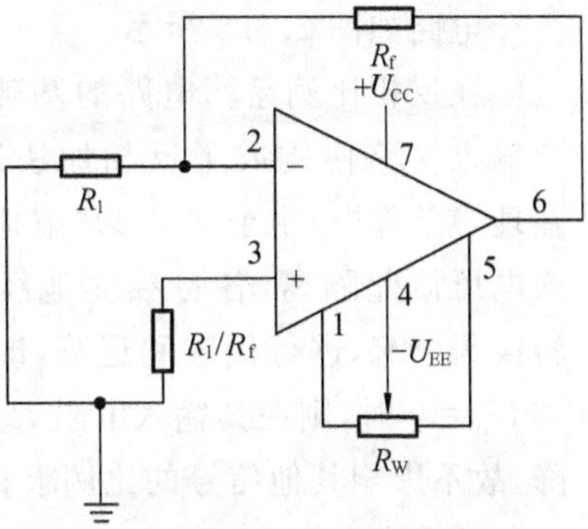

图 2.5.2　调零电路图

(1) 反相输入比例运算电路

电路如图 2.5.3 所示。信号 U_i 由反相端输入，所以 U_o 与 U_i 相位相反。输出电压经 R_f 反馈到反相输入端，构成电压并联负反馈电路，则

$$\dot{A}_u=\frac{\dot{U}_o}{\dot{U}_i}=-\frac{R_f}{R_1},\ R_p=R_1 /\!/ R_f$$

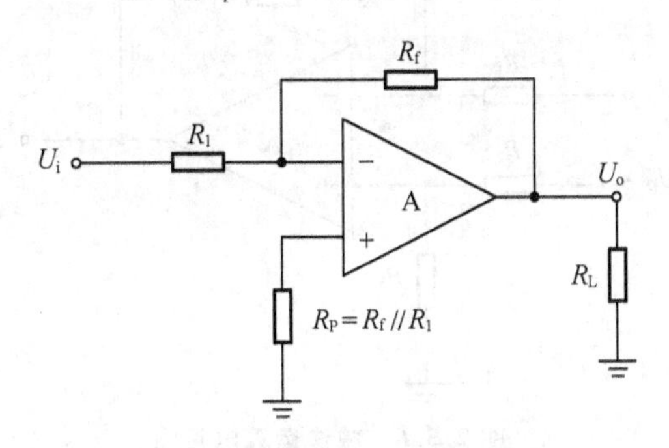

图 2.5.3　反相输入比例运算电路图

(2) 同相输入比例运算电路

电路如图 2.5.4 所示。它属于电压串联负反馈电路，其输入阻抗高，输出阻抗低，具有放大机阻抗变换作用，通常用于隔离或缓冲级。在理想条件下，其闭环电压放大倍数为

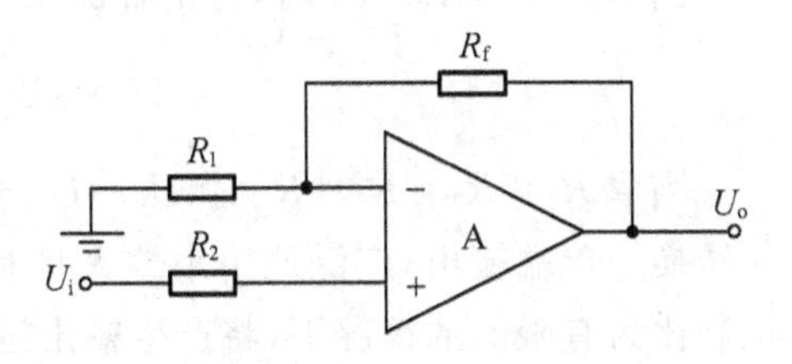

图 2.5.4　同相输入比例运算电路图

$$\dot{A}_u=\frac{\dot{U}_o}{\dot{U}_i}=1+\frac{R_f}{R_1}$$

(3) 反相加法运算电路

电路如图 2.5.5 所示。

在反相比例运算电路的基础上增加几个输入支路便构成了反相加法运算电路。在理想条件下，由于 Σ 点为"虚地"，三路输入电压彼此隔离，各自独立地经输入电阻转换为电流，进行代数和运算，即当任一输入 $U_{ik}=0$ 时，则在其输入电阻 R_k 上没有压降，故不影响其他信号的比例求和运算。

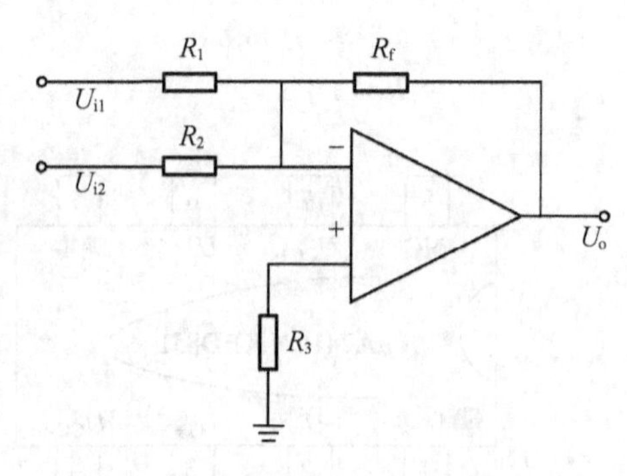

图 2.5.5 反相加法运算电路图

总输出电压为

$$U_o=-\left(\frac{R_f}{R_1}U_{i1}+\frac{R_f}{R_2}U_{i2}\right)$$

其中，$R_3=R_1/\!/R_2/\!/R_f$。当 $R_1=R_2=R_f$ 时，$U_o=-(U_{i1}+U_{i2})$。

(4) 减法运算电路

电路如图 2.5.6 所示。

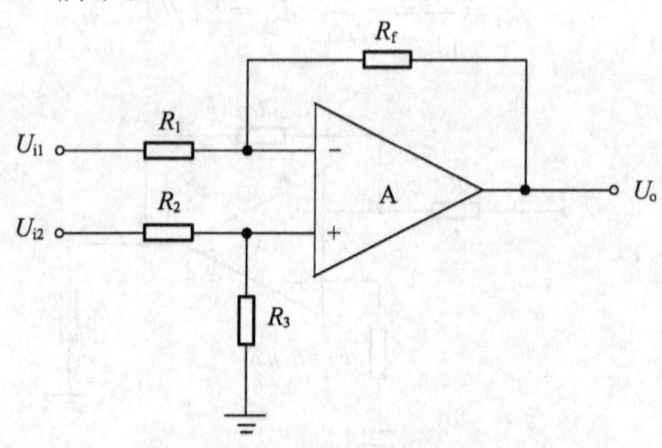

图 2.5.6 减法运算电路图

当 $R_1=R_2$，$R_3=R_f$ 时，可由叠加原理得

$$U_o=(U_{i2}-U_{i1})\frac{R_f}{R_1}$$

当取 $R_1=R_2=R_3=R_f$ 时，$U_o=U_{i2}-U_{i1}$，实现了减法运算。常用于将差动输入转换为单端输出，广泛地用来放大具有强烈共模干扰的微弱信号。在运放共模抑制比为有限值的情况下，将产生输出运算误差电压，所以必须采用高共模抑制比的运放以提高电路的运算精度。

(5) 基本积分运算电路

在图 2.5.7 所示的基本积分电路中，由“虚地”和“虚断”原理并忽略偏置电流 IRP 可得

$$i=\frac{U_i}{R}=i_C$$

所以 $U_o(t)=-\frac{1}{C}\int i_C dt=-\frac{1}{RC}\int U_i dt$。

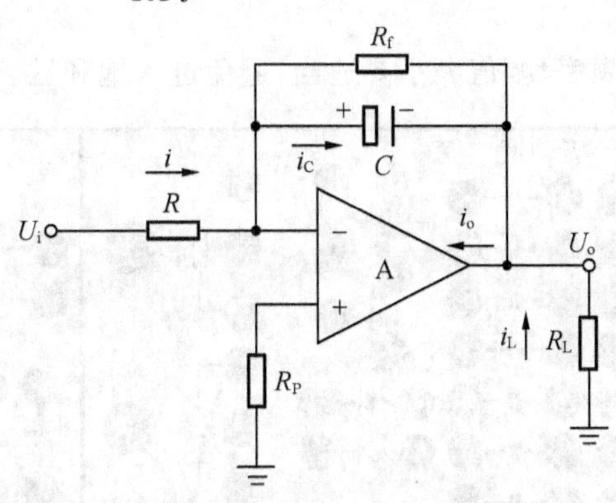

图 2.5.7　积分运算电路图

① 即输出电压与输入电压成积分关系。为使偏置电流引起的失调电压最小，应取 $R_P=R/\!/R_f$。

② R_f 称分流电阻，用于稳定直流增益，以避免直流失调电压在积分周期内累积导致运放饱和，一般取 $R_f=10R$。

③ 对于上式应注意：该式仅对 $f\gg f_C=\frac{1}{2\pi R_f C}$ 的输入信号有效，而对于 $f\ll f_C$ 的输入信号，图 2.5.7 仅近似为反相比例运算电路，即 $\frac{U_o}{U_i}=-\frac{R_f}{R}$。

(6) 基本微分电路

在图 2.5.8 微分运算电路中，由“虚地”和“虚断”原理并忽略偏置电流 I_R 可得

$$i_C=i_{R_f}=C\frac{dU_i}{dt},U_+=U_-=0$$

输出电压 $U_o(t)=-R_f C\frac{dU_i}{dt}$。

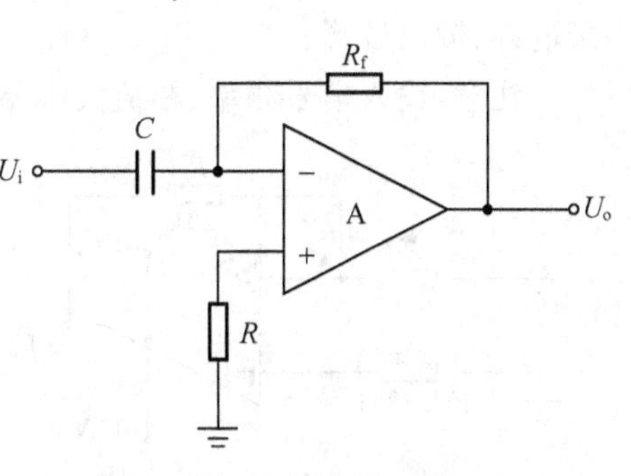

图 2.5.8　微分运算电路图

实验内容及步骤

(1) 反相输入比例运算电路

在图 2.5.9 中连接电路,构成如图 2.5.10 所示的反相比例运算电路,调节函数信号发生器,输入 $U_i=0.5$ V,$f=1$ kHz 的方波信号,在双踪示波器上观察并记录输入、输出波形。

注意:输入信号频率、幅值大小要适当,避免进入饱和区。

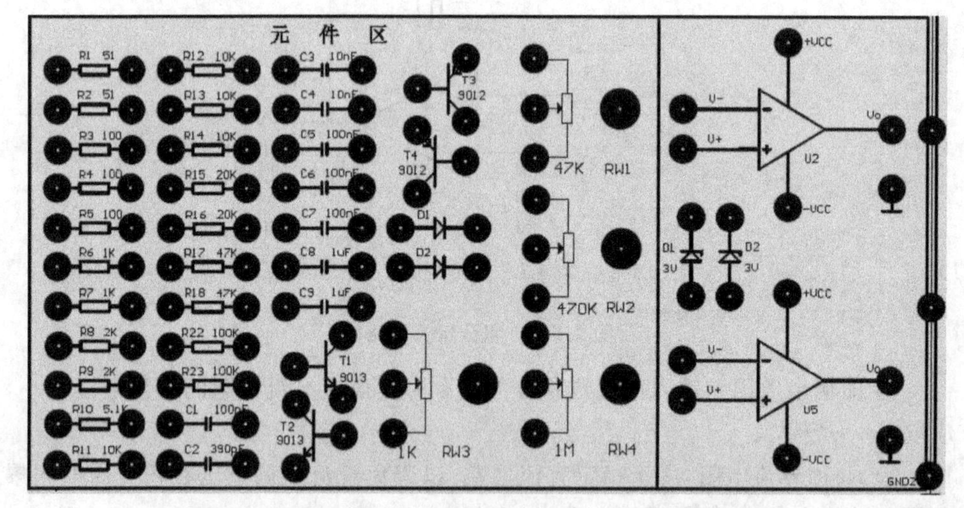

图 2.5.9　电工电子综合实验箱 YB02-8 运算放大器模块图

(2) 同相输入比例运算电路

在图 2.5.9 中连接电路,构成如图 2.5.11 所示的同相比例运算电路,调节函数信号发生器,输入 $U_i=0.5$ V,$f=1$ kHz 的方波信号,在双踪示波器上观察并记录输入、输出波形。

注意:输入信号频率、幅值大小要适当,避免进入饱和区。

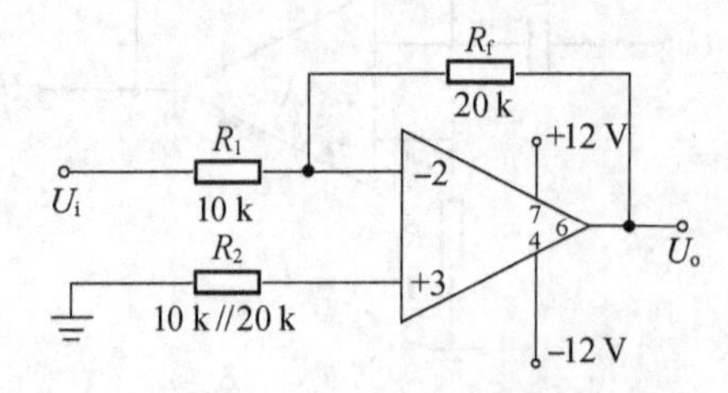

图 2.5.10　反相比例运算电路接线图

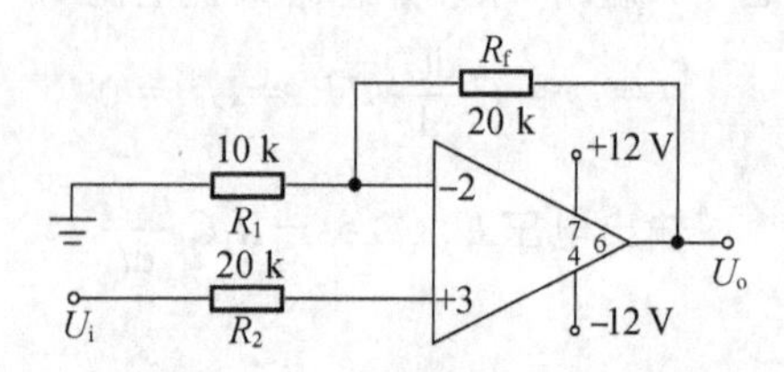

图 2.5.11　同相比例运算电路接线图

3. 反相输入加法运算

在图 2.5.9 中连接电路，构成如图 2.5.12 所示的加法运算电路，调节函数信号发生器，输入 $U_i=0.5$ V，$f=1$ kHz 的方波信号，在 A，B 端同时输入该交流信号；用示波器观测输入、输出电压波形，分析其关系。

注意：输入信号大小要适当掌握，避免进入饱和区。

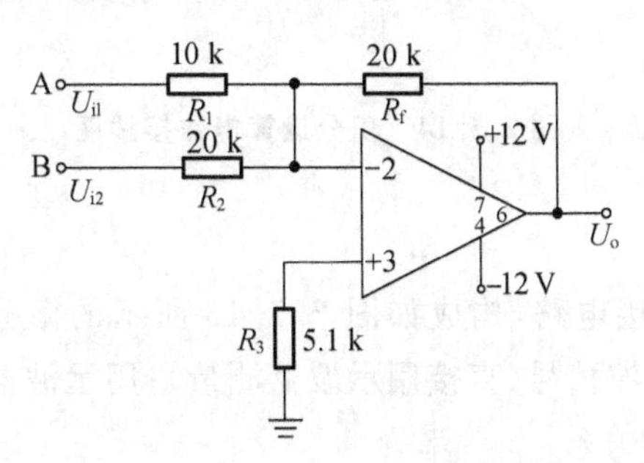

图 2.5.12　加法运算电路接线图

4. 减法运算

在图 2.5.9 中连接电路，构成如图 2.5.13 所示的减法运算电路在 A 端输入 0.2 V 直流信号，在 B 端输入 0.5 V 直流信号(可由直流电源及适当阻值的电阻分压调得)；用万用表测量输出电压 U_o 值，分析其关系。

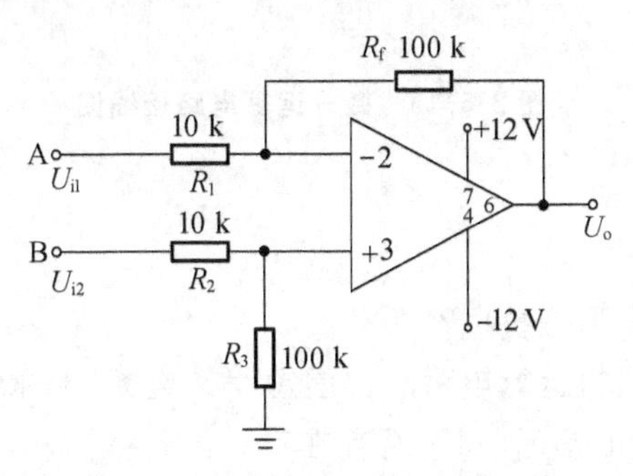

图 2.5.13　减法运算电路接线图

5. 积分运算

在图 2.5.9 中连接电路，构成如图 2.5.14 所示的积分运算电路，输入 $U_i=0.5$ V，$f=1$ kHz 的方波信号(直接用示波器测量)；用示波器观察输入、输出波形，并绘出波形图，分析其关系。

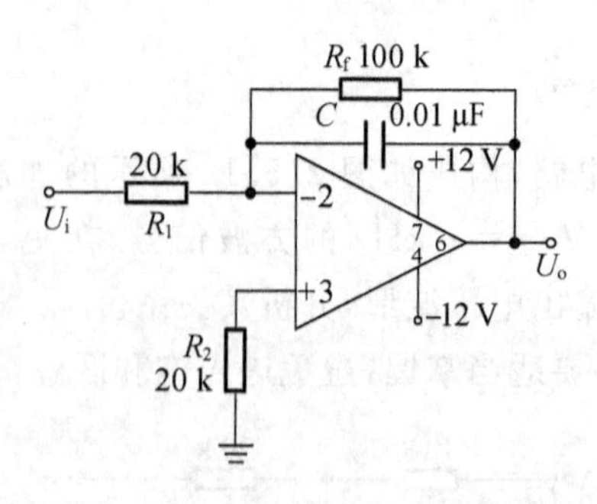

图 2.5.14 积分运算电路接线图

6. 微分运算

在图 2.5.9 中连接电路，构成如图 2.5.15 所示的微分运算电路，输入 $U_i=0.5$ V，$f=1$ kHz 的方波信号(直接用示波器测量)；用示波器观察输入、输出波形，并绘出波形图，分析其关系。

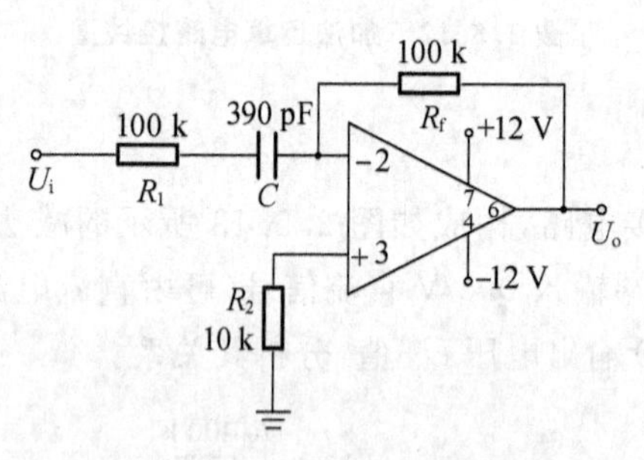

图 2.5.15 微分运算电路接线图

预习要求

(1) 理想运放有哪些特点？

(2) 运放用作模拟运算电路时，“虚短”和“虚断”能永远满足吗？试问，在什么条件下“虚短”和“虚断”将不再存在？

(3) 运算电路中的输入信号能否无限制增大？为什么？

(4) 总结利用示波器测量波形周期和幅值的方法。

实验报告要求

(1) 画出各实验线路图，整理实验数据及结果，总结集成运算放大电路的各种运算功能。

(2) 整理实验数据计算有关量，并与理论值进行比较，正确画出积分运算时各输入、输出信号对应的电压波形，并与理论值比较。

实验仪器与器材

(1) 双踪示波器，1台。

(2) 函数发生器，1台。

(3) 万用表，1只。

(4) 数字万用表，1台。

(5) 电工电子综合实验箱 YB02-8，1个。

实验六

【模拟电子技术实验教程】

RC文氏电桥正弦波振荡器

实验目的

(1) 熟悉文氏电桥振荡器的电路组成,验证振荡条件。

(2) 研究RC文氏电桥振荡器串并联网络的选频特性。

(3) 掌握测量振荡频率的方法。

实验内容及步骤

进行放大电路实验时所用的低频信号发生器就是一种正弦波振荡器。正弦波振荡器分为RC振荡器、LC振荡器以及石英晶体振荡器。RC振荡器又分为RC移相式、RC串并联、双T选频网络等。本实验仅对RC串并联振荡器进行研究。

RC串并联振荡器(即文氏电桥振荡器)由集成运算放大器、RC串并联选频网络构成,如图2.6.1所示。其中RC串并联网络组成振荡器的正反馈支路,R_3,R_W,R_4,VD_1,VD_2组成负反馈支路,在电路中起稳定振荡幅度的作用;放大倍数的大小由R_W的数值确定。

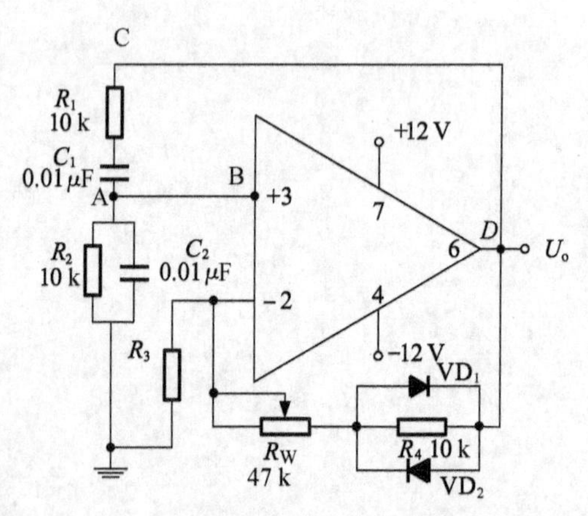

图2.6.1 RC文氏电桥正弦波振荡器电路图

振荡器在某一频率下的振荡条件是

$$\dot{A}\dot{F}=1$$

式中，$\dot{A}$ 为放大电路的电压放大倍数；$\dot{F}$ 为选频网络的反馈系数。

即要满足：

(1) 幅值平衡条件

$$AF=1$$

(2) 相位平衡条件

$$\varphi_A+\varphi_F=\pm 2n\pi\varphi_F,\ n=0,1,2,\cdots$$

式中，φ_A 为放大器的相移角；φ_F 为选频网络的相移角。

由选频网络可得

$$\dot{F}=\frac{1}{3+\mathrm{j}\left(\frac{\omega}{\omega_o}-\frac{\omega_o}{\omega}\right)}$$

式中，$\omega_o=\frac{1}{RC}$，即

幅频特性为

$$F=\frac{1}{\sqrt{3^2+\left(\frac{\omega}{\omega_o}-\frac{\omega_o}{\omega}\right)^2}}$$

相频特性为

$$\varphi_F=-\arctan\frac{\left(\frac{\omega}{\omega_o}-\frac{\omega_o}{\omega}\right)}{3}$$

当 $\omega=\omega_o=\frac{1}{RC}$ 时，$F=\frac{1}{3}$。

由 $\omega_o=\frac{1}{RC}$ 可得，RC 串并联网络的振荡频率为 $f_0=\frac{1}{2\pi RC}$；当 $F=\frac{1}{3}$ 时，$A=3$，才能使得振荡电路维持平衡。

振荡电路的起振条件 $|AF|>1$，由于 $F=\frac{1}{3}$，所以 $A>3$，这对于同相比例运算电路来说是很容易满足的。但 A 过大时振荡器将受到集成运算放大器非线性区的限制，从而导致输出波形失真，在图 2.6.1 中，R_4，VD_1，VD_2 在电路中起稳定振荡幅度的作用。

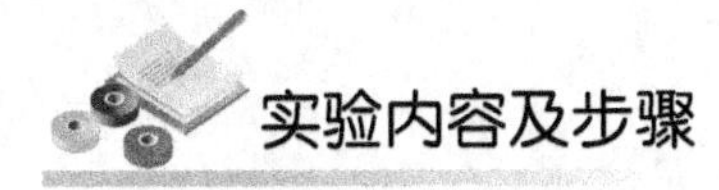

实验内容及步骤

1. 测量选频网络的选频特性

不加直流电源，断开 A 和 B 以及 C 和 D，在 C 对地端输入有效值为 1 V 的正

弦波信号，用晶体管毫伏表测量 A 端对地交流电压，调节(改变)信号频率，将交流电压频率关系填入表 2.6.1。

表 2.6.1 选频网络测量数据

f/kH	0.02	0.25	0.50	1	2	5	10	15	18	20
U_A(V)										

2. 调节放大器的放大倍数

断开 A 和 B，接通直流电源，在集成运算放大器的同相端输入 1 kHz，2 V 的交流正弦波信号，用示波器观察输入和输出信号，并调整 R_W，使输出信号为输入信号的 3 倍左右(可以用晶体管毫伏表测量)，且波形不失真。

3. 测量振荡频率

去掉外加的输入信号，连接 A 和 B，用示波器观察输出波形。输出端如果没有振荡波形输出，可调节 R_W，然后用示波器测量振荡频率 f。

4. 改变 RC

$R_1=R_2=1$ k 或者 $C_1=C_2=0.1\ \mu F$，重复实验步骤 1,2,3，用示波器观察输出电压波形并测出相应频率，了解振荡频率调整方法。

预习要求

(1) 预习正弦波振荡器的原理和电路。

(2) 计算本实验中 $R_1=R_2=10$ k，$C_1=C_2=0.01\ \mu$F 及 $C_1=C_2=0.1\ \mu$F 时的振荡电路的振荡频率；$C_1=C_2=0.01\ \mu$F，$R_1=R_2=1$ k 及 $R_1=R_2=50$ k 时的振荡电路的振荡频率。

(3) 若 $R_1\neq R_2$，$C_4\neq C_5$，RC 串并联选频网络的 F 是否仍为 $\frac{1}{3}$？

实验报告要求

(1) 画出实验电路图，并标出各元件数值。

(2) 用半对数坐标纸绘出实验步骤 1 所得的选频特性(纵轴为反馈系数 F，横

轴为对数坐标 f/f_0)。

(3) 整理实验数据,列表比较理论值和测量值,并加以分析。

(4) 记录实验有关波形。

(5) 总结何时振荡器波形消失？何时振荡器波形失真？调节哪些参数可稳定振荡器的输出？电路带上负载后有什么变化？

实验仪器与器材

(1) 双踪示波器,1 台。

(2) 函数发生器,1 台。

(3) 万用表,1 只。

(4) 数字万用表,1 台。

(5) 电工电子综合实验箱 YB02-8,1 台。

(6) 交流毫伏表,1 台。

实验七

OTL功率放大电路

实验目的

(1) 进一步理解 OTL 功率放大器的工作原理。
(2) 掌握 OTL 电路的调试及主要性能指标的测试方法。
(3) 了解自举电路原理及其对改善 OTL 功率放大电路性能所起的作用。

实验原理

图 2.7.1 所示为 OTL 低频功率放大器。其中由晶体三极管 Q_1 组成推动级(也称前置放大级),Q_2 和 Q_3 是一对参数对称的 NPN 和 PNP 型晶体三极管,它们组成互补推挽 OTL 功放电路。由于每一个管子都接成射极输出器形式,因此具有输出电阻低,负载能力强等优点。Q_1 管工作于甲类状态,它的集电极电流 I_{C1} 由电位器 R_{W1} 进行调节。I_{C1} 的一部分流经电位器 R_{W2} 及二极管 VD1,给 Q_2 和 Q_3 提供偏压。调节 R_{W2},可以使 Q_2 和 Q_3 得到合适的静态电流而工作于甲乙类状态,以克服交越失真。静态时要求输出端中点 A 的电位 $U_A=\frac{1}{2}U_{CC}$,可以通过调节 R_{W1} 来实现。又由于 R_{W1} 的一端接在 A 点,因此在电路中引入交、直流电压并联负反馈,一方面能够稳定放大器 的静态工作点,同时也改善了非线性失真。

当输入正弦交流信号 U_i 时,经 Q_1 放大、倒相后同时作用于 Q_2 和 Q_3 的基极,U_i 的负半周使 Q_2 管导通(Q_3 管截止),有电流通过负载 R_L,同时向电容 C_0 充电;在 U_i 的正半周,Q_3 导通(Q_2 截止),则已充好电的电容器 C_0 起着电源的作用,通过负载 R_L 放电,这样在 R_L 上就得到完整的正弦波。C_2 和 R 构成自举电路,用于提高输出电压正半周的幅度,以得到大的动态范围。

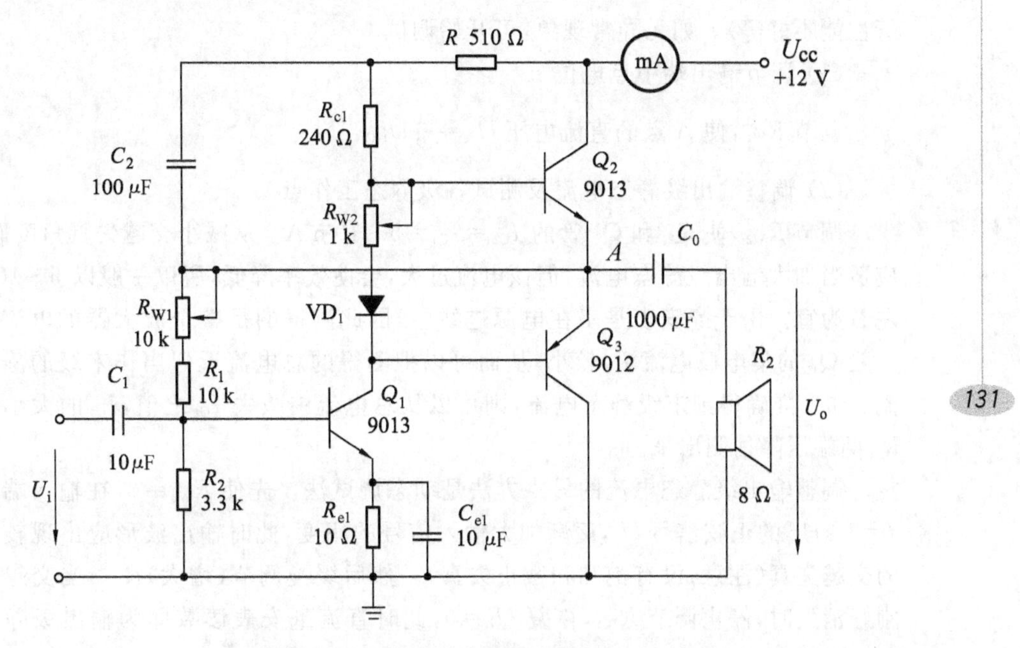

图 2.7.1　OTL 功率放大器实验电路

OTL 电路的主要性能指标

在理想情况下，输出信号的最大不失真输出功率 P_{omax}、电源供给的直流功率 P_E 为

$$P_{omax}=\frac{U_{CC}^2}{8R_L};\quad P_E=\frac{U_{CC}^2}{2\pi R_L}$$

那么电路的理想效率为 $\eta=\frac{P_{omax}}{P_E}=\frac{\pi}{4}=78.5\%$。

在实验中，可测量电源供给的平均电流 I_{dc}，从而求得 $P_E=U_{CC}\cdot I_{dc}$，负载上的交流功率已用上述方法求出，因而也就可以计算实际效率了。

实验内容及步骤

按照图 2.7.1 所示在实验箱上连接各元件构成 OTL 功率放大电路。

1. 调整静态工作点

电源进线中串入直流毫安表，在 R_{W2} 放置最小值，R_{W1} 放置中间位置，无交流输入情况下，接通 +12 V 电源，观察毫安表指示，同时用手触摸输出级管子，若电流过大，或管子升温显著，应立即断开电源检查原因（如 R_{W2} 开路，电路自激，或输出管性能不好等)。如无异常现象,可开始调试。

(1) 调节输出端中点电位

调节 R_{W1},使 A 点的直流电压 $U_A=\frac{1}{2}U_{CC}$。

(2) 调整输出级静态电流及测试各级静态工作点

调节 R_{W2},使 Q_2 和 Q_3 管的 $I_{C2}=I_{C3}=5\sim10$ mA。从减小交越失真角度而言,应适当加大输出级静态电流,但该电流过大,会使效率降低,所以一般以 5~10 mA 左右为宜。由于毫安表是串在电源进线中,因此测得的是整个放大器的电流。但一般 Q_1 的集电极电流 I_{C1} 较小,从而可以把测得的总电流近似当作末级的静态电流。如要准确得到末级静态电流,则可以从总电流中减去 I_{C1} 之值,I_{C1} 的大小可由 R_{e1} 两端压降估测出来。

调整输出级静态电流的另一方法是动态调试法。先使 $R_{W2}=0$,在输入端接入 $f=1$ kHz 的正弦信号 U_i,逐渐加大输入信号的幅度,此时输出波形应出现较严重的交越失真(注意:没有饱和和截止失真)。然后缓慢调节(增大)R_{W2},当交越失真刚好消失时,停止调节 R_{W2},恢复 $U_i=0$,此时直流毫安表读数即为输出级静态电流。一般数值也应在 5~10 mA 之间,如过大,则要检查电路。

输出级电流调好以后,测量各级静态工作点,记入表 2.7.1。

表 2.7.1 各级静态工作点测量

$I_{C2}=I_{C3}=$ mA $U_A=6$ V			
	Q_1	Q_2	Q_3
U_B			
U_C			
U_E			

注:① 在调整 R_{W2} 时,一是要注意旋转方向,不要调得过大,更不能开路,以免损坏输出管;② 输出管静态电流调好,如无特殊情况,不得随意旋动 R_{W2} 的位置。

2. 测量最大输出功率和效率

在电路输入端加入 1 kHz 的正弦信号,逐渐加大输入信号的幅度 U_i,使输出信号达到最大不失真输出,用毫伏表测出负载 R_L 上的电压 U_{omax},并测出此时的输入信号 U_i,记录此时电源提供的直流电流 I_{dc},算出最大输出功率 P_{omax},电源共给的功率 P_E 和效率 η,并与理论计算值进行比较。其中:

$$P_{omax}=\frac{U_{omax}^2}{2R_L},\quad P_E=U_{CC}\times I_{dc},\quad \eta=\frac{P_{omax}}{P_E}$$

3. 测量上、下限截至频率

测量出 f_H 和 f_L，求出 f_{bw}，此时为了保证电路的安全，应在较低电压下测量，并在测量过程中输出不能产生失真。

4. 观测自举作用

将自举电容 C_2 断开，R 短路，重复实验步骤 1,2,3。

记录实验数据，填入表 2.7.2。

表 2.7.2　自举功能测量数据

	U_{omax} (V)	I_{dc} (mA)	U_i	P_{omax} (W)	P_E (W)	f_{bw}		η
						f_H	f_L	
加自举								
不加自举								

从以上结果分析自举电容 C_2 对功放性能有何影响。

5. 噪声电压的测试

测量时将输入端短路($U_i=0$)，观察输出噪声波形，并用交流毫伏表测量输出电压，即为噪声电压 U_N。电压 U_N 若小于 15 mV，即满足要求。

6. 试听

输入信号改为录音机输出，输出端接试听音箱及示波器。开机试听，并观察语言音乐信号的输出波形。

预习要求

(1) 复习 OTL 功率放大器的工作原理以及功放电路各参数的含义。

(2) 了解 OTL 功率放大器与 OCL 功率放大器及变压器推挽功率放大器的区别。

(3) 了解 OTL 功率放大器自举电路的作用。

(4) 图 2.7.2 为典型的 OCL 功率放大电路。同学们可参照 OTL 电路的分析方法和实验内容，自己分析 OCL 电路的工作原理，自拟实验步骤，比较 OTL 和 OCL 的差别。

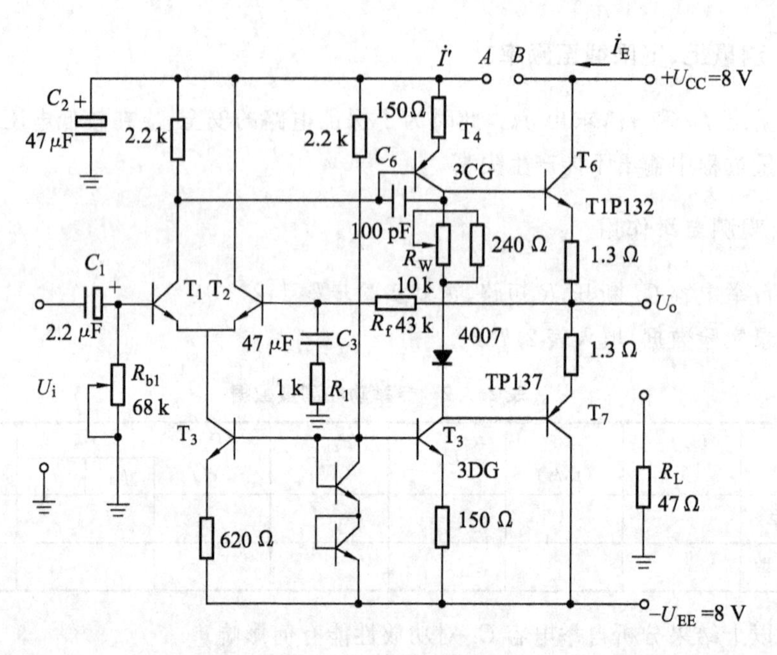

图 2.7.2 OCL 电路

实验报告要求

(1) 画出实验电路图,标明个元件参数值。

(2) 整理实验测试数据并与理论计算值比较,并分析产生的原因。

(3) 总结功率放大电路的特点及测量方法。

(4) 结合 OTL 功率放大器实验内容,自拟 OCL 实验步骤。

实验仪器与器材

(1) 二踪示波器,1 台。

(2) 函数发生器,1 台。

(3) 数字万用表,1 台。

(4) 交流毫伏表,1 台。

(5) 万用表,1 台。

(6) 电工电子综合实验箱 YB02-8,1 台。

实验八

【模拟电子技术实验教程】

集成稳压电源

实验目的

(1) 通过实验进一步掌握整流与稳压电路的工作原理。

(2) 学会电源电路的设计与调试方法。

(3) 熟悉集成稳压器的特点,学会合理选择使用。

实验原理

集成稳压电路是利用半导体集成工艺,把基准电压电路、取样电路、比较放大电路、调整管及保护电路等全部功能元件集中制作在一小片硅片上。它具有体积小、稳定性高、性能指标好等优点。对于大多数电子仪器、设备和电子电路来说,通常是选用串联线性集成稳压器。而在这种类型的器件中,又以三端式稳压器应用最为广泛。

W7800 和 W7900 系列三端式集成稳压器的输出电压是固定的,在使用中不能进行调整。W7800 系列三端式稳压器输出正极性电压,一般 5,6,8,9,12,15,18,24 V 等多个档次,输出电流最大可达 1.5 A(加散热片),如图 2.8.1 所示。

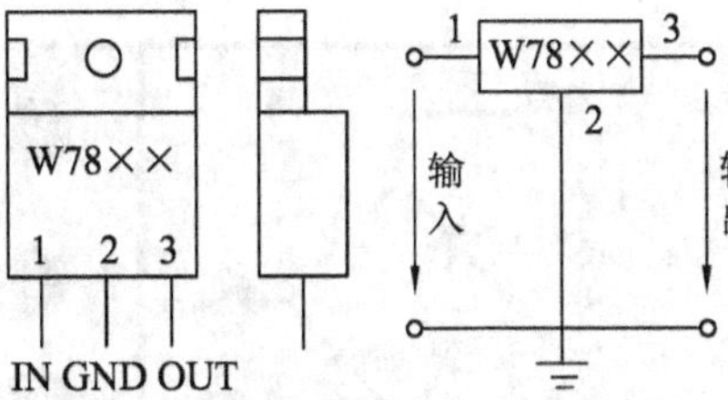

图 2.8.1　W78xx 外形及接线示意图

输入端(不稳定电压输入端):标“1”;

输出端(稳定电压输出端):标“3”;

公共端:标“2”。

除固定输出三端稳压器外,尚有可调式三端稳压器,后者可通过外接元件对输出电压进行调整，以适应不同的需要。

本实验所用集成稳压器为三端固定正稳压器 W7805。其主要参数有：输出直流电压 $U_o=+5$ V，输入电压 U_i 为 7 V 以上。一般 U_i 要比 U_o 大 2 V，才能保证集成稳压器工作在线性区。

实验内容及步骤

集成输出稳压电源电路如图 2.8.2 所示，滤波电容 C_1 和 C_2 一般选取几百至几千微法。当稳压器距离整流滤波电路比较远时，在输入端必须接入电容器 C_3（数值为 0.33 μF），以抵消线路的电感效应，防止产生自激振荡。输出端电容 C_4（0.1 μF）用以滤除输出端的高频信号，改善电路的暂态响应。

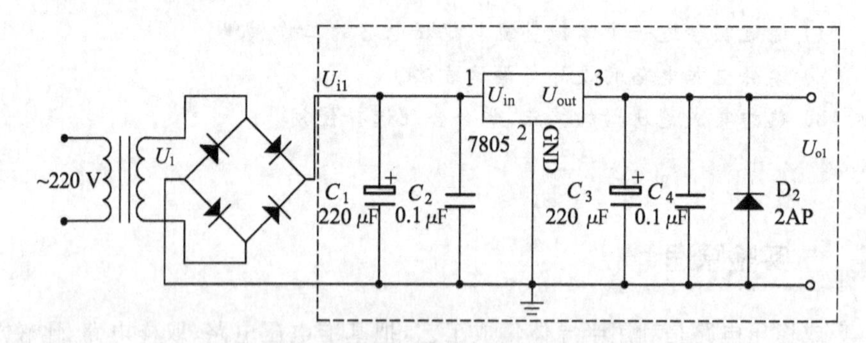

图 2.8.2 集成输出稳压电源电路

在电工电子综合实验箱 YB02-8 上（见图 2.8.3），先测量二极管整流电路的电压 U_o，然后再连接“+”端与“U_{i+}”端、“−”端与“U_{i-}”端以及其他各点，构成图 2.8.2所示电路。

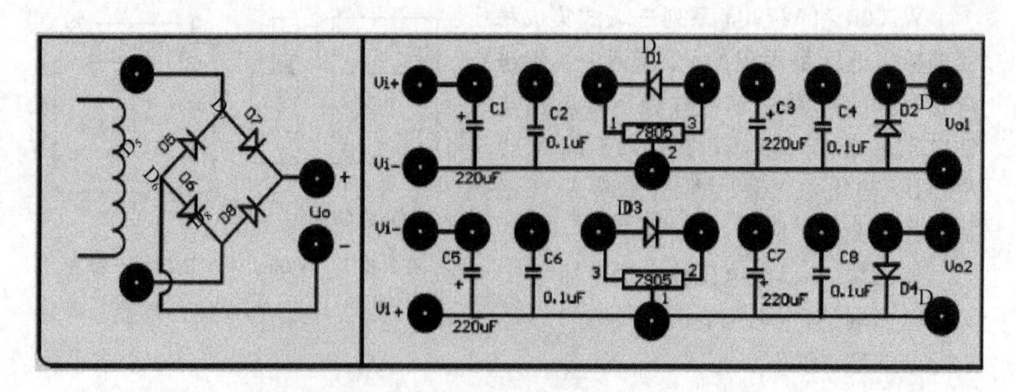

图 2.8.3 实验箱直流稳压电源电路区域图

(1) 测量电路中U_{i1}，U_{o1}值，并用示波器观察各点电压和波形（直流电压及纹波电压），并将测量结果填入表 2.8.1。

表 2.8.1　输出电压值

U_o	U_{i1}	U_{o1}

(2) 测量稳压电源内阻R_o。

测量稳压器空载时的空载电压，然后输出接 510 Ω 负载电阻，测量负载电阻两端的电压及流过负载的电流，测量出输出电压U的变化量即可求出稳压电源内阻R_o（将数据填入表 2.8.2）。注意在测量的过程中，要保持U_o和环境温度稳定不变。计算R_o的公式为

$$R_o=\left|\frac{\Delta U_L}{\Delta I_L}\right|_{\Delta U_o=0,\Delta T=0}$$

表 2.8.2　测量内阻R_o的数据

U_{L1}	U_{L2}	I_{L1}	I_{L2}	R_o

(3) 电压稳压系数S_r。

改变输入电压±10%变化，测量输出电压的变化率。

撤去整流桥电路，不接负载R_L，使稳压器处于空载。将实验台的可调直流稳压电源按极性接到输入电容两端。调节实验台上的可调直流稳压电源的电位器，模拟电网电压波动±10%，测量输入、输出电压的变化量，根据公式计算稳压系数S_r。S_r的计算公式为

$$S_r=\left|\frac{\dfrac{\Delta U_{o1}}{U_{o1}}}{\dfrac{\Delta U_o}{U_o}}\times 100\%\right|_{\Delta I_L=0,\Delta T=0}$$

(4) 在实验箱的元件区选择稳压管，按照图 2.8.4 所示连接电路构成简易电的压提升电路，分别测量稳压管电压提升电路与二极管电压提升电路的U_{i1}，U_{o1}值，并将数据填入表 2.8.3。

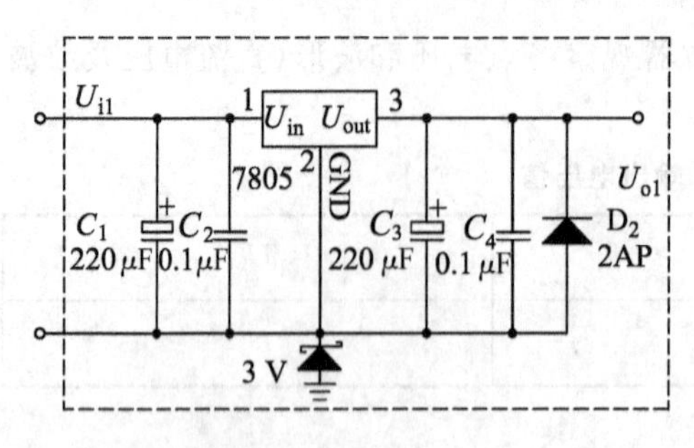

(a)稳压管电压提升电路

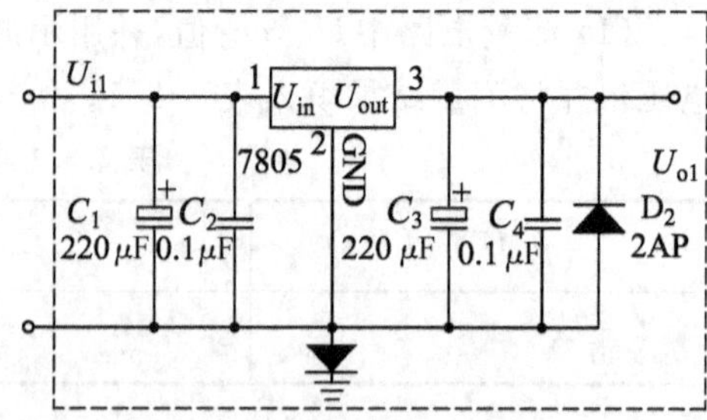

(b)二极管电压提升电路

图 2.8.4 简易电压提升电路

表 2.8.3 电压提升测量值

稳压管提升		二极管提升	
U_{i1}	U_{o1}	U_{i1}	U_{o1}

预习要求

(1) 复习有关稳压电源的工作原理及三端稳压器的使用方法。

(2) 预习稳压电源主要性能指标及其测试方法。

实验报告要求

(1) 简述实验电路的工作原理，画出电路并标注元件编号和参数值。

(2) 自拟表格整理实验数据，与理论值进行比较分析讨论。

实验仪器与器材

(1) 二踪示波器，1 台。

(2) 函数发生器，1 台。

(3) 数字万用表，1 台。

(4) 交流毫伏表，1 台。

(5) 万用表，1 台。

(6) 电工电子综合实验箱 YB02-8，1 台。

第三章

开发应用实验

【模拟电子技术实验教程】

比较器电路

实验目的

(1) 熟悉常用的单门限比较器、迟滞比较器、窗口比较器的基本工作原理、电路特性和主要使用场合。

(2) 掌握利用运算放大器构成单门限比较器、迟滞比较器和窗口比较器电路各元件参数的计算方法,研究参考电压和正反馈对电压比较器的传输特性的影响。

(3) 学会用电平检测器设计满足一定要求的实用电路。

实验原理

电压比较器是集成运放的一种非线形应用电路,它将一个模拟量电压信号和一个参考电压相比较,在二者幅度相等的附近,输出电压发生跃变,相应输出高电平或低电平。

图 3.1.1 所示为一最简单的电压比较器,U_R 为参考电压,加在运放的同相端,输入电压 U_i 加在反相输入端。

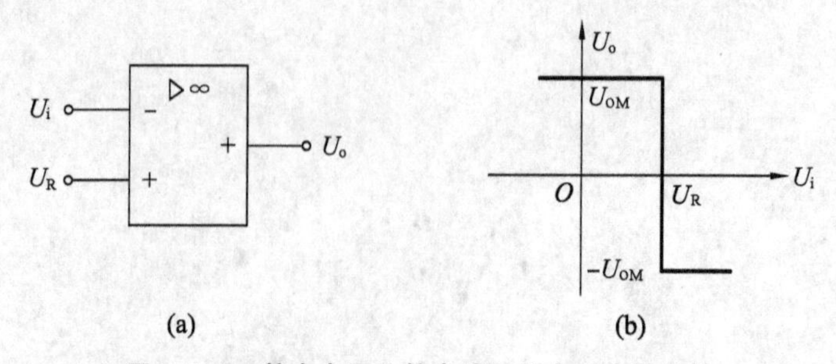

图 3.1.1　基本电压比较电路以及电压传输特性

当 $U_i < U_R$ 时，运放输出高电平 U_{oM}；当 $U_i > U_R$ 时，运放输出低电平 $-U_{oM}$。

因此，以 U_R 为界，当输入电压 U_i 变化时，输出端反映出两种状态，分别为高电位和低电位，表示输出电压与输入电压之间关系的特性曲线，称为传输特性。图 3.1.1 b 为图 3.1.1 a 的理想电压传输特性。

常用的电压比较器有过零比较器、具有滞回特性的过零比较器、双限比较器（又称窗口比较器）等。

1. 过零比较器

图 3.1.2 a 所示为加限幅电路的过零比较器，D_Z 为限幅稳压管。信号从运放的反相输入端输入，参考电压为 0。从反相端输入，当 $U_i > 0$ 时，输出 $U_o = -(U_Z + U_D)$；当 $U_i < 0$ 时，$U_o = +(U_Z + U_D)$。其电压传输特性如图 3.1.2 b 所示。这种过零比较器结构简单，灵敏度高，但抗干扰能力差。

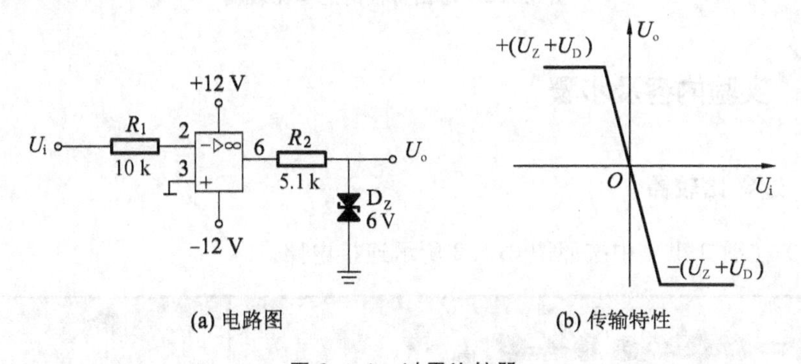

图 3.1.2　过零比较器

2. 具有滞回特性的过零比较器

滞回电压比较器又称施密特触发器，迟滞电压比较器。这种比较器的特点是当输入信号 U_i 逐渐增大或减小时，它有两个阈值，且不相等。其传输特性具有滞回特性，根据输入方式不同，滞回比较器可分为反相滞回比较器和同相滞回比较器。如果参考电压为零，这种电路又称为具有滞回特性的过零比较器。

过零比较器在实际工作时，如果 U_i 恰好在过零值附近，则由于零点漂移的存在，U_o 将不断由一个极限值转换到另一个极限值，这在控制系统中对执行机构是不利的，为此就需要输出特性具有滞回现象。如图 3.1.3 所示，从输出端引一个电阻分压正反馈支路到同相输入端，若 U_o 改变状态，A 点也随着改变电位，使过零点离开原来位置。当 U_o 为正（记作 U_+），$U_o = \frac{R_2}{R_2 + R_F} U_+$，则当 $U_i > U_A$ 后，U_o 即由正变负（记作 U_-），此时 A 点电压变为 $-U_A$。故只有当 U_i 下降到 $-U_A$ 以下，才能

使 U_o 再度回升到 U_+，于是出现图 3.1.3 b 所示的滞回特性。$-U_A$ 与 U_A 的差称为回差电压。回差电压只与电路的正反馈系数 $\frac{R_2}{R_2+R_F}$ 有关，改变 R_2 的数值可以改变回差的大小。

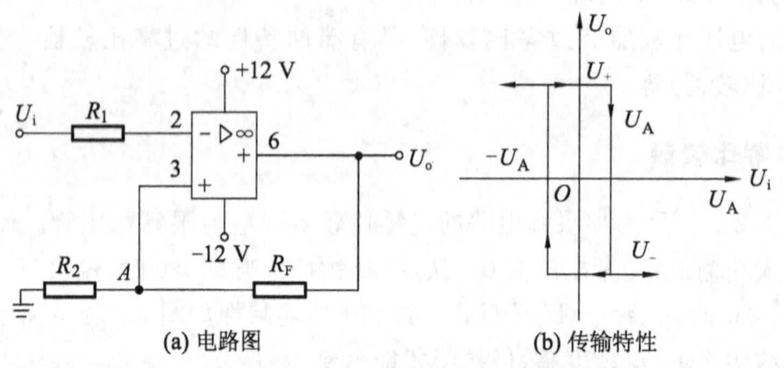

(a) 电路图　　(b) 传输特性

图 3.1.3　滞回特性的过零比较器

实验内容及步骤

1. 过零比较器

(1) 在图 3.1.4 中按照图 3.1.2 所示连接电路。

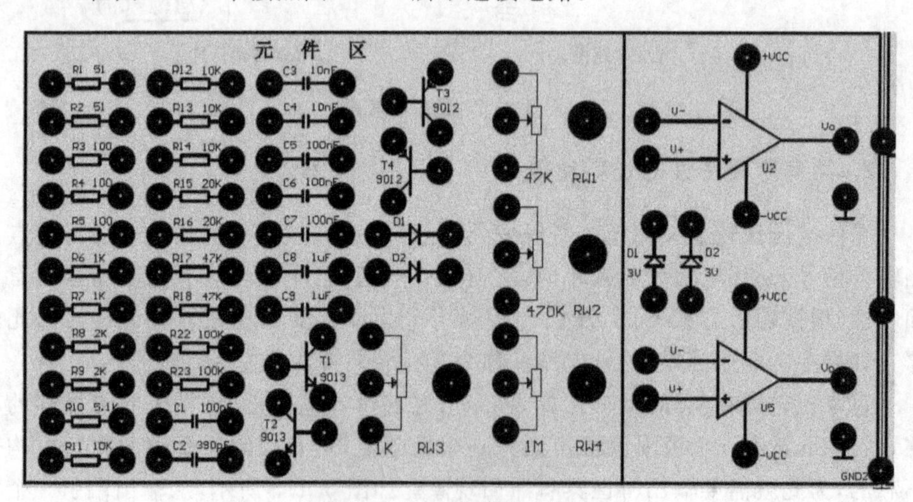

图 3.1.4　实验箱的元件区

(2) 测量没有接入 U_i 时的 U_o。

(3) 输入端接入 $U_i=2$ V，$f=1$ kHz 的正弦波信号，观察输入 U_i、输出 U_o 波形并将数据填入表 3.1.1。

表 3.1.1 电压比较器实验数据列表(频率 1 kHz)

输入信号			输出信号							
幅度	频率	基准电压	周期	峰峰值	上升时间	下降时间	高电平		低电平	
							幅度	宽度	幅度	宽度

(4) 将输入信号改为 10 kHz 的正弦波,观察输入 U_i、输出 U_o 波形并将数据填入表 3.1.2,然后与表 3.1.1 进行分析比较。

表 3.1.2 电压比较器实验数据列表(频率 10 kHz)

输入信号			输出信号							
幅度	频率	基准电压	周期	峰峰值	上升时间	下降时间	高电平		低电平	
							幅度	宽度	幅度	宽度

2. 反相滞回比较器

(1) 按照图 3.1.5 连接电路。

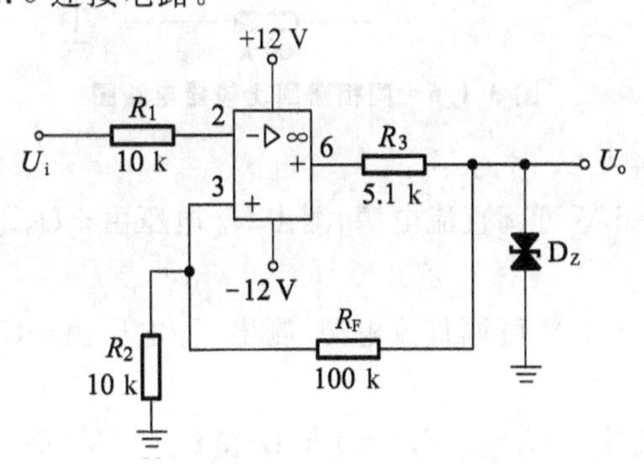

图 3.1.5 反相滞回比较器电路图

(2) 测量没有接入 U_i 时的 U_o。

(3) U_i 输入 0～5 V 可调直流电源,测出 U_o 电压由 $+U_{omax}$ 变化到 $-U_{omax}$ 时 U_i 的临界值。

(4) U_i 输入 0～−5 V 可调直流电源,测出 U_o 电压由 $-U_{omax}$ 变化到 $+U_{omax}$ 时 U_i 的临界值。

(5) 分别输入端接入 U_i=2 V,f=1 kHz 和 U_i=2 V,f=100 kHz 的正弦波信号,观察输入信号 U_i、输出信号 U_o 波形并将数据填入表 3.1.3。

表 3.1.3　迟滞比较器实验数据列表

输入信号		输出信号								计算值	
幅度	频率	周期	峰峰值	阈值电平		高电平		低电平		回差电压	中心电压
				上限	下限	幅度	宽度	幅度	宽度		
	1 kHz	1 ms									
	100 kHz	10 μs									

(6) 将反馈电阻 100 k 改为 200 k,重复上述实验,测量传输特性曲线。

3. 同相滞回比较器

(1) 按照图 3.1.6 连接电路。

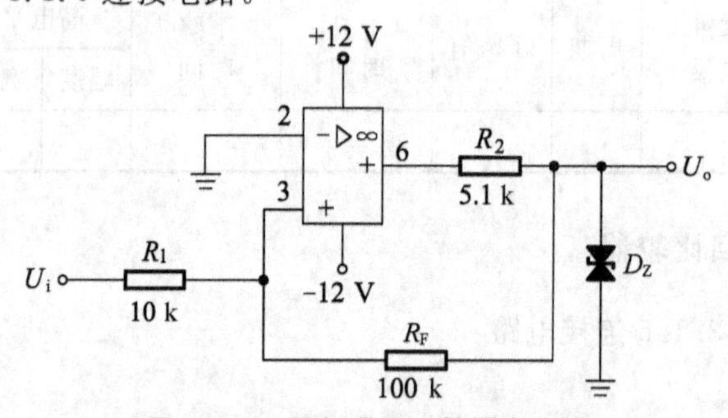

图 3.1.6　同相滞回比较器电路图

(2) 测量没有接入 U_i 时的 U_o。

(3) U_i 输入 0～5 V 可调直流电源,测出 U_o 电压由 $+U_{omax}$ 变化到 $-U_{omax}$ 时 U_i 的临界值。

(4) U_i 输入 0～−5 V 可调直流电源,测出 U_o 电压由 $-U_{omax}$ 变化到 $+U_{omax}$ 时 U_i 的临界值。

(5) 分别输入端接入 $U_i=2$ V,$f=1$ kHz 和 $U_i=2$ V,$f=100$ kHz 的正弦波信号,观察输入 U_i、输出 U_o 的波形并将数据填入表 3.1.4。

表 3.1.4　迟滞比较器实验数据列表

输入信号		输出信号								计算值	
幅度	频率	周期	峰峰值	阈值电平		高电平		低电平		回差电压	中心电压
				上限	下限	幅度	宽度	幅度	宽度		
	1 kHz	1 ms									
	100 kHz	10 μs									

(6) 将反馈电阻 100 k 改为 200 k,重复上述实验,测量传输特性曲线。

预习要求

(1) 熟悉具有滞回特性的电平检测器电路结构、工作原理及其电压传输特性。

(2) 设计满足实验要求的电路、选择元件参数，拟定实验方案及步骤。

(3) 试推导具有滞回特性的同相输入电平检测器的 VUT，VLT，VCTR，VH 的公式。

实验报告要求

(1) 画出实验电路图，并标出各元件数值。

(2) 整理实验数据，列表比较理论值和测量值，并加以分析。

(3) 记录实验有关波形。

实验仪器与器材

(1) 二踪示波器，1 台。

(2) 函数发生器，1 台。

(3) 数字万用表，1 台。

(4) 交流毫伏表，1 台。

(5) 万用表，1 台。

(6) 电工电子综合实验箱 YB02-8，1 台。

【模拟电子技术实验教程】

信号发生电路

实验目的

(1) 了解集成运算放大器在信号产生方面的应用。

(2) 掌握非正弦信号产生的基本原理和基本分析方法、电路参数的计算方法以及各参数对电路性能的影响。

(3) 了解各种波形之间变换方法。

(4) 掌握多级电路的安装调试技巧,掌握常用的频率测量方法。

实验原理

1. 方波信号发生电路

由运放组成的简单方波发生器电路如图 3.2.1 a 所示。它是在反相滞回比较电路的基础上,利用反相端的电容充放电延时和同相端的正反馈构成一个自激振荡电路。这种电路的门限电压对称,即输出正负幅值$\frac{R_1}{R_1+R_2}U_o$相同,电容的充、放电时间也相同 $\tau=R_FC$,因此电路输出电压为对称的方波,如图 3.2.1 b 所示。方波的周期为

$$T=T_H+T_L=2R_FC\ln\left(1+\frac{2R_1}{R_2}\right)$$

可见,方波频率不仅与负反馈回路 R_F,C 有关,还与正反馈回路 R_1,R_2 有关,调节 R_W 即能调整输出方波的周期。由于运放共模输入电压范围 U_{icmax}的限制,在确定正反馈支路 R_1,R_2 取值时,应保证 $U_{i+}\leqslant U_{icmax}$。

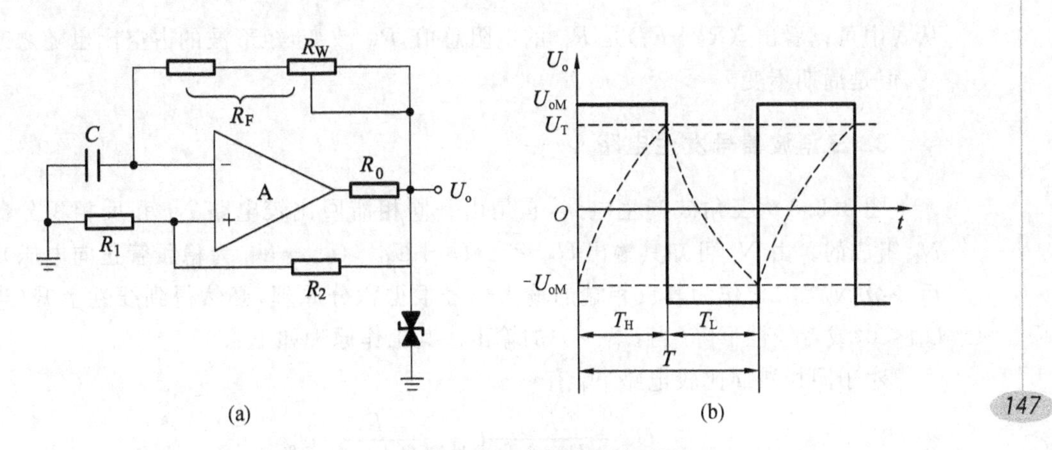

图 3.2.1　方波发生器电路及输出波形图

2. 矩形波信号发生器

在方波发生器电路的基础上，改变 R_FC 支路的充放电时间常数，即为占空比可变的矩形波发生器电路，如图 3.2.2 所示。

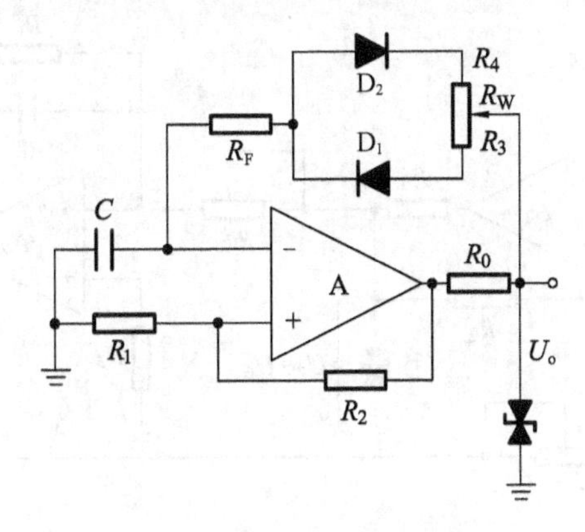

图 3.2.2　矩形波信号发生器

当 U_o 为正值的时候，二极管 D_1 导通，D_2 截止，电容 C 充电的时间常数为 $\tau_1=(R_3+R_D+R_F)C$。式中，R_D 为二极管 D_1 正向电阻。

当 U_o 为负值的时候，二极管 D_2 导通，D_1 截止，电容 C 放电的时间常数为 $\tau_2=(R_4+R_D+R_F)C$。式中，R_D 为二极管 D_2 正向电阻。

从而可以导出矩形波的周期：

$$T=T_H+T_L=\tau_1\ln\left(1+\frac{2R_1}{R_2}\right)+\tau_2\ln\left(1+\frac{2R_1}{R_2}\right)$$

$$=\ln\left(1+\frac{2R_1}{R_2}\right)(R_3+R_4+2R_D+2R_F)C$$

从式中可以看出，(R_3+R_4)是R_W的电阻总值，R_W改变，矩形波的占空比也随之改变，但是周期不变。

3. 三角波信号发生电路

图3.2.3为三角波产生电路，它是由一同相滞回比较电路N_1和反相积分器N_2组成的。由N_1可知其输出$U_{o1}=\pm(U_Z+U_D)$，$(U_Z+U_D$为稳压管正向电压)，后一级N_2将U_{o1}作为其反相端的输入信号根据积分原理，必然得到线性上升(当$U_{o1}<0$)或者线性下降(当$U_{o1}>0$)的输出。其工作原理如下：

对于同相滞回比较电路N_1有

$$U_+=\frac{R_{W1}}{R_{W1}+R_2}U_{o1}+\frac{R_2}{R_{W1}+R_2}U_{o2}$$

把U_{o1}代入可得

$$U_+=\pm(U_Z+U_D)\frac{R_{W1}}{R_{W1}+R_2}+\frac{R_2}{R_{W1}+R_2}U_{o2}$$

上式表明，U_+随U_{o2}的变化而变化。

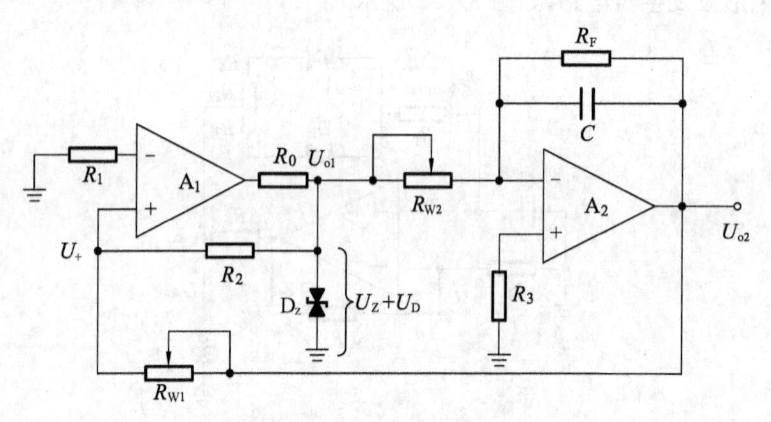

图 3.2.3　三角波信号发生电路

假设在某一电路正常状态，如$U_{o1}=-(U_Z+U_D)$开始分析，此刻$U_{o1}<0$，同时U_{o2}线性上升，当达到跳变的临界条件$U_{o1}=0$时，电路的最大输出正电压为

$$U_{o2M}=\frac{R_{W1}}{R_2}(U_Z+U_D)$$

反之，电路的最大输出负电压为：

$$-U_{o2M}=-\frac{R_{W1}}{R_2}(U_Z+U_D)$$

如此产生自激振荡，输出端得到三角波输出。

由于积分电路输出电压从负向峰值上升到正向峰值所需的时间是振荡周期的

1/2，即 U_{o2} 在 $T/2$ 时间内的变化量是 $2U_{o2M}$，由积分电路的输入输出关系得

$$2U_{o2M}=\frac{1}{R_{W2}C}\int_{0}^{T_H}(U_Z+U_D)\,dt$$

从而得到 $T_H=\frac{2R_{W1}R_{W2}C}{R_2}$。

由于积分电路的正反积分时间常数相等，$T_H=T_L$，即三角波的周期为

$$T=2T_H=\frac{4R_{W1}R_{W2}C}{R_2}$$

可见调节 R_{W1}，R_{W2}，R_2，C 均可改变震荡频率，本实验电路通过调整 R_{W1} 改变三角波的幅度，调整 R_{W2} 改变积分到一定的电压所需的时间，即改变周期。波形如图 3.2.4 所示。

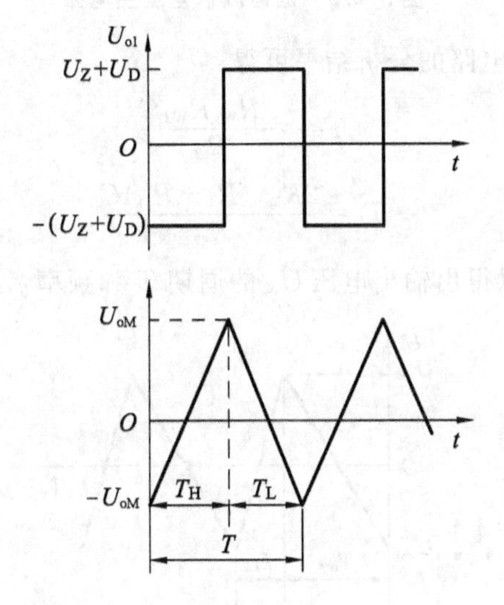

图 3.2.4　三角波电路产生的波形图

4. 锯齿波信号发生器

在三角波发生器电路的基础上，在 R_{W2} 两端并联一个二极管 D 与电阻 R_4 的串联支路，使正、反两个方向的积分时间常数不等，便可组成锯齿波发生器。其工作原理和三角波信号发生电路一样，电路如 3.2.5 所示。

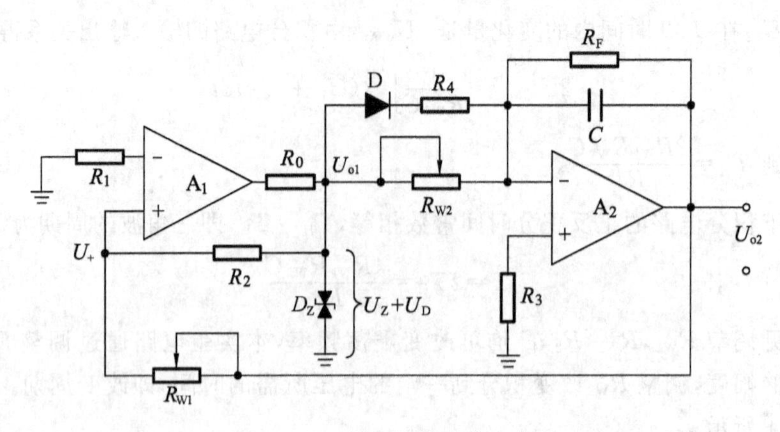

图 3.2.5 锯齿波信号发生电路

借用三角波产生电路的分析结果可得

$$T_{\mathrm{H}}=\frac{2R_{\mathrm{W1}}R_{\mathrm{W2}}C}{R_2}$$

$$T_{\mathrm{L}}=\frac{2R_{\mathrm{W1}}(R_4+R_{\mathrm{D}})C}{R_2}$$

根据 T_{H},T_{L} 可以得出输出电压 U_{o2} 的周期 T 和频率 f,波形如图 3.2.6 所示。

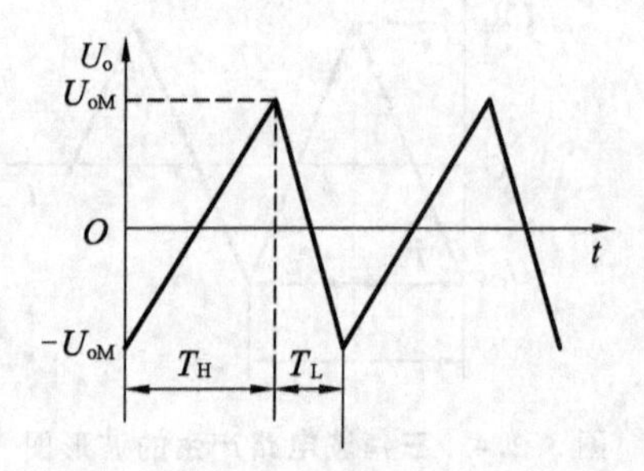

图 3.2.6 锯齿波电路产生的波形图

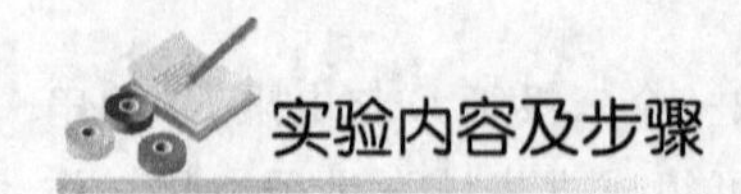

实验内容及步骤

图 3.2.7 所示为本次实验内容的元件选择区。

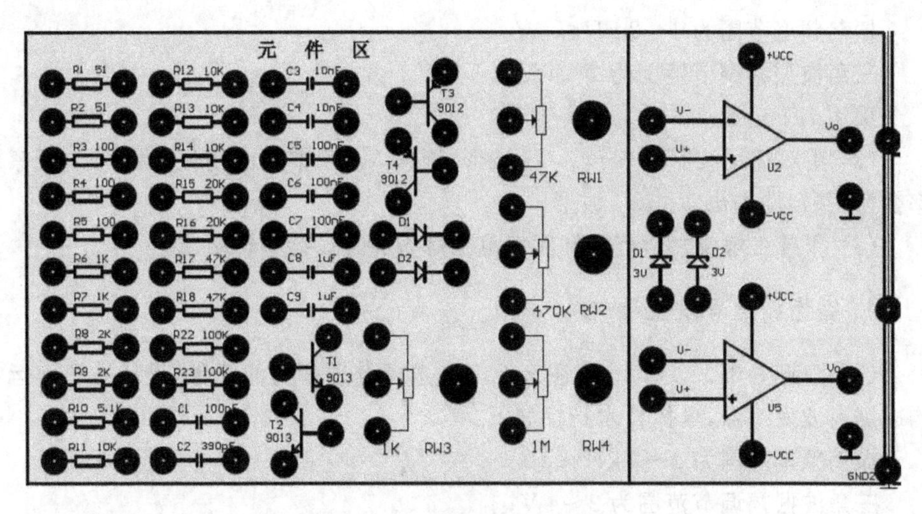

图 3.2.7　实验箱元件选择区

1. 方波信号发生器

按照图 3.2.1 所示，在图 3.2.7 上选择合理参数的元件。

(1) 用示波器观察 U_o，U_- 的波形，并测量其电压峰峰值填入表 3.2.1，画出波形。

表 3.2.1　方波信号发生器的测量

电压(V)		频率(Hz)	
U_{oPP}		R_W→最大，f_{min}	
U_{-PP}		R_w→最小，f_{max}	

(2) 调节 $R_W(R_F)$，观察波形频率变化规律，分别测量 R_W 调至最大和最小时的方波频率 f_{min} 和 f_{max}，并与理论值比较。

2. 矩形波信号发生器

(1) 按照图 3.2.2 所示，在图 3.2.7 上选择合理参数的元件。

(2) 调解 R_W，观察波形宽度变化情况，分别测量 R_W 调至最大和最小时的矩形波的占空比。

3. 三角波信号发生器

(1) 按照图 3.2.3 所示，在图 3.2.7 上选择合理参数的元件，设计一个由运放构成三角波发生器，具体技术指标如下：

振荡频率范围为 1～2 kHz；

三角波振幅调节范围为 2～4 V；

采用 741 运放。

(2) 用双踪示波器观察 U_{o1}，U_{o2} 波形，调整 R_{W1} 观察幅值变化，调整 R_{W2} 观察频率变换，并定性划出 U_{o1}，U_{o2} 波形。

(3) 测量三角波幅值范围和频率范围是否满足设计指标要求。

4. 锯齿波信号发生器

(1) 按照图 3.2.3 所示，在图 3.2.7 上选择合理参数的元件，设计一个由运放构成锯齿波发生器，具体技术指标如下：

振荡频率范围为 1～2 kHz；

三角波振幅调节范围为 2～4 V；

采用 741 运放。

(2) 调整 R_{W1}，R_{W2}，使 U_o 的幅值为 4 V，周期为 3 ms，画出 U_{o1}，U_{o2} 波形。

预习要求

(1) 认真预习本实验内容，弄清各电路的工作原理及电路中各元件的作用。

(2) 根据电路元件参数，预先计算有关电路的振荡频率，以便与测量值比较。

(3) 按设计提示中给定的技术性能指标设计电路，要求有设计过程，确定各元件参数值。

实验报告要求

(1) 画出设计好的实验电路图，并标出各元件数值。

(2) 整理实验数据，列表比较理论值和测量值，并加以分析。

(3) 记录实验有关波形。

(4) 在波形产生各电路中，相位补偿和失调量调零是否要考虑?

(5) 试推导方波发生器振荡频率公式。

实验仪器与器材

(1) 二踪示波器,1 台。

(2) 函数发生器,1 台。

(3) 数字万用表,1 台。

(4) 交流毫伏表,1 台。

(5) 万用表,1 台。

(6) 电工电子综合实验箱 YB02-8,1 台。

实验三

【模拟电子技术实验教程】

有源滤波器设计

实验目的

(1) 掌握由运算放大器组成的RC有源滤波器的工作原理。

(2) 熟练掌握RC有源滤波器的工程设计方法。

(3) 掌握滤波器基本参数的测量方法。

实验原理

滤波器是最通用的模拟电路单元之一,几乎在所有的电路系统中都用到它。

按通频带分类,有源滤波器可分为低通滤波器(LPF)、高通滤波器(HPF)、带通滤波器(BPF)、带阻滤波器(BEF)等。

按通带滤波特性分类,有源滤波器可分为最大平坦型(巴特沃思型)滤波器、等波纹型(切比雪夫型)滤波器、线性相移型(贝塞尔型)滤波器和椭圆(Elliptic)滤波器等。

按运放电路的构成分类,有源滤波器可分为无限增益单反馈环型滤波器、无限增益多反馈环型滤波器、压控电源型滤波器、负阻变换器型滤波器、回转器型滤波器等。

滤波器按是否采用有源器件又可分为无源滤波器和有源滤波器。无源滤波器电路简单,但对通带信号有一定的衰减,因此电路性能较差;用运放与少量的RC元件组成的有源滤波器具有体积小、性能好、可放大信号、调整方便等优点,但因受运放本身有限带宽的限制,目前仅适用于低频范围。

1. 二阶低通有源滤波器

(1) 简单二阶低通有源滤波器(见图3.3.1)

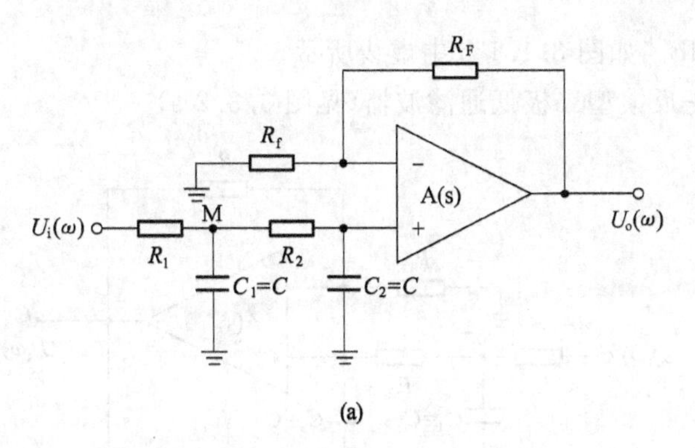

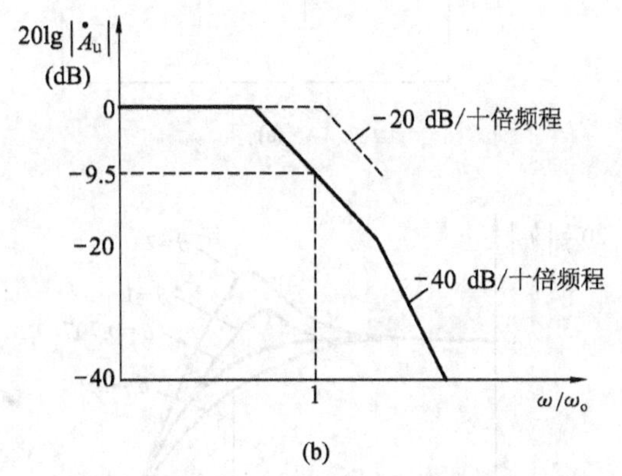

图 3.3.1 二阶低通有源滤波器及幅频特性图

令 $R_1=R_2=R$，其主要性能如下：

通带电压放大倍数

① 二阶 LPF 的通带电压放大倍数就是 $f=0$ 时的输出电压与输入电压之比，也就是同相比例放大器的增益

$$A_u=1+\frac{R_F}{R_f}$$

② 传递函数

$$A(\omega)=\frac{U_o(\omega)}{U_i(\omega)}=\frac{A_u}{1+j3\frac{\omega}{\omega_o}-\left(\frac{\omega}{\omega_o}\right)^2}$$

式中，$\omega_o=\frac{1}{RC}$。

由上式可知，当$\frac{\omega}{\omega_o}=10$，$A(\omega)=\frac{A_u}{100}$，即每 10 倍频程幅值下降为原来的 1/100（即 40 dB）；当$\frac{\omega}{\omega_o}=1$，$|A(\omega)|=\frac{A_u}{3}$，即这时幅值下降 9.5 dB，而通频带内一般幅值

下降不超过 3 dB。如图 3.1.1 b 中虚线所示。

（2）单端正反馈型二极低通滤波器（见图 3.3.2 a）

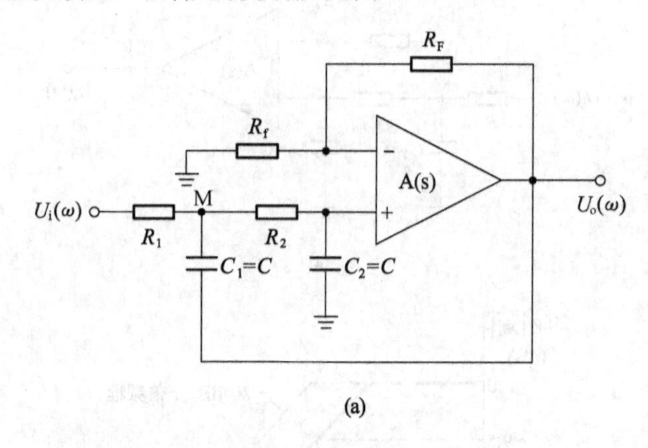

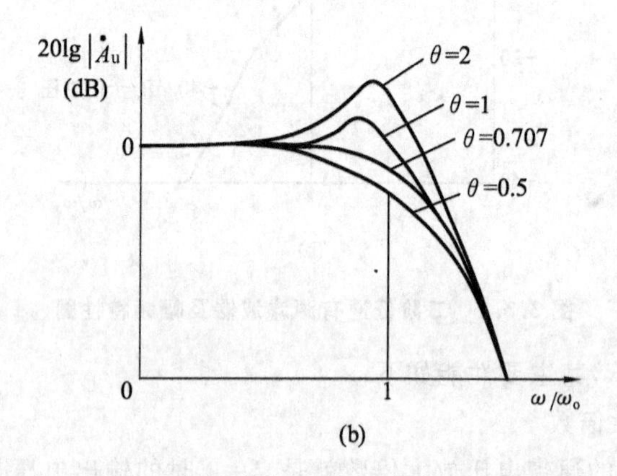

图 3.3.2　单端正反馈型二极低通滤波器及幅频特性图

令 $R_1=R_2=R$，其主要性能如下：

① 通带电压放大倍数

$$A_u=1+\frac{R_F}{R_f}$$

② 传递函数

$$A(\omega)=\frac{U_o(\omega)}{U_i(\omega)}=\frac{A_u}{1+j\frac{1}{Q}\frac{\omega}{\omega_o}-\left(\frac{\omega}{\omega_o}\right)^2}$$

式中，$\omega_o=\frac{1}{RC}$，$\frac{1}{Q}=3-A_u$。

幅频特性曲线如图 3.3.2 b 所示。

幅频特性：不同的 Q 值将使幅频特性具有不同的特点。

品质因数：$Q=\dfrac{1}{3-A_u}$。

2. 二阶高通有源滤波器(HPF)(见图 3.3.3)

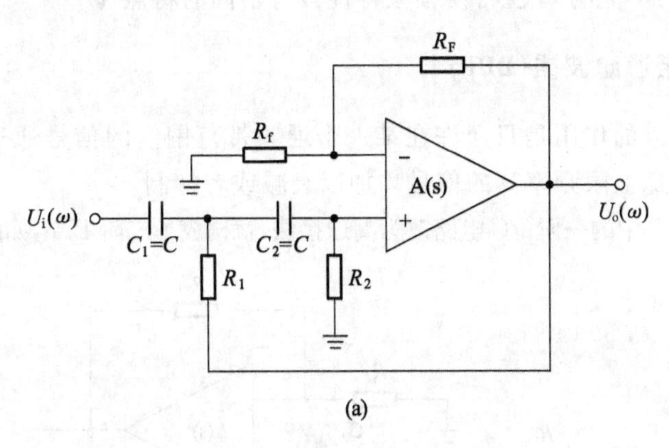

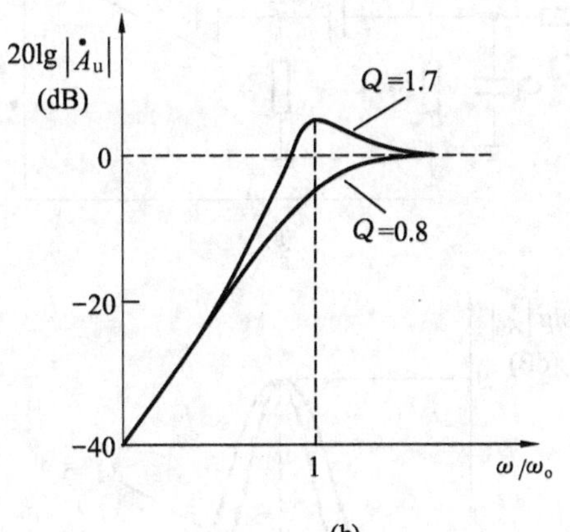

图 3.3.3　二阶高通有源滤波器及幅频特性图

其主要电路性能：

通带电压放大倍数同二阶 LPF，即

$$A_u=1+\frac{R_F}{R_f}$$

传递函数

$$A(\omega)=\frac{U_o(j\omega)}{U_i(j\omega)}=-\frac{\left(\dfrac{\omega}{\omega_o}\right)^2 A_U}{1+j\,\dfrac{1}{Q}\dfrac{\omega}{\omega_o}-\left(\dfrac{\omega}{\omega_o}\right)^2}$$

式中，$\omega_o=\dfrac{1}{RC}$，$\dfrac{1}{Q}=3-A_u$。

幅频特性曲线如图 3.3.3 b 所示。

品质因数：$Q=\frac{1}{3-A_u}$。

幅频特性：不同的 Q 值将使幅频特性具有不同的特点。

3. 二阶带通滤波器(BPF)

这种滤波器的作用是只允许在某一个通频带范围内的信号通过，而比通频带下限频率低和比上限频率高的信号均加以衰减或者抑制。

将二阶 LPF 中的一阶 RC 电路改为高通接法，就构成了二阶 BPF，如图3.3.4 a所示。

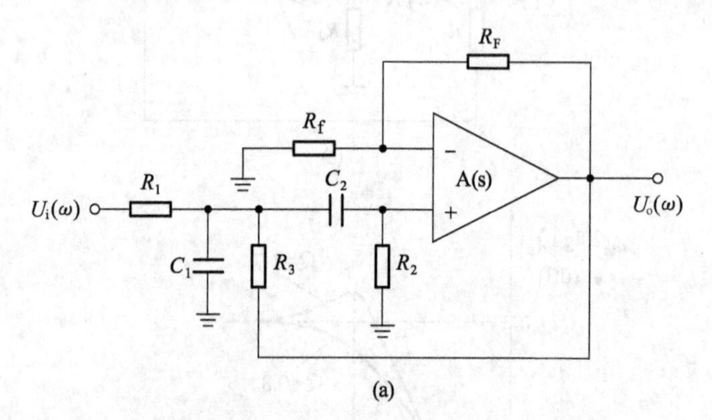

(a)

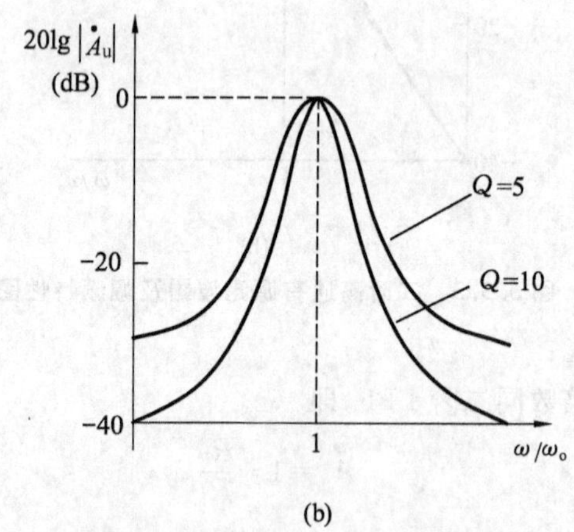

(b)

图 3.3.4　二阶带通滤波器及幅频特性图

令 $C_1=C_2=C$，其主要性能如下：

通带增益

$$A_{up}=\frac{R_f+R_F}{R_fR_1CB}$$

输入输出关系

$$\dot{A}(\omega)=\frac{U_o}{U_i}=\frac{A_u\dfrac{1}{\omega_o R_1 C}\times\dfrac{j\omega}{\omega_o}}{1+\dfrac{B}{\omega_o}\times\dfrac{j\omega}{\omega_o}-\left(\dfrac{\omega}{\omega_o}\right)^2}$$

式中：$A_u=1+\dfrac{R_F}{R_f}$，为同相比例放大电路的电压放大倍数；

$\omega_o=\sqrt{\dfrac{1}{R_2C^2}\left(\dfrac{1}{R_1}+\dfrac{1}{R_3}\right)}$，为中心角频率；

$B=\dfrac{1}{C}\left(\dfrac{1}{R_1}+\dfrac{2}{R_2}-\dfrac{R_F}{R_fR_3}\right)$，为角频带宽；

$\dfrac{\omega_o}{B}=Q$，为频率选择性能。

可见，改变电阻 R_F 和 R_f 就可以改变通带宽度，但并不影响中心频率。

4. 带阻滤波器(BEF)

二阶带阻滤波器电路(见图 3.3.5)的性能和带通滤波器相反，即在规定要求的频带内的信号不能通过或受到很大的衰减或抑制，而在其余频率范围，信号则能顺利通过。

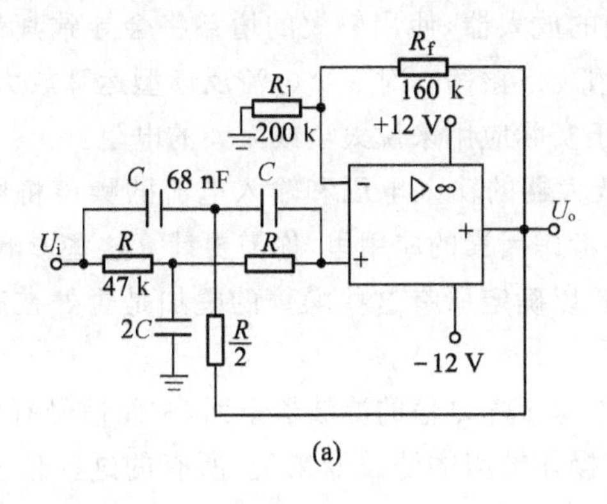

(a)

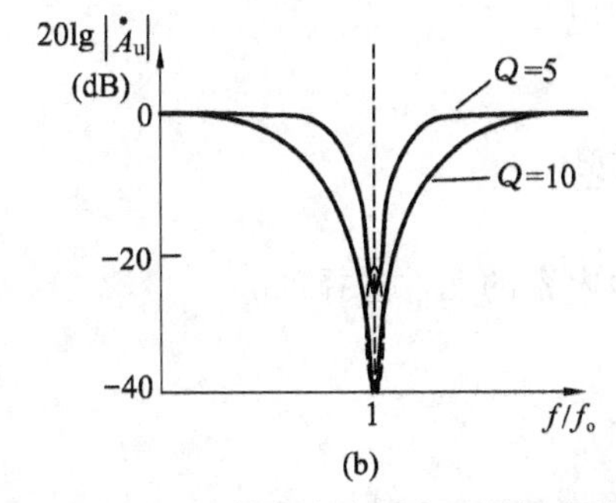

(b)

图 3.3.5　二阶带阻滤波器电路及幅频特性图

在双 T 网络后加一级同相比例运算电路就构成了基本的二阶有源 BEF。

电路性能参数：

通带增益 $A_{up}=1+\dfrac{R_f}{R_1}$

中心频率 $f_o=\dfrac{1}{2\pi RC}$

带阻宽度 $B=2(2-A_{up})f_o$

选择性能 $Q=\dfrac{1}{2(2-A_{up})}$

5. 有源滤波器设计

有源滤波器设计中选择运算放大器主要考虑带宽、增益范围、噪声、动态范围这四个参数。

(1) 带宽：当为滤波器选择运算放大器时，一个通用的规则就是确保它具有所希望滤波器频率 10 倍以上带宽，最好是 20 倍的带宽。如果设计一个高通滤波器，则要确保运算放大器的带宽满足所有信号通过。

(2) 增益范围：有源滤波器设计需要有一定的增益。如果所选择的运算放大器是一个电压反馈型的放大器，使用较大的增益将会导致其带宽低于预期的最大带宽，并会在最差的情况下振荡。对一个电流反馈型运算放大器来说，增益取的不合适，将被迫使用对于实际应用来说太小或太大的电阻。

(3) 噪声：运算放大器的输入电压和输入电流的噪声将影响滤波器输出端的噪声。在噪声为主要考虑因素的应用里，你需要计算这些影响(以及电路中的电阻所产生热噪声的影响)以确定所有这些噪声的叠加是否处在有源滤波器可接受的范围内。

(4) 动态范围：在具有高 Q 值的滤波器里面，中间信号有可能大于输入信号或者大于输出信号。对操作恰当的滤波器来说，所有的这些信号必须能够通过而无出现削波或过度失真的情况

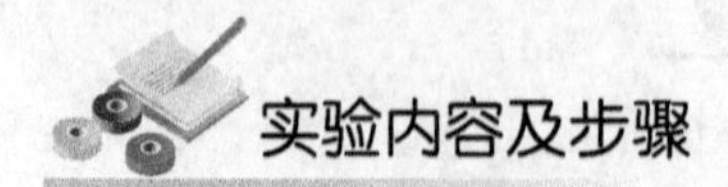

图 3.3.6 为本次实验内容的元件选择区。

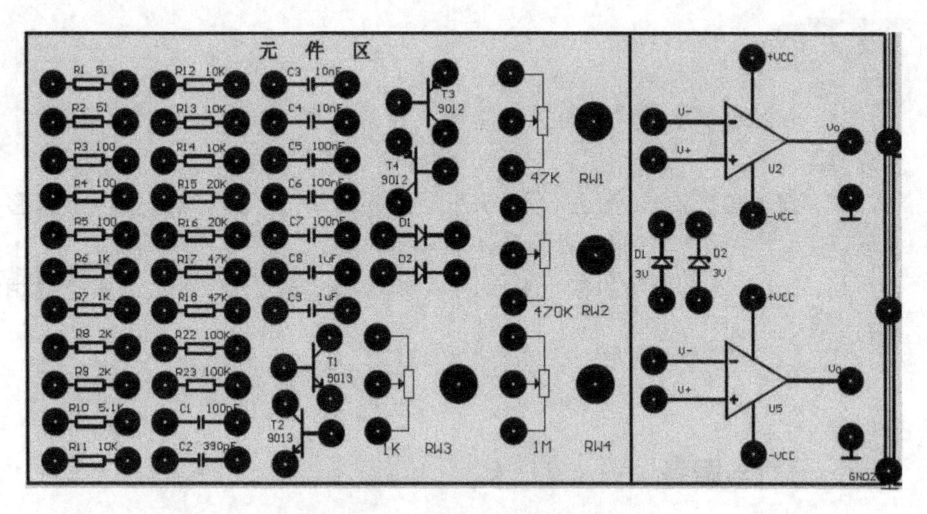

图 3.3.6 实验箱元件选择区

(1) 自行设计一个低通滤波器,截止频率 $f_o=2$ kHz,$Q=0.7$,$f \gg f_o$ 处的衰减速率不低于 30 dB/10 倍频。

① 输入正弦波信号,在输出端用示波器观察不失真时,保持输入信号不变,用示波器测量其不同频率时的输出电压,绘制出幅频特性曲线。

② 从幅频特性曲线中找出截止频率,验证是否符合设计要求。

③ 在幅频特性曲线上读出 4 kHz 和 8 kHz 所对应的分贝数,检查是否满足 $f \gg f_o$ 处的衰减速率不低于 30 dB/10 倍频的要求。

④ 分析电路采用简单二阶低通有源滤波器和单端正反馈型二阶有源滤波器之间的区别,并讨论。

⑤ 观察 Q 值变化对幅频特性的影响,将反馈电阻改为原先 2 倍,重复前面分析并讨论。

⑥ 观察 R 和 C 值变化的影响,改变 R_1 和 R_2 的电阻值使 $\Delta R/R=0.1$,测量 f_o 的变化是否符合 $\Delta f_o/f_o=\Delta R/R$。

(2) 设计一个高通滤波器,要求 $f_o=500$ Hz,且 $f=0.5f_o$ 的幅度衰减不低于 12 dB,可重复低通滤波器的有关内容。

(3) 带通滤波器,可按图 3.3.4 接线,选择合理元件参数,测量器频率特性曲线,定出中心频率、上限频率、下限频率、带宽和 Q 值,与理论值相比较。

(4) 带阻滤波器,可按图 3.3.5 接线,元件参数可重新选择,测量器频率特性曲线,定出中心频率、上限频率、下限频率、带宽和 Q 值,与理论值相比较。

预习要求

(1) 复习电子线路课中有关有源滤波器的内容，掌握实验电路的基本工作原理。

(2) 根据实验要求，事先设计好各个滤波器，计算 R,C 值，并拟定调整步骤。

(3)预习计算各电路的截止频率、中心频率等等理论值，以供和实验值相比较。

分析与思考

(1) 试分析集成运有限的输入阻抗对滤波器性能是否有影响？

(2) BEF 和 BPF 是否像 HPF 和 LPF 一样具有对偶关系？若将 BPF 中起滤波器作用的电阻与电容的位置互换，能得到 BEF 吗？

(3) 传感器加到精密放大电路的信号频率范围是(400±10) Hz，经放大后发现输出波形含有一定程度的噪声和 50 Hz 的干扰。试问：应引入什么形式的滤波电路以改善信噪比，并画出相应的电路图。

实验仪器与器材

(1) 二踪示波器，1 台。
(2) 函数发生器，1 台。
(3) 数字万用表，1 台。
(4) 交流毫伏表，1 台。
(5) 万用表，1 台。
(6) 电工电子综合实验箱 YB02-8，1 台。

实验四

【模拟电子技术实验教程】

精密整流电路

实验目的

(1) 掌握半波和全波精密整流电路的电路组成、工作原理和电路参数计算。

(2) 学会设计、调试精密全波整流电路。

(3) 进一步熟悉传输特性曲线的测量方法和技巧。

实验原理

利用二极管的单向导电性，可以组成半波及全波整流电路。但由于二极管存在正向导通压降、死区压降、非线性伏安特性及其温度漂移，故当用于对弱信号进行整流时，必将引起明显的误差，甚至无法正常整流。如果将二极管与运放结合起来，将二极管置于运放的负反馈回路中，则可将上述二极管的非线性及其温漂等影响降低至可以忽略的程度，从而实现对弱小信号的精密整流或线性整流。

(1) 精密半波整流(见图 3.4.1)

当输入 $U_i>0$ 时，$U_o'<0$，二极管 D_1 导通，D_2 截止，由于 U_- 端“虚地”，故$U_o\approx 0$ ($U_o'\approx 0.6\ V$)。

当输入 $U_i<0$ 时，$U_o'>0$，二极管 D_2 导通，D_1 截止，运放组成反相比例运算电路，故 $U_o=-\dfrac{R_2}{R_1}U_i$ 若 $R_1=R_2$，则 $U_o=-U_i$。电路的输出电压可表示为

$$U_o=\begin{cases}0 & -U_i\\ U_i>0 & U_i<0\end{cases}$$

这里，只需极小的输入电压，即可有整流输出。

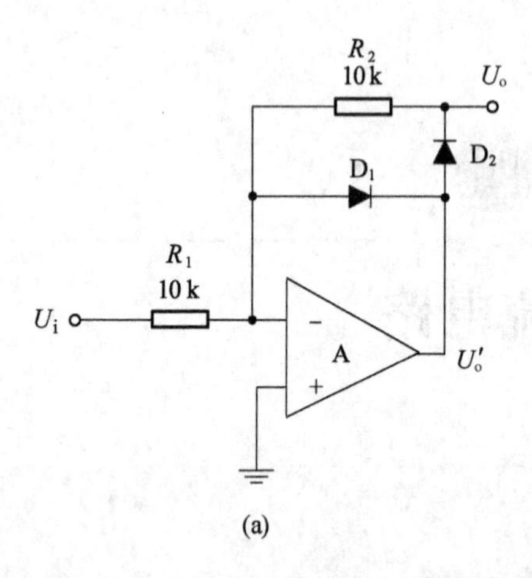

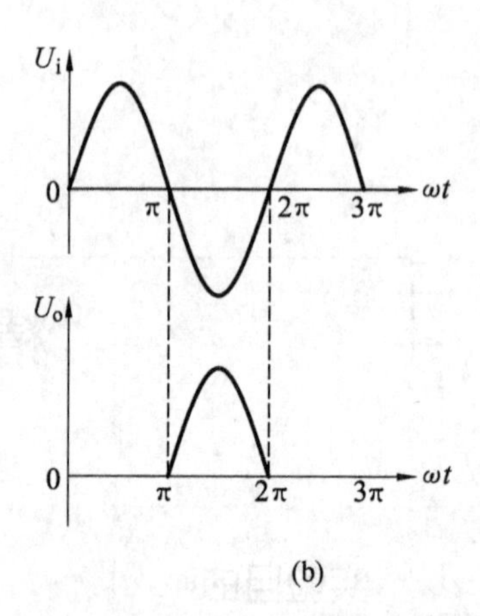

图 3.4.1　精密半波整流电路及输入输出波形

(2) 精密全波整流(见图 3.4.2)

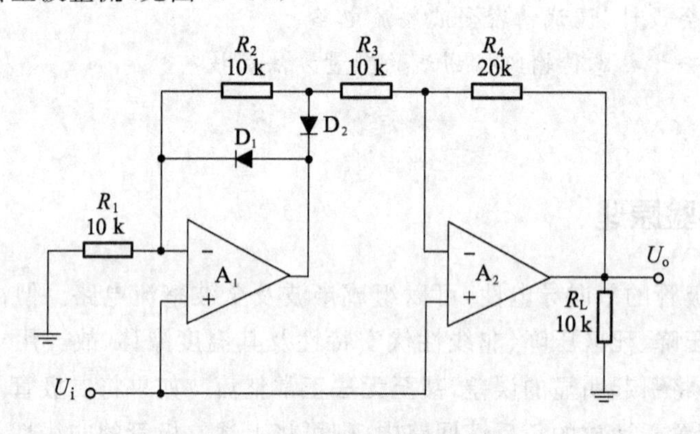

图 3.4.2　精密全波整流电路

① 输入 $U_i>0$ 时，D_1 导通，D_2 截止，运算放大器 U_2 构成差分放大器

当 $U_i<U_{oM}$ 时，$U_{o1}=U_i$，计算可得

$$U_o=-\frac{R_4}{R_3}\cdot U_{o1}+\left(1+\frac{R_4}{R_3}\right)\cdot U_i=-\frac{R_4}{R_3}\cdot U_i+\left(1+\frac{R_4}{R_3}\right)\cdot U_i=U_i$$

当 $U_i\geqslant U_{oM}$ 时，考虑运放的最大摆幅限制 $U_{o1}=U_{oM}$，计算可得

$$U_o=-\frac{R_4}{R_3}\cdot U_{o1}+\left(1+\frac{R_4}{R_3}\right)\cdot U_i=-\frac{R_4}{R_3}\cdot U_{oM}+\left(1+\frac{R_4}{R_3}\right)\cdot U_i>U_{oM}$$

即 $U_o=U_{oM}$。

② 输入 $U_i<0$ 时，D_1 截止，D_2 导通，运算放大器 U_2 构成差分放大器

当 $U_i<U_{oM}$ 时，$U_{o1}=U_i\left(1+\dfrac{R_2}{R_1}\right)=2U_i$，计算可得

$$U_o=-\frac{R_4}{R_3}\cdot U_{o1}+\left(1+\frac{R_4}{R_3}\right)\cdot U_i=-\frac{R_4}{R_3}\cdot 2U_i+\left(1+\frac{R_4}{R_3}\right)\cdot U_i=-U_i$$

当$-U_{oM}\leqslant U_i<-\frac{U_{oM}}{2}$时，考虑运放的最大摆幅限制$U_{o1}=-U_{oM}$，计算可得

$$U_o=-\frac{R_4}{R_3}\cdot U_{o1}+\left(1+\frac{R_4}{R_3}\right)\cdot U_i=\frac{R_4}{R_3}\cdot U_{oM}+\left(1+\frac{R_4}{R_3}\right)\cdot U_i=2U_{oM}+3U_i$$

当$U_i\leqslant -U_{oM}$时，考虑运放的最大摆幅限制$U_{o1}=-U_{oM}$，计算可得

$$\begin{aligned}U_o&=-\frac{R_4}{R_3}\cdot U_{o1}+\left(1+\frac{R_4}{R_3}\right)\cdot U_i=\frac{R_4}{R_3}\cdot U_{oM}+\left(1+\frac{R_4}{R_3}\right)\cdot U_i\\&=2U_{oM}+3U_i<-U_{oM}\end{aligned}$$

即$U_o=-U_{oM}$。

根据上述分析，绘出曲线图如图 3.4.3 所示。

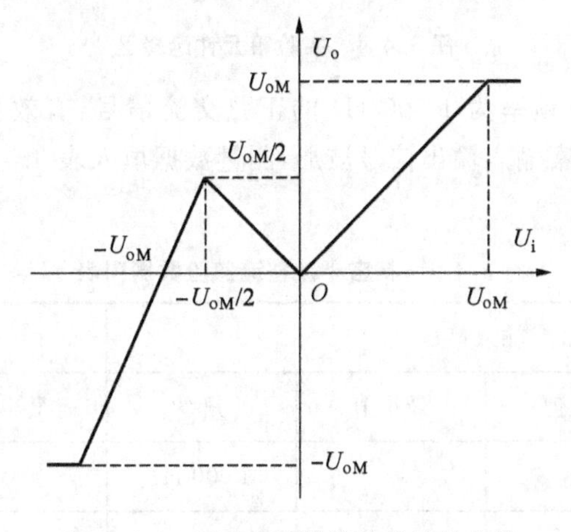

图 3.4.3　精密全波整流传输特性曲线

实验内容

图 3.4.4 是本次实验内容的元件选择区。

(1) 精密半波整流电路

① 依照图 3.4.1 所示的电路图连接电路，元件参数$R_1=R_2=10\ \text{k}\Omega$，二极管为 1N4001。电源电压$+U_{CC}=12\ \text{V}$，$-U_{CC}=-12\ \text{V}$。

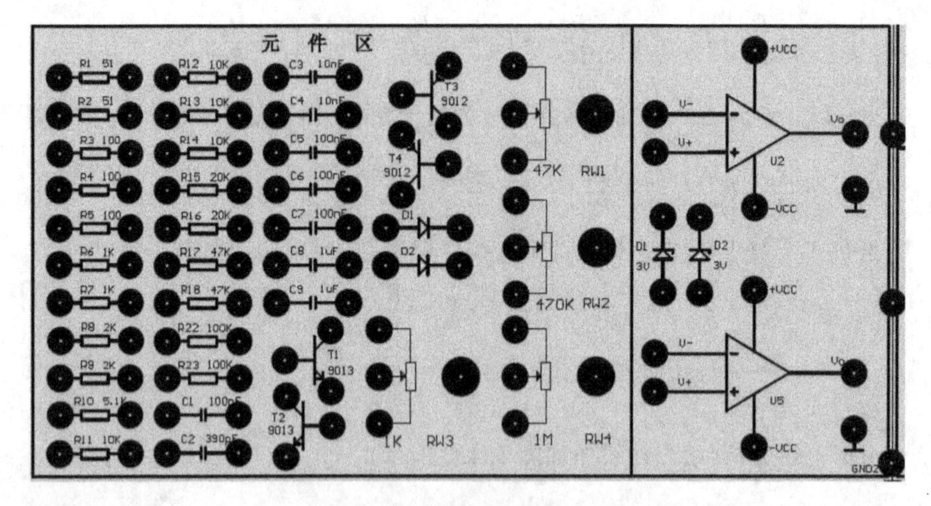

图 3.4.4 实验箱元件选择区

② U_i 输入一个频率为 1 000 Hz 的正弦交流信号，有效值分别为 5 V，1 V，10 mV，用示波器观察输入输出信号波形，测量数据填入表 3.4.1，并记录输入输出波形图。

3.4.1 精密半波整流实验数据列表

输入信号				输出信号	
有效值	最大值	最小值	频率	最小值	最大值
5 V			1 000 Hz		
1 V			1 000 Hz		
10 mV			1 000 Hz		

② 用示波器的 X-Y 显示方式测试该电路的电压传输特性图，并读出输出的最大值 U_{omax}。

(2) 精密全波整流电路

按照图 3.4.2 搭接电路，电源电压 $+U_{CC}=12$ V，$-U_{CC}=-12$ V，二极管为 1N4001。重复半波整流电路(1)和(2)的内容，测量数据填入表 3.4.2，记录输入输出波形图及传输特性曲线图。

表 3.4.2　精密全波整流实验数据列表

输入信号				输出信号	
有效值	最大值	最小值	频率	最小值	最大值
5 V			1 000 Hz		
1 V			1 000 Hz		
10 mV			1 000 Hz		

预习要求

(1) 熟悉精密整流电路的组成、工作原理及其参数估算，考虑如何测量其电压传输特性。

(2) 预习整流电路的主要性能指标及其测试方法。

分析与思考

(1) 若将图 3.4.1 电路中的两个二极管均反接，试问：电路的工作波形及电压传输特性将会如何变化？

(2) 精密整流电路中的运放工作在线性区还是非线性，为什么？

(3) 图 3.4.2 所示电路为什么具有很高的输入电阻？

实验仪器与器材

(1) 二踪示波器，1 台。

(2) 函数发生器，1 台。

(3) 数字万用表，1 台。

(4) 交流毫伏表，1 台。

(5) 万用表，1 台。

(6) 电工电子综合实验箱 YB02-8，1 台。

实验五

【模拟电子技术实验教程】

集成低频功率放大电路

实验目的

(1) 通过对低频集成功率放大器电路的设计调试,掌握 OTL 功率放大器的原理。

(2) 熟悉低频线性集成组件的正确选用和外围电路元件参数的选择方法。

(3) 掌握集成低频功率放大器特性指标的测量方法。

实验原理

LA4100 集成功放块是一种塑料封装十四脚的双列直插器件。它的外形如图 3.5.1 a 所示。集成功率放大器 LA4100 的应用电路如图 3.5.1 b 所示,其中外部元件的作用如下:

R_f,C_f—与内部电阻组成交流负反馈支路,控制电路的闭环电压增益 A_{uf},即 $A_{uf}\approx\frac{R_{11}}{R_f}$。

C_b—相位补偿。C_b 减小,频率增加,可消除高频自激。C_b 一般取几十至几百皮法。

C_c—输出端的耦合电容,两端的充电电压等于 $E_C/2$,C_c 一般取耐压大于 $E_C/2$ 的几百微法电容。

C_d—反馈电容,消除自激振荡,C_d 一般取几百皮法。

C_h—自举电容,接了自举电容 C_h 后,可使推动级提供的电大电压振幅接近 $E_C/2$,从而使负载 R_L 上输出信号的最大电压振幅接近 $E_C/2$。

C_1—输入端的耦合电容。

C_2,C_4—电源滤波,可消除低频自激。

C_3—滤除纹波电压，一般取几十至几百微法。

C_5—用来滤去高音频分量，改善声音质量。

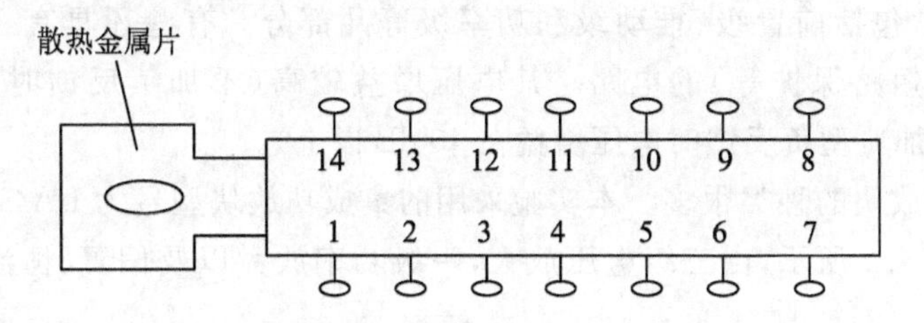

引脚 1—输出端，直流电平应为 $E_C/2$；

引脚 2—接地端；

引脚 3—接地端(或接负电源)；

引脚 4，5—为了消除振荡，应接相位补偿电容；

引脚 6—负反馈端，一般接 RC 串联网络到地，以构成电压串联负反馈；

引脚 8—偏流端，一般不用；

引脚 7，11—空脚；

引脚 9—输入端；

引脚 10，12—为抑制纹波电压，应接入大的电解电容到地；

引脚 13—自举端，应接大的电容到 1 端起自举作用；

引脚 14—电源端，接电源 E_C。

(a)

(b)

图 3.5.1　LA4100 集成功放外形及 OTL 应用电路图

集成功率放大器由集成功放块和一些外部阻容元件构成。它具有线路简单，性能优越，工作可靠，调试方便等优点，已经成为在音频领域中应用十分广泛的功率放大器。

电路中最主要的组件为集成功放块，它的内部电路与一般分立元件功率放大器不同，通常包括前置级、推动级和功率级等几部分。有些还具有一些特殊功能（消除噪声、短路保护等）的电路。其电压增益较高（不加负反馈时，电压增益达70～80 dB，加典型负反馈时电压增益在40 dB以上）。

集成功放块的种类很多。本实验采用的集成功放块型号为LA4100，它的内部电路如图3.5.2所示，由三级电压放大，一级功率放大以及偏置、恒流、反馈、退耦电路组成。

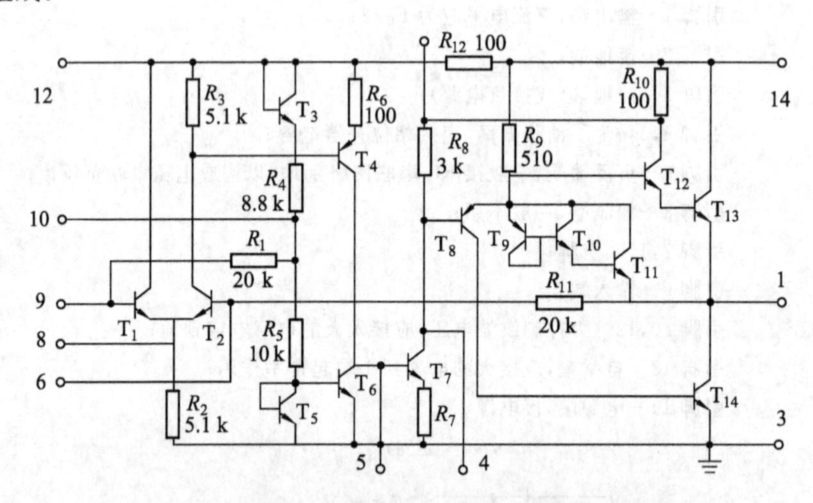

图 3.5.2　LA4100～LA4102 集成功率放大器内部电路图

输入级是由 T_1 和 T_2 组成的单端输入、单端输出的差动放大电路。外接电源 E_C 经过 T_3，R_4，R_5，T_5 组成的分压网络，在端点10上产生直流电压 U_{10}，其值等于 $E_C/2$。该直流电压通过电阻 R_1 加到 T_1 的基极，作为 T_1 的基极偏置电压。输出端点1通过 R_{11} 接到 T_2 管的基极，实现交直流负反馈。其中，直流负反馈用来稳定输出端点1的直流电位，使它维持在 $E_C/2$ 上。交流负反馈用来稳定整个放大器的增益，并改善放大器的非线性失真。

中间级由第二级和第三级组成。其中第二级是由 T_4 管组成的电流串流负反馈放大器，T_5 和 T_6 管组成的镜像恒流源是该放大器的集电极有源负载。因此，第二级放大器具有很高的增益，第三级是由 T_2 管组成的电流串流负反馈放大器，它为输出级提供所需的推动电压。

输出级是由 T_8～T_{14} 管组成的互补对称功率放大电路。其中，T_{12} 和 T_{13} 组成等效的NPN管，T_8 和 T_{14} 组成等效的PNP管。为了克服交越失真，将 T_{12} 的集电极直流电压通过 R_8 加到 T_8 管和 T_{12} 管的基极。同时，电源电压 E_C 通过 R_9 加到

T_8 管的发射级。并通过 $T_9 \sim T_{11}$ 管加到输出端点 1，以保证加到 T_8、T_{12} 和 T_{13} 管 B，E 间的静态电压大于各管的导通电压，而 T_{14} 管所需的偏置电压则由 T_8 管提供。

功放的主要性能指标有：

(1) 对放大器来说，灵敏度一般指达到额定输出功率或电压时输入端所加信号的电压大小，因此也称为输入灵敏度；对音箱来说，灵敏度是指给音箱施加 1 W 的输入功率，在喇叭正前方 1 米远处能产生多少分贝的声压值。

(2) 阻尼系数。负载阻抗与放大器输出阻抗之比。使用负反的晶体管放大器输出阻抗极低，仅零点几欧姆甚至更小，所以阻尼系数可达数十到数百。

(3) 动态范围。信号最强的部分与最微弱部分之间的电平差.对器材来说，动态范围表示这件器材对强弱信号的兼顾处理能力。

(4) 响应。频率响应简称频响，衡量一件器材对高、中、低各频段信号均匀再现的能力。

(5) 信噪比(S/N)。又称为讯噪比，信号的有用成分与杂音的强弱对比，常常用分贝数表示。设备的信噪比越高表明它产生的杂音越少。

实验内容及步骤

按照图 3.5.4 所示，在图 3.5.3 上连接电路。

1. 测量静态工作点

用万用表测量集成组件各对地电压，并对照 LA4100 内部电路分析测试数据的正确性。

2. 测量功率放大器的性能指标

(1) 测量最大不失真输出功率 P_{omax}。

用 8 Ω(2 W)功率电阻作为负载 R_L，在图 3.5.3 所示电路区域上连接如图 3.5.4所示电路，对电路进行调整与测试。测试前，首先用示波器观察输出电压波形，逐渐增大输入信号 U_i，观察波形无自激振荡方可进行下述测量。

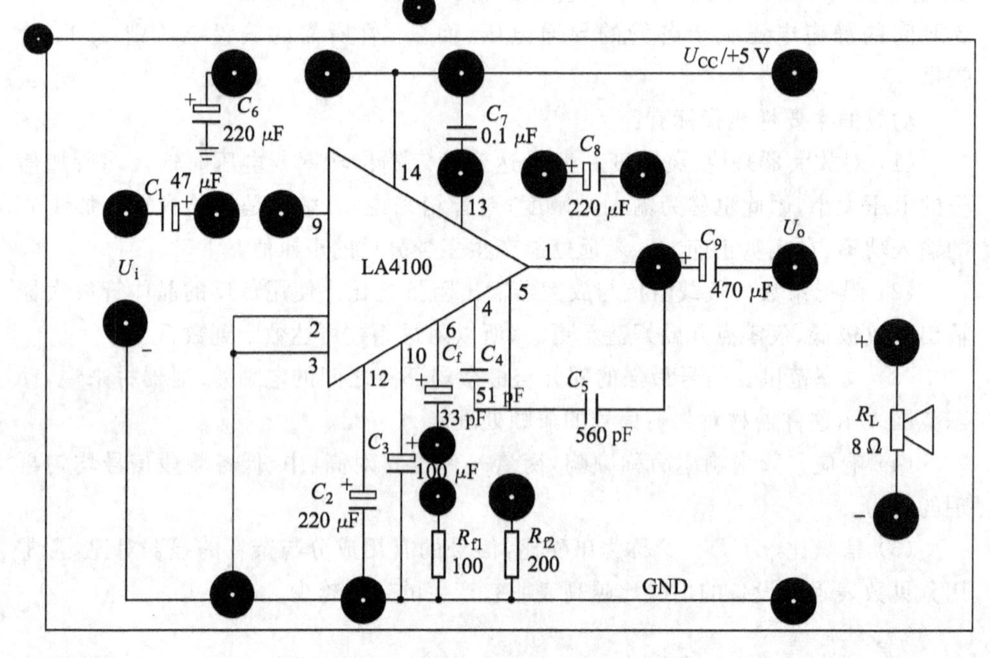

图 3.4.3　集成低频功率放大电路区域

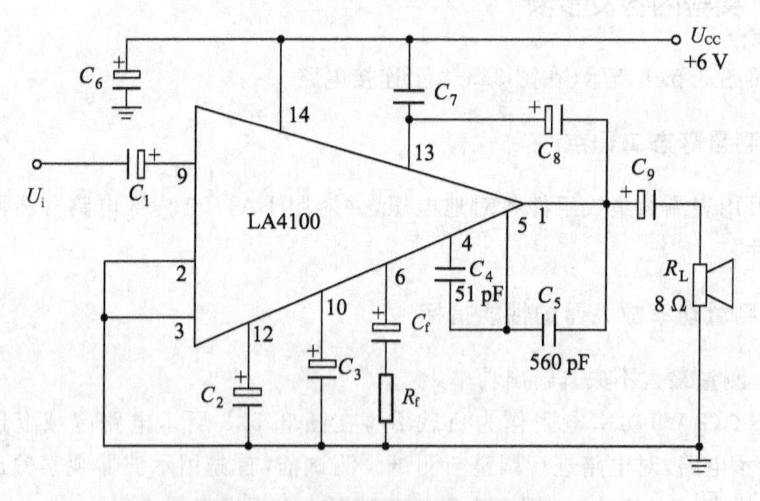

图 3.5.4　集成低频功率放大电路图

提示：函数发生器输出 1 kHz 正弦信号，用示波器观察波形，用交流毫伏表测量输出电压。

$$P_{omax}=\frac{U_{omax}^2}{R_L}\quad (U_{omax}\text{为最大输出正弦波的有效值})$$

$$P_E = I \times U_{CC}, \eta = \frac{P_{omax}}{p_E}$$

(2) 测量电压增益 A_u、输入灵敏度 U_i 和效率 η，调整输入信号 U_i，使得输出功率为 0.5 W，测量 U_i，U_o 和总平均电流 I，计算 A_u 和 η。

(3) 测量输入电阻 R_i 和功率增益 A_p。

提示：$R_i = \frac{U_i}{U_S - U_i} R_S$，$A_P = 10\lg \frac{P_{omax}}{P_i} = 10\lg K_p$。

式中，输出功率 $P_{omax} = U_{o2} R_L$，输入功率 $P_i = U_{iV2} R_i$。

3. 观测反馈深度对增益的影响

在上述测量的基础上，改变 R_f 值为 $2R_f$，测量 A_u' 并与 A_u 比较；若断开 R_f，不接入反馈端元件，用示波器观察将发生什么现象？

4. 观察自举作用

将自举电容 C_8 断开，测量最大不失真输出功率 P_{omax}'，并与 P_{omax} 比较作出理论解释。

5. 测量上、下限截止频率

恢复自举电容元件，自拟数据表格进行测量。

提示：保持输入信号 U_i 恒定，在 20 Hz～40 kHz 频率范围内选 10 个点测量。

6. 试听

用收录机作信号源，功放输出接音箱（R_L 断开），试听放音效果。

预习要求

(1) 复习功率放大器的工作原理。

(2) 查找 LA4100 内部电路，根据电路和 U_{CC} 电压值计算各引脚端直流电位，列表以便与实测值进行比较。

(3) 若将电容 C_7 除去，将会出现什么现象？

(4) 若在无输入信号时，从接在输出端的示波器上观察到频率较高的波形，正常否？如何消除？

实验报告要求

(1) 自拟实验数据表格,列出测量数据并进行计算,分析结果。
(2) 对实验过程中出现的现象(波形、数据)和调测过程进行分析和总结。
(3) 画出实验电路图,并标注元件编号和参数。
(4) 相互交流实验心得与感受。

实验仪器与器材

(1) 二踪示波器,1 台。
(2) 函数发生器,1 台。
(3) 数字万用表,1 台。
(4) 交流毫伏表,1 台。
(5) 万用表,1 台。
(6) 电工电子综合实验箱 YB02-8,1 台。

实验六

【模拟电子技术实验教程】

可调稳压电源

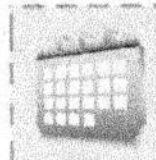

实验目的

(1) 了解集成稳压器扩展性能的方法。

(2) 研究可调集成稳压器的特点和性能指标的测试方法。

实验原理

1. 集成稳压器扩展电流

当负载所需电流大于集成稳压器输出电流时,采用外接功率管 V 的方法,可以扩展输出电流,如图 3.6.1 所示。

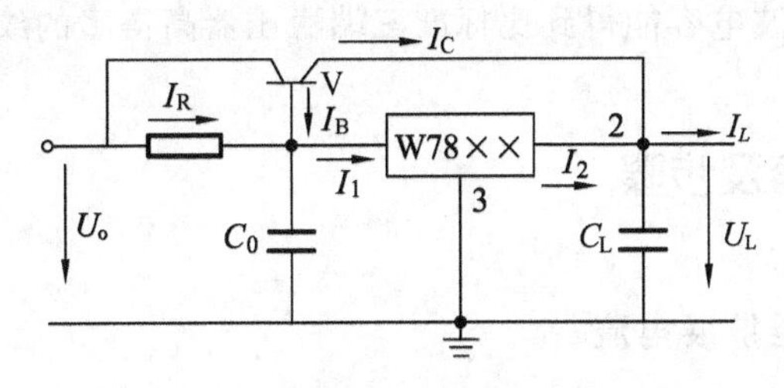

图 3.6.1　集成稳压器扩展电流电路图

从图 3.6.1 中可知,输出电流 $I_L = I_2 + I_C$。式中,I_2 是稳压管输出电流;I_C 是功率管的集电极电流。

当省去稳压管的静态电流 I_Q 时,有

$$I_2 \approx I_1 = I_R + I_B = -\frac{U_{BE}}{R} + \frac{I_C}{\beta};R = \frac{-U_{BE}}{I_1 - \frac{I_C}{\beta}}$$

只有输出电流较大，且电阻 R 上的压降达到了 U_{BE} 导通值时，功率管才导通，提供较大的输出电流。

2. 可调稳压电源电路

LM317 有 3 个引出脚，1 脚调整端，2 脚输出端，3 脚输入端，如图 3.6.2 所示。其内阻小，电压稳定，噪音极低，输出纹波小(输出端仅用 100 μF，能有效地保证 NE5532 和 NE5535 等音响电路的高度稳定工作，提高瞬间特性和高频特性)。

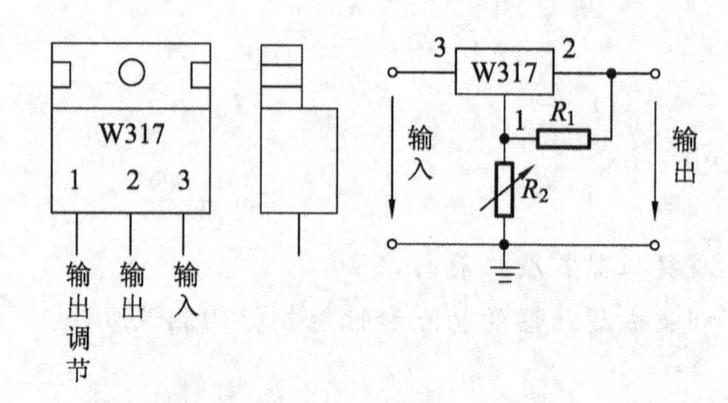

图 3.6.2 W317 外形及接线图

输出电压公式：$U_o \approx 1.25\left(1+\dfrac{R_2}{R_1}\right)$。

最大输出电压：$U_{im}=40$ V。

输出电压范围：$U_o=1.2\sim37$ V。

最大负载电流：$I_{Lm}=1.5$ A。

调整端使用滤波电容能得到比标准三端稳压器高得多的纹波抑制比。

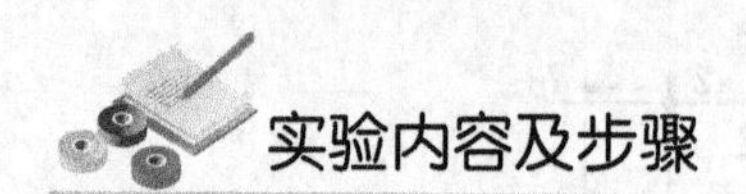

实验内容及步骤

1. 集成稳压器扩展电流

(1) 观测桥式整流滤波电路。用示波器观察波形，并测量输出电压 U_o。

(2) 按照图 3.6.1 所示，选择稳压管 W7812，完善电路其他元件参数，接入桥式整流滤波电路，测量集成稳压电路的主要性能参数：稳压系数 S_r、电流调整率 S_I、输出电阻 R_o、纹波抑制能力 S_R 及最大输出电流 I_{Lmax}。

(3) 按照图 3.6.3 所示，设计完善电路，测量集成稳压电路的主要性能参数：稳压系数 S_r、电流调整率 S_I、输出电阻 R_o、纹波抑制能力 S_R 及最大输出电流 I_{Lmax}。

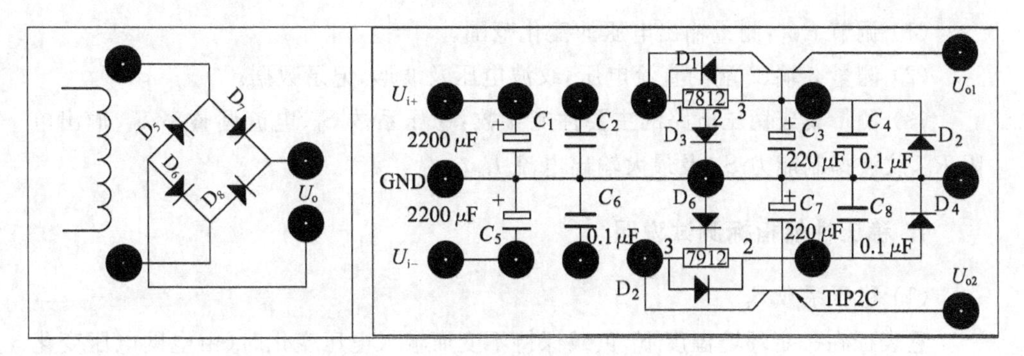

图 3.6.3 集成稳压器扩展电流电路

2. 可调稳压电源电路

如图 3.6.4 和图 3.6.5 所示连接电路。

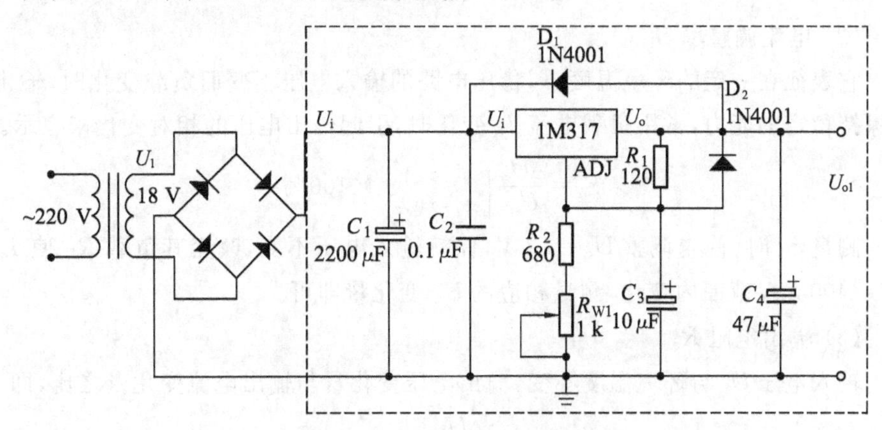

图 3.6.4 可调稳压电源电路图

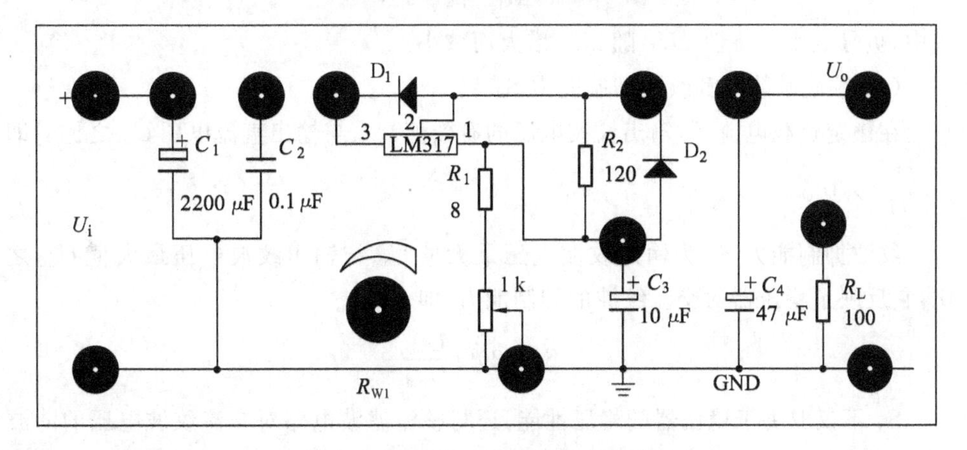

图 3.6.5 可调稳压电源电路接线图

(1) 调节 R_{W1},测量输出电压的变化范围。

(2) 测量 3 端、2 端的直流电压,纹波电压及波形,记录数据。

(3) 测量集成稳压电路的主要性能参数:稳压系数 S_r、电流调整率 S_I、输出电阻 R_o、纹波抑制能力 S_R 及最大输出电流 I_{Lmax}。

4. 稳压性能指标测试说明

(1) 稳压系数 S_r

它表征在一定环境温度下,负载保持不变而输入电压变化时(由电网电压变化所致)引起输出电压的相对变化量。以输出电压的相对变化量与输入电压的相对变化量的百分比来表示,即

$$S_r=\left.\frac{\Delta U_o/U_o}{\Delta U_i/U_i}\right|_{\Delta I_o=0,\Delta T=0}\times 100\%$$

(2) 电流调整率 S_I

它表征在一定的环境温度下,稳压电路的输入电压不变而负载变化时,输出电压保持稳定的能力,常用负载电流 I_o 变化时,引起输出电压的相对变化来表示。

$$S_I=\left.\frac{\Delta U_o}{U_o}\right|_{\Delta U_i=0,\Delta T=0}\times 100\%$$

测量 S_I 时,首先调整 $U_o=12$ V,保持输入电压不变,改变其负载 R_L 使 I_o 在 100~400 mA 范围内变化,测量相应的 U_o 变化量即可。

(3) 输出电阻 R_o

输入电压 U_i 与环境温度不变,输出电压变化量与输出电流变化量之比,即

$$R_o=\left.\frac{-\Delta U_L}{\Delta I_L}\right|_{\Delta U_i=0,\Delta T=0}$$

式中,负号表示外特性 ΔU_L 随 ΔI_L 增大而减小。

(4) 纹波系数 γ 和纹波抑制能力 S_R

在额定负载电流下,输出纹波电压的有效值 U_{rms} 与输出直流电压 U_o 之比。即 $\gamma=\frac{U_{rms}}{U_o}\times 100\%$。

纹波抑制能力 S_R 为输入纹波电压最大值 U_{im} 与输出纹波电压最大值 U_{om} 之比,它反映了稳压器对交流纹波的抑制能力,即

$$S_R=20\lg\frac{U_{im}}{U_{om}}$$

S_R 不仅取决于稳压器的稳压性能,还与整流滤波电路对交流纹波电压的滤波能力有关,故此滤波电容必须有足够大的容量。

预习要求

(1) 复习有关稳压电源的工作原理及三端稳压器的使用方法。
(2) 预习稳压电源主要性能指标及其测试方法。

实验报告要求

(1) 简述实验电路的工作原理,画出电路并标注元件编号和参数值。
(2) 自拟表格整理实验数据,与理论值进行比较分析讨论。

实验仪器与器材

(1) 二踪示波器,1 台。
(2) 函数发生器,1 台。
(3) 数字万用表,1 台。
(4) 交流毫伏表,1 台。
(5) 万用表,1 台。
(6) 电工电子综合实验箱 YB02-8,1 台。

实验七

【模拟电子技术实验教程】

峰值检波器的设计

实验目的

(1) 熟悉集成运放的非线性工作状态。

(2) 掌握集成运放在数字电路、自动控制等领域的应用。

实验原理

在认真学习掌握了实验四"精密整流电路"的内容之后,在此基础上进行峰值检波器的设计。峰值检波器的输出可以跟踪输入信号的峰值,并保持峰值直到复位信号到来为止,或者输入信号终止后,其输出通过放电电阻缓慢放电。

1. 简易峰值检波器

该电路如图 3.7.1 所示。对于图 3.7.1 a,当 $U_i<0$ 时,VD 导通,输出跟随输入信号的变化而变化,电容 C_1 充电。当输入信号到达最大值后逐步减小,输出信号也随之减小,从而使得 VD 截止;而已经储存电能的电容 C_1 通过电阻 R_3 开始缓慢放电。图 3.7.1 b 的工作原理和图 3.7.1 a 相似。电容 C_1 从 0 V 充电到指定值所需要的时间被称为捕获时间 t。

电路中基本关系如下:$t=\dfrac{U_p}{I_{omax}/C_1}$;

电压变化率 $S_R\geqslant\dfrac{I_{omax}}{C_1}$ (V/s);

$S_R>\dfrac{\Delta U_i}{\Delta t}, R_1=R_2$;

$t_{-10}=2.3R_3C_1$;

$t_{-1}=4.6R_3C_1$；

$t_{-0.1}=6.9R_3C_1$。

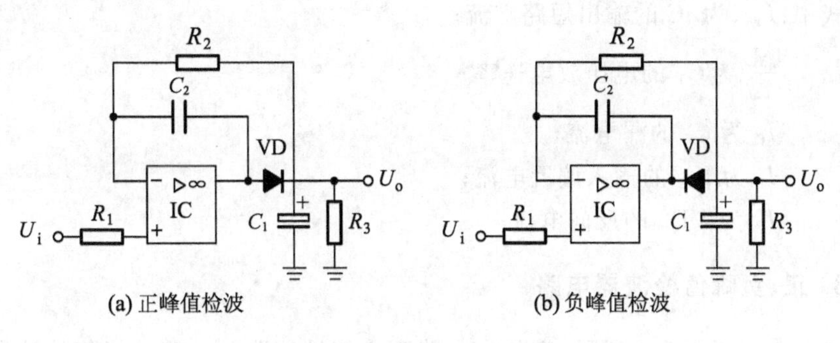

图 3.7.1　简易峰值检波器电路

式中：I_{omax} 为 IC 的输出短路电流；

t_{-10} 为 C_1 的电压降低 90% 所需的时间；

t_{-1} 为 C_1 的电压降低 99% 所需的时间；

$t_{-0.1}$ 为 C_1 的电压降低 99.9% 所需的时间；

ΔU_i 为输入信号的最大值与 0 V 的差值；

Δt 为输入信号从 0 V 到最大值所需的时间与最大值持续的时间之和。

2. 同相型缓冲峰值检波器

该电路如图 3.7.2 所示。其工作原理同实验四“精密整流电路”。

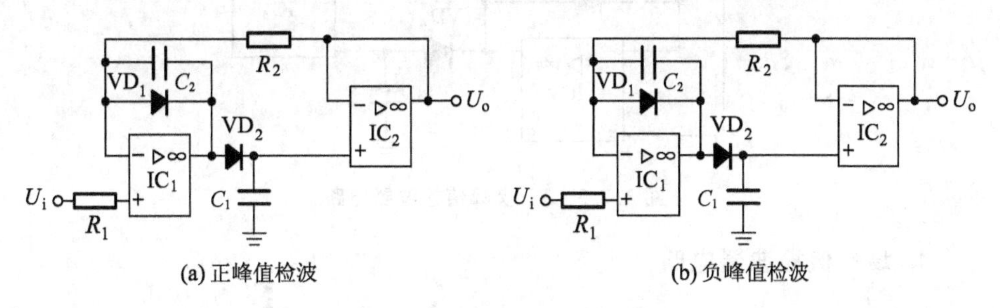

图 3.7.2　同相型缓冲峰值检波器

电路中基本关系如下：

电压变化率 $S_R > \dfrac{I_{omax}}{C_1}$（V/s）；

$S_R > \dfrac{\Delta U_i}{\Delta t}$；

$R_1 = R_2$；

$$\frac{\Delta U}{\Delta t}=\frac{I_C+I_{IB}+I_R}{C_1}\ (\mathrm{V/s})。$$

式中：I_{omax}为 IC 的输出短路电流；

$\frac{\Delta U}{\Delta t}$为 C_1 的电压放电速率；

I_C 为 C_1 的漏电流；

I_{IB}为 IC_2 的输入偏置电流；

I_R 为 VD2 的反向电流。

3. 正、负峰值检波器电路

该电路如图 3.7.3 所示，它是由一路正峰值检波器和一路负峰值检波器组成的。其工作原理和同相型缓冲峰值检波器一样。

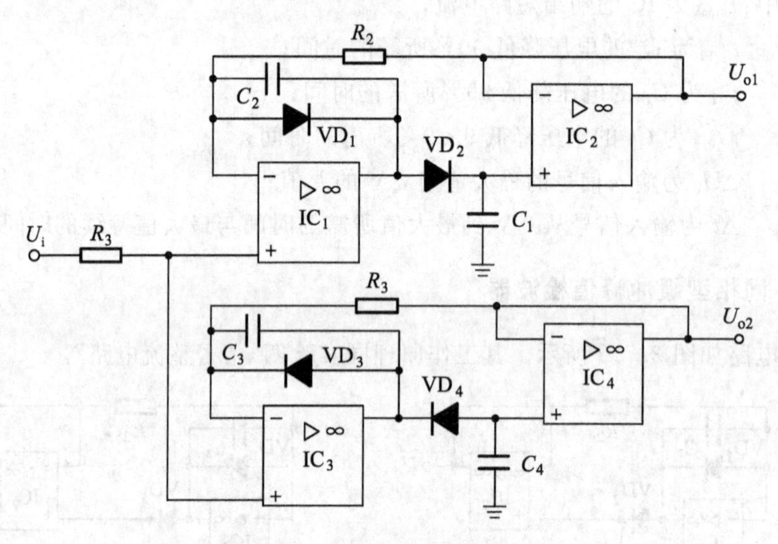

图 3.7.3 正、负峰值检波器电路

4. 峰峰值检波器电路

该电路如图 3.7.4 所示，它是在正、负峰值检波器电路基础上加了一级差动放大电路组成的。其工作原理同前面分析。图 3.7.4 中，IC_3 功能既作差动放大器又作低通滤波器。

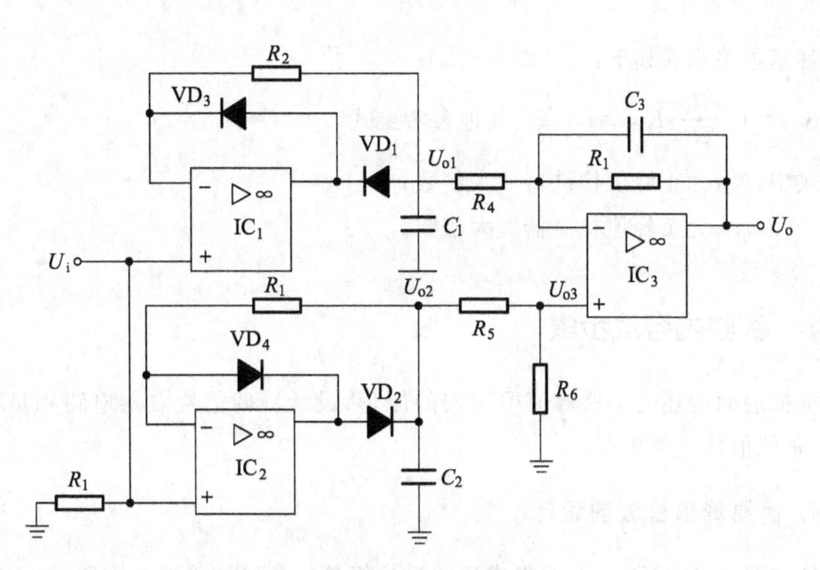

图 3.7.4 峰峰值检波器电路

5. 具有增益的正、负峰值检波电路

该电路如图 3.7.5 所示，它是由一路正峰值高速型峰值检波器电路和一路负峰值高速型峰值检波器电路组成的。主要用于窄脉冲的峰值检波。图 3.7.5 中 R_{P1} 和 R_{P2} 电阻的作用是输出平稳，一般取值 100 Ω。

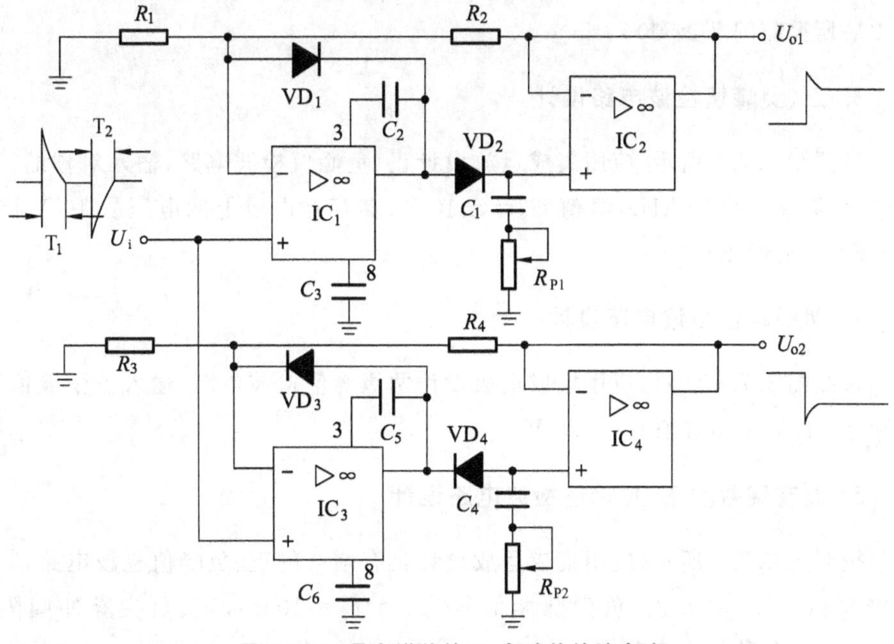

图 3.7.5 具有增益的正、负峰值检波电路

其基本关系式如下：

$K_{F1}=1+\frac{R_2}{R_1}$；$K_{F2}=1+\frac{R_4}{R_3}$；其他参考上式。

式中：K_{F1}为正峰值检波器放大倍数；

K_{F2}为负峰值检波器放大倍数。

实验内容及步骤

根据前面讲述的一些峰值检波器的原理，设计峰峰值检波器电路和具有增益的正、负峰值检波器电路。

1. 简易峰值检波器设计

按照图 3.7.1 所示，应用集成运放设计简单的负峰值检波器电路，输入脉冲信号，频率 $F=1$ kHz，脉宽(T_1)为 10 μs、峰值 U_p 为 10 V。

2. 同相型缓冲峰值检波器设计

按照图 3.7.2 所示，应用集成运放设计同相缓冲负峰值检波器电路，输入对称的三角波信号，频率 $f=1$ kHz，峰值 $U_p=\pm10$ V；储存在电容上的电压从 10 V 降到 1 V 所需时间 $T\geqslant500$ s。

3. 正、负峰值检波电路设计

按照图 3.7.3 所示，应用集成运放设计正、负峰值检波电路，输入对称的三角波信号，频率 $f=40$ kHz，峰值 $U_p=\pm10$ V；储存在电容上的电压从 10 V 降到 0.1 V所需时间 $\Delta T\geqslant1$ s。

4. 两级峰值检波电路设计

按照图 3.7.4 所示，应用集成运放设计两级峰值检波电路，输入正弦波信号，频率 $f=100$ kHz，峰值 $U_{pp}=20$ V。

5. 具有增益的正、负峰值检波电路设计

按照图 3.7.5 所示，应用集成运放设计具有增益的正、负峰值检波电路，其放大倍数 $A_u=2$，输入正、负尖脉冲信号，$T_1=T_2=10$ ns，正、负尖脉冲间隔为 0.5 ms，正、负脉冲峰值 $U_p=\pm10$ V。

预习要求

(1) 熟悉精密整流电路的组成、工作原理及其参数估算，考虑如何测量其电压传输特性。

(2) 预习整流电路的主要性能指标及其测试方法。

实验报告要求

(1) 简述各种检波器电路的工作原理，画出电路并标注元件编号和参数值。

(2) 自拟表格整理实验数据，与理论值进行比较分析讨论。

实验仪器与器材

(1) 二踪示波器，1 台。

(2) 函数发生器，1 台。

(3) 数字万用表，1 台。

(4) 交流毫伏表，1 台。

(5) 万用表，1 台。

(6) 电工电子综合实验箱 YB02-8，1 台。

实验八

【模拟电子技术实验教程】

电容、电感变换电路的设计

实验目的

(1) 熟悉集成运放的线性工作状态。

(2) 掌握各种集成运放的主要参数、工作原理并能熟练应用。

实验原理

所谓阻抗变换,就是通过集成运放和 R,C 无源元件的组合,可以将实体电容、电感的容量等效或增加 n 倍。

1. 同相端电容倍增器电路

如图 3.8.1 a 所示,该电路可将电容 C 的容量等效增加 n 倍,被称作同相端电容倍增器。等效电路(见图 3.8.1 b)的 Q 值较低。

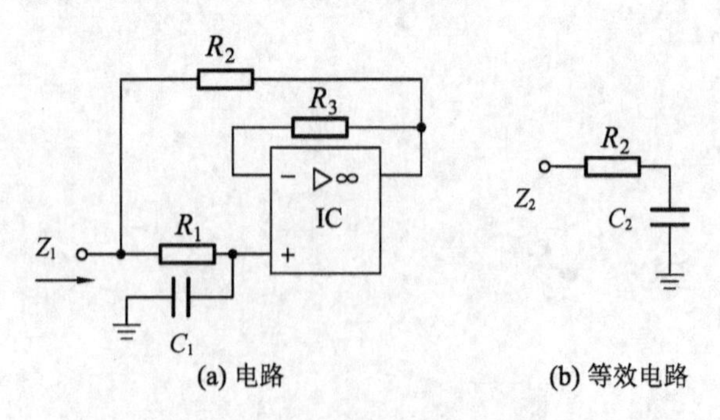

图 3.8.1 同相端电容倍增器

经对电路中的电流分析，可得

$$R_2=R_3\,;C_2=\frac{R_1C_1}{R_2}$$

2. 输出端电容倍增器电路

输出端电容倍增器如图 3.8.2a 所示。

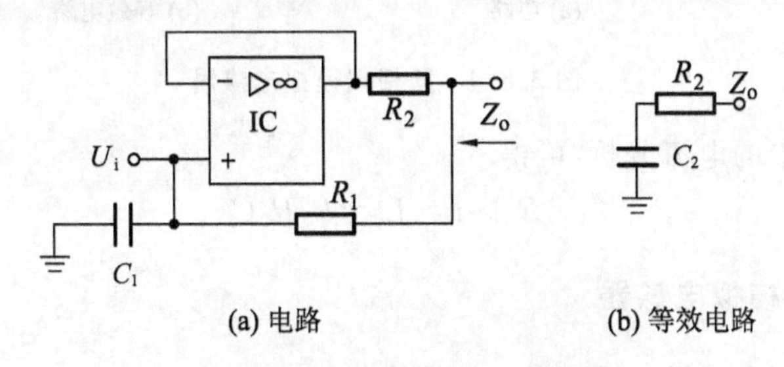

图 3.8.2　输出端电容倍增器

经对电路中的电流分析，可得

$$R_1\gg R_2\,,R_1\gg\frac{1}{\omega C_1}\,,C_2=\frac{R_1C_1}{R_2}$$

3. 可调式电容倍增器

输出端电容倍增器如图 3.8.3 所示。电位器 R_P 的作用是调节电容的倍增系数，由 A_1 组成的跟随器，起缓冲作用，以消除调整时对 C_i 的影响。

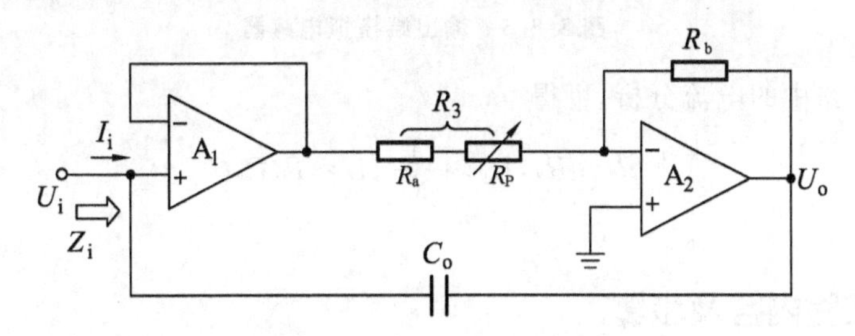

图 3.8.3　可调式电容倍增器

经对电路中的电流分析，可得

$$C_i=C_0\left(1+\frac{R_b}{R_a}\right)$$

该电路突出的优点是通过改变电阻就可以得到任意大的电容值。

4. 同相端模拟电感器

同相端模拟电感器（见图 3.8.4）可获得等效电感。该电路可以取代滤波电路和调谐电路中的电感。

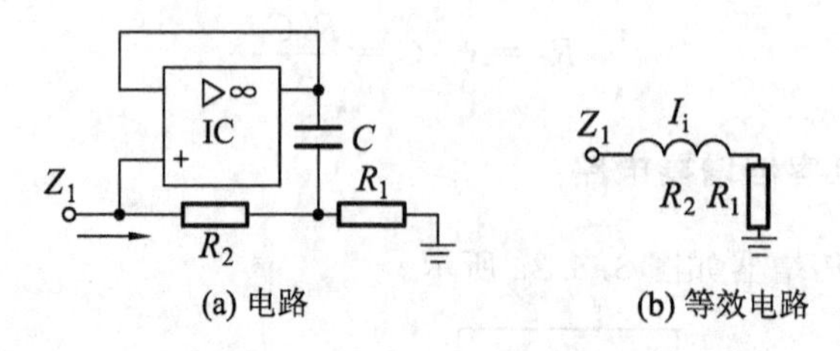

(a) 电路　　(b) 等效电路

图 3.8.4　同相端模拟电感器

经对电路中的电流分析，可得

$$R_1 \gg R_2, L_o = R_1 R_2 C$$

5. 输出端模拟电感器

输出端模拟电感器如图 3.8.5 a 所示。

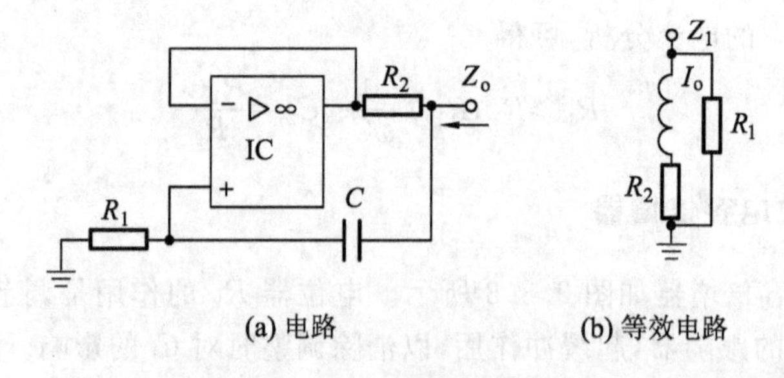

(a) 电路　　(b) 等效电路

图 3.8.5　输出端模拟电感器

经对电路中的电流分析，可得

$$R_1 \gg R_2, R_1 \gg \frac{1}{\omega C_1}, L_i \approx R_1 R_2 C$$

1. 同相端电容倍增器设计

按照图 3.8.1 所示，应用集成运放设计一个同相端电容倍增器电路，从输入端看进去，等效电容 $C_2 = 100\ \mu F$。选取合理的 IC、电容 C_1、电阻 R_1，R_2，R_3。

2. 输出端电容倍增器设计

按照图 3.8.2 所示，应用集成运放设计一个输出端电容倍增器电路，从输出端看进去，等效电容 $C_2=200\ \mu F$，输入 $f=1$ kHz 的信号。选取合理的 IC、电容 C_1、电阻 R_1，R_2。

3. 可调式电容倍增器设计

按照图 3.8.3 所示，应用集成运放设计一个可调式电容倍增器电路，使得 C_i 的可调范围为 $0.1\sim3.3\ \mu F$。选取合理的 IC_1 和 IC_2、电容 C_o、电阻 R_a，R_b，R_p。

4. 同相端模拟电感器设计

按照图 3.8.4 所示，应用集成运放设计一个同相端模拟电感器电路，从同相端看进去的等效电感 $L_i=470$ H。选取合理的 IC、电容 C、电阻 R_1，R_2。

5. 输出端模拟电感器设计

按照图 3.8.5 所示，应用集成运放设计一个输出端模拟电感器电路，从输出端看进去的等效电感 $L_o=12$ H，工作频率 $f=1$ kHz。选取合理的 IC、电容 C、电阻 R_1，R_2。

预习要求

(1) 预习各种集成运算电路的组成、工作原理及其参数估算。

(2) 预习电容、电感在滤波电路中的主要性能指标及其测试方法。

实验报告要求

(1) 简述各种电容、电感电路的工作原理，画出电路并标注元件编号和参数值。

(2) 自拟表格整理实验数据，与理论值进行比较分析讨论。

实验仪器与器材

(1) 二踪示波器，1 台。

(2) 函数发生器，1 台。

(3) 数字万用表，1 台。

(4) 交流毫伏表，1 台。

(5) 万用表，1 台。

(6) 电工电子综合实验箱 YB02-8，1 台。

附录一

【模拟电子技术实验教程】

26个典型电子应用电路

1. 简单电感测量电路

该电路功能：以谐振方法测量电感值，测量下限为 10 nH，测量范围较宽。

其工作原理：如图 1.1 所示，该电路的核心器件是集成压控振荡器芯片 MC1648，利用其压控特性在输出 3 脚产生频率信号，可间接测量待测电感 L_x 值，测量精度极高。

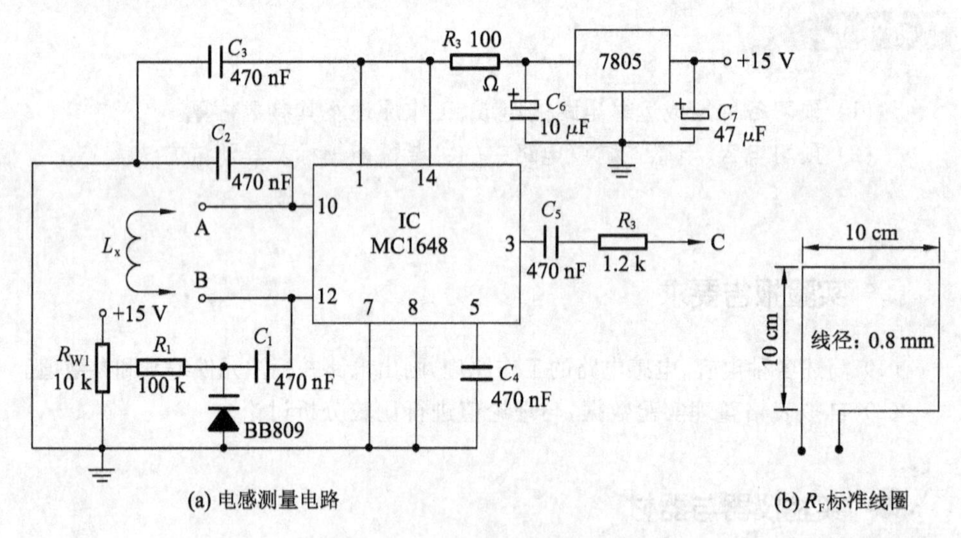

(a) 电感测量电路　　(b) R_F 标准线圈

附图 1.1　简单电感测量电路图

BB809 是变容二极管，图 1.1 中电位器 R_{W1} 对＋15 V 进行分压，调节该电位器可获得不同的电压输出，该电压通过 R_1 加到变容二极管 BB809 上可获得不同的电容量。测量被测电感 L_x 时，只需将 L_x 接到 A，B 两点中，然后调节电位器 R_{W1} 使电路谐振，在 MC1648 的 3 脚会输出一定频率的振荡信号，用频率计测量 C 点的频率值，就可通过计算得出 L_x 值。

电路谐振频率 $f_0=\frac{1}{2\pi}\sqrt{L_xC}$，所以 $L_x=\frac{1}{4}\pi^2 f_0^2 C$。

式中，谐振频率 f_0 即为 MC1648 的 3 脚输出频率值，C 是电位器 R_{W1} 调定的变容二极管的电容值。可见，要计算 L_x 的值还需先知道 C 值。为此需要对电位器 VR_1 刻度与变容二极管的对应值作出校准。

为了校准变容二极管与电位器之间的电容量，要再自制一个标准的方形 R_F(射频)电感线圈 L_0，如图 1.1 b 所示。该标准线圈电感量为 0.44 μH。校准时，将 R_F 线圈 L_0 接在图 1.1 a 的 A，B 两端，调节电位器 R_{W1} 至不同的刻度位置，在点 C 可测量出相对应的测量值，再根据谐振公式可算出变容二极管在电位器 VR_1 刻度盘不同刻度的电容量。表 1.1 给出了实测取样对应关系。

附表 1.1　实测取样对应关系

振荡频率(MHz)	98	76	62	53	43	38	34
变容二极管 C 值	6	10	15	20	30	40	50

元件选择：集成电路 IC 可选择 Motoroia 公司的 VCO(压控振荡器)芯片，VR_1 选择多圈高精度电位器，其他正常选取。

若被测电感固定，该电路可变为一个可调频率的信号发生器。

2. 市电电压双向越限报警电路

该电路功能：在高于或低于市电规定电压值时，进行声光报警，同时自动切断外接市电电源，保护家用电器。

其工作原理：如图 1.2 所示，市电电压一路由 C_3 降压，DW 稳压，VD_6，VD_7，C_2 整流滤波输出 12 V 稳定的直流电压供给电路。另一路由 VD_1 整流、R_1 降压、C_1 滤波，在 R_{W1} 和 R_{W2} 上产生约 10.5 V 电压检测市电电压变化输入信号。门 IC1A 和 IC1B 组成过压检测电路，IC1C 为欠压检测，IC1D 为开关，IC1E 和 IC1F 及压电陶瓷片 YD 等组成音频脉冲振荡器。三极管 VT 和继电器 J 等组成保护动作电路。红色 LED_1 作市电过压指示，绿色管 LED_2 作市电欠压指示。

市电正常时，非 IC1A 输出高电平，IC1B 和 IC1C 输出低电平，LED_1 和 LED_2 均截止不发光，VT 截止，J 不动作，电器正常供电，此时点 B 为高电平，IC1D 输出低电平，VD_5 导通，点 C 为低电平，音频脉冲振荡器停振，YD 不发声。当市电过压或欠压时，IC1B，IC1C 其中有一个输出高电平，使点 A 变为高电位，VT 饱和导通，J 通电吸合，断开电器电源，此时点 B 变为低电位，IC1D 输出高电平，VD_5 截止，反向电阻很大，相当于开路，音频脉冲振荡器起振，YD 发出报警声，同时相应的发光二极管发光指示。

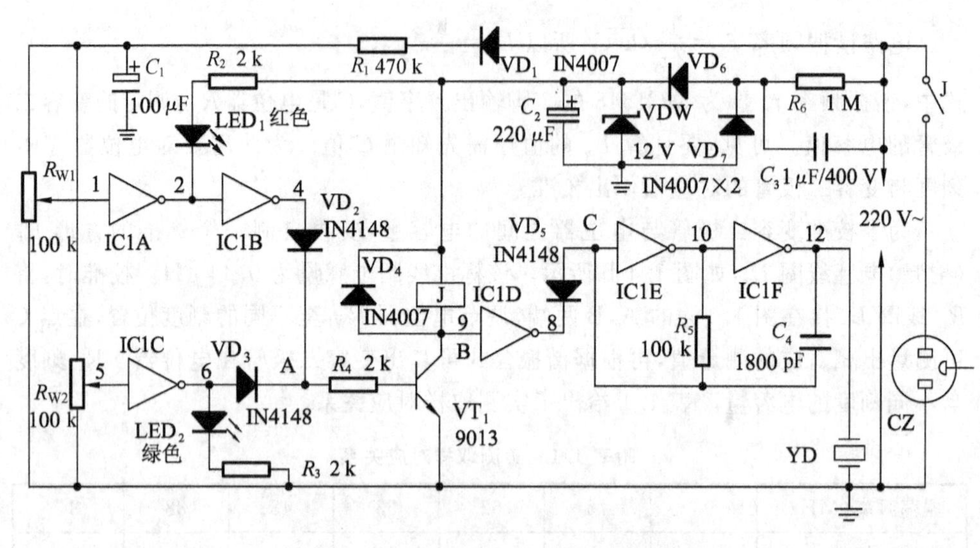

附图 1.2 市电电压双向越限报警电路

元件选择：反相器选集成芯片 74LS04，二极管选 IN3064，电容选铝电解电容系列，耐压 400 V，稳压管选 W7812，继电器 J 一般选 6 V 直流继电器，电阻选常用 1/4 W 碳膜电阻系列。

调试方法：用调压器作为市电供电，一白炽灯作为负载，LED_1 和 LED 2 作为报警信号灯，调节 R_{W1} 和 R_{W2}，使得市电达到上限值或下限值，LED_1 和 LED_2 灯亮，白炽灯灭，调试成功。同时蜂鸣器鸣叫。

3. 家用电器过压自动断电电路

该电路功能：过压自动断电。

其工作原理：如图 1.3 所示，220 V 市电经 C_1，VD_1，DW_1 为开关集成电路提供稳定的 12 V 工作电压，VD_3，R_2，R_W 构成分压采样电路。当市电电压正常时，DW_2 不能导通，TWH8778 第 5 脚工作电压低于 1.6 V，继电器 J 不吸合，市电经 J-1 常闭触点为 CZ 插座正常供电；当市电电压高出正常置时，DW_2 击穿导通，TWH8778 第 5 脚电位上升到 1.6 V，使 IC 翻转，第 3 脚输出高电平，继电器吸合，用电器供电立即切断，从而避免了因过压给用电器带来的危害。

元件选择：C_1 选用 0.47 μF/400 V 的电解电容，继电器 J 选用 6 V 直流接触器，R_W 选用普通微调电位器，芯片 IC 可用 TWH8778 型电子开关或 TWH8752 型电子开关。

调试方法：将市电接至调压器的输入端，配合调压器并仔细调节 R_W，使继电器 J 在电压为 250 V 时吸合，然后将该电路接入市电电网。

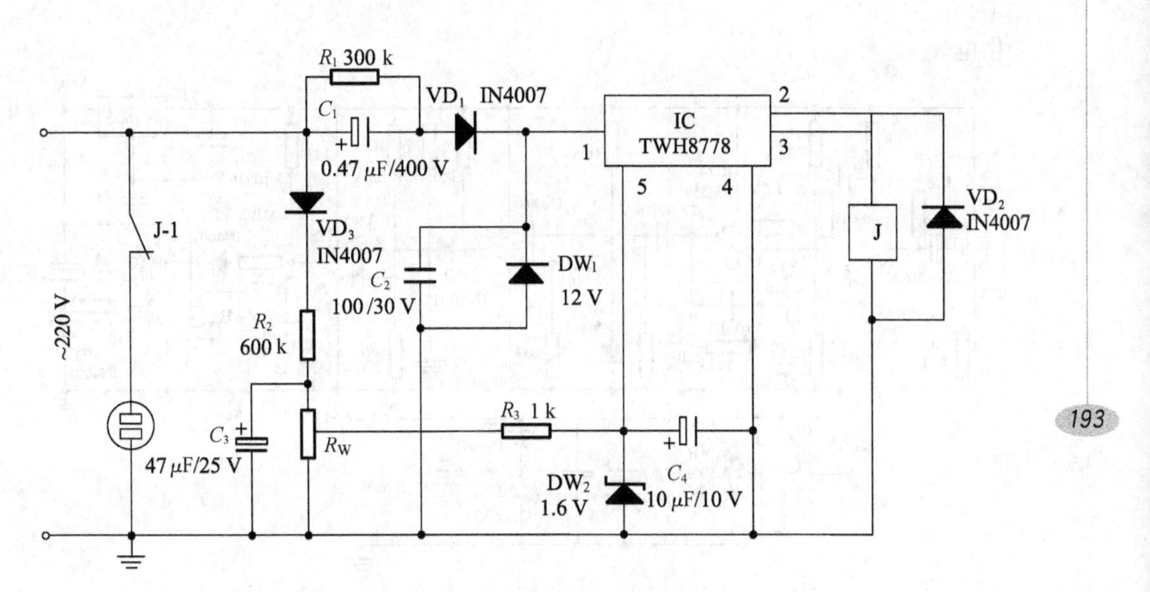

附图 1.3　家用电器过压自动断电电路

4. 红外线探测防盗报警电路

该电路功能：能探测人体发出的红外线，当人体进入报警器的监视区域，就发出报警声。

其工作原理：如图 1.4 所示，该装置由红外线传感器、信号放大电路、电压比较器、延时电路和音响报警电路等组成。红外线探测传感器 IC_1 探测到前方人体辐射出的红外线信号时，由 IC_1 的 2 脚输出微弱的电信号，经三极管 VT_1 等组成第一级放大电路放大，再通过 C_2 输入到运算放大器 IC_2 中进行高增益、低噪声放大，此时由 $IC_2$1 脚输出的信号已足够强。IC_3 作电压比较器，它的第 5 脚由 R_{10} 和 VD_1 提供基准电压，当 $IC_2$1 脚输出的信号电压到达 IC_3 的 6 脚时，两个输入端的电压进行比较，此时 IC_3 的 7 脚由原来的高电平变为低电平。IC_4 为报警延时电路，R_{14} 和 C_6 组成延时电路，其时间约为 1 分钟。当 IC_3 的 7 脚变为低电平时，C_6 通过 VD_2 放电，此时 IC_4 的 2 脚变为低电平，它与 IC_4 的 3 脚基准电压进行比较，当它低于其基准电压时，IC_4 的 1 脚变为高电平，VT_2 导通，讯响器 BL 通电发出报警声。人体的红外线信号消失后，IC_3 的 7 脚又恢复高电平输出，此时 VD_2 截止。由于 C_6 两端的电压不能突变，故通过 R_{14} 向 C_6 缓慢充电，当 C_6 两端的电压高于其基准电压时，IC_4 的 1 脚才变为低电平，时间约为 1 分钟，即持续 1 分钟报警。

由 VT_3，R_{20}，C_8 组成开机延迟电路，时间约为 1 分钟，它的功能是让开机者有时间离开监控区域，防止开机后立即报警，同时还防止了停电间隙产生的误报。电源采用全桥式整流电路整流，输出电压为 9～12 V，检测电路采用 W7806 输出电压供电。

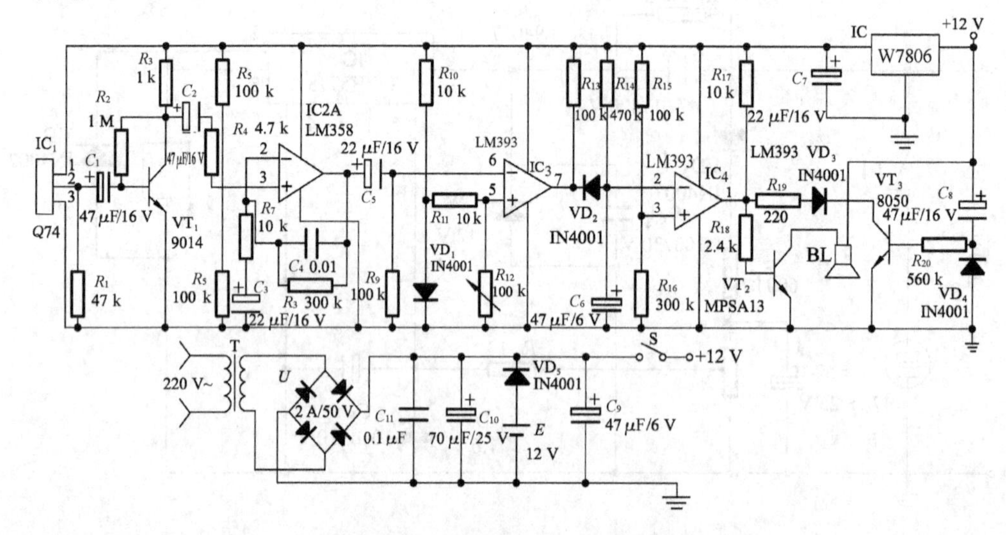

附图 1.4　红外线探测防盗报警电路

元件选择：IC_1 传感器采用 Q74，波长为 9～10 μm；IC_2 选运放 LM358，具有高增益、低功耗；IC_3，IC_4 选电压比较器 LM393，低功耗、低失调电压；C_2，C_5 选漏电极小的钽电容；R_{12}选线性高精度密封性的电阻；其他元件正常选取即可。

调试方法：，在 IC_1 传感器的端面前安装菲涅尔透镜，因为人体的活动频率范围为 0.1～10 Hz，需要用菲涅尔透镜对人体活动频率倍增。安装无误，接上电源进行调试，让一个人在探测器前方 7～10 m 处走动，调整电路中的 R_{12}，使讯响器报警即可。其他部分只要元器件质量良好且焊接无误，几乎不用调试即可正常工作。本机静态工作电流约 10 mA，接通电源约 1 分钟后进入守候状态，只要有人进入监视区便会报警，人离开后约 1 分钟停止报警。如果将讯响器改为继电器驱动其他装置即作为其他控制用。

5. 高响度警音发生器电路

该电路主要特点：结构简单，工作性能稳定。

其工作原理如下：如图 1.5 所示，电路主要由发声集成电路 KD-9561 和开关集成电路 TWH8778 组成，KD-9561 输出的警音信号，经 TWH8778 处理放大后，推动扬声器发出洪亮的报警声。

元件选择：IC_1 选发声集成电路 KD9561 系列，IC_2 选开关集成电路 TWH8778，当电源电压为 12 V 时，喇叭 BL 选 8 Ω，3 W 以上的扬声器，限流电阻 R_1 的阻值为 300～510 Ω，D_2 选 3 V 稳压管，D_1 为电路保护二极管，选 IN4001。

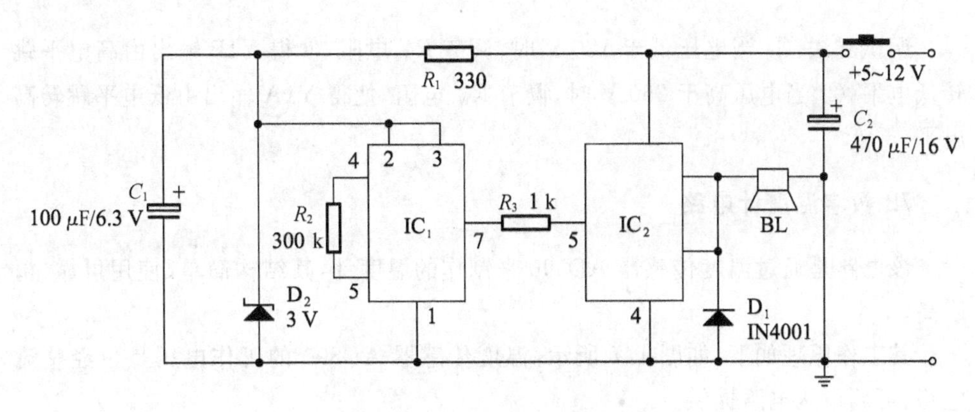

附图 1.5　高响度警音发生器电路

6. 电源欠压过压报警保护电路

该电路功能：当电压低于 180 V 或高于 250 V 时，可进行声光报警。当外接交流接触器时，可自动切断外接的电源，保护家用电器。

其工作原理如下：如图 1.6 所示，外接电源电压正常时，Y1A 输出高电平，Y1B 输出低电平，发光二极管 LED 及 Y1C、Y1D、扬声器、继电器 J_1 都不工作；当电压低于 180 V 或高于 250 V 时，Y1B 输出高电平，发光二极管 LED 亮了、扬声器发出蜂鸣声、继电器 J_1 工作，切断外接的电源。

元件选择：正常选取。

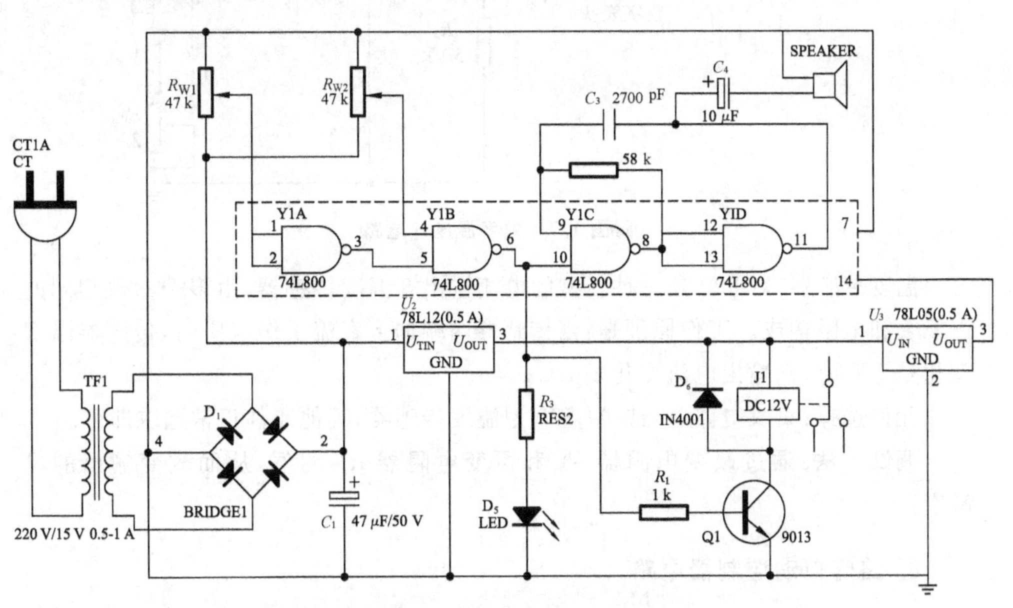

附图 1.6　电源欠压过压报警保护电路

调试方法：① 当电压低于 180 V 时，调节 R_{W2} 电阻，使得 Y1B 输出由高电平跳转低电平；② 当电压高于 250 V 时，调节 R_{W1} 电阻，使得 Y1A 输出由低电平跳转高电平。

7. 数字温度计电路

该电路是通过温度传感器 AD590 来制作的温度计，其结构简单、使用可靠、精度高。

其工作原理如下：如图 1.7 所示，温度传感器 AD590 的工作电压是由经整流电路、可调稳压电路提供。

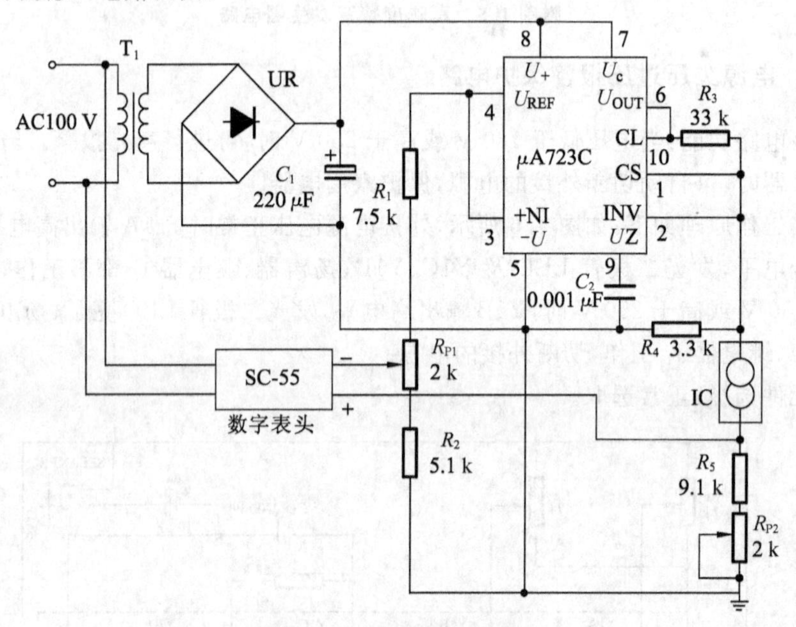

附图 1.7　数字温度计电路

温度传感器 AD590 是一种新型的电流输出 3 温度传感器，由多个参数相同的三极管和电阻构成。工作原理是：当传感器两端加上直流工作电压时，传感器温度变化是 1 ℃时，则输出电流变化 1 μA。

元件选择：集成电路 IC 选 AD590 型温度传感器，其他元件正常选取即可。

调试方法：通过改变电阻器 R_5 和可变电阻器 R_{P2} 的值，从而改变输出的灵敏度。

8. 路灯自动控制器电路

该电路功能：路灯白天不工作，夜晚自动点亮。

其工作原理：如图 1.8 所示。整流电路输出 12 V 电压作为光控电路的工作电源。光敏电阻器 R_G 在白天受光照射而呈低阻状态，IC 的 2 脚和 4 脚均为高电平，电子开关处于截止状态，继电器 K 不工作，路灯不亮；在夜晚，则相反，继电器 K 动作，路灯亮；可调电阻 R_P 可改变光控的灵敏度；

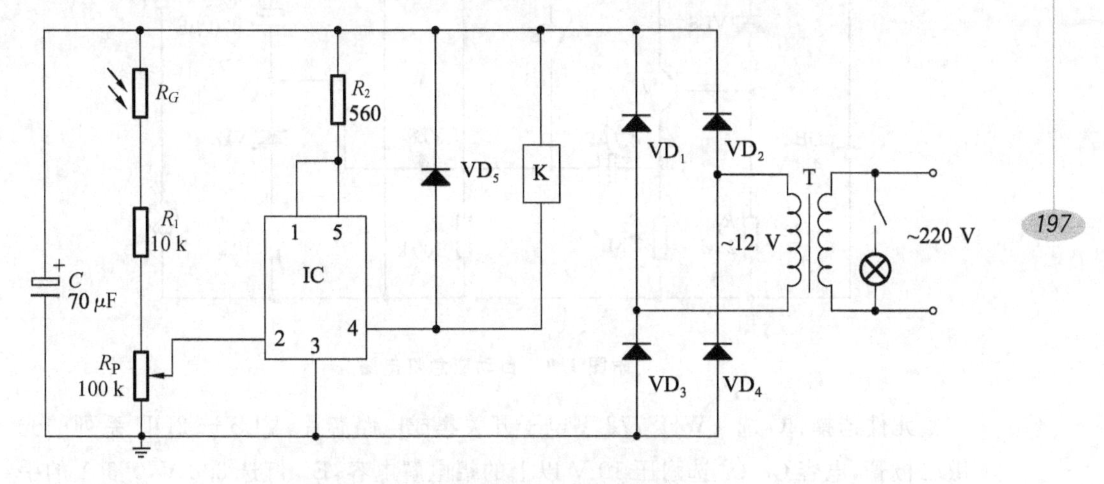

附图 1.8　路灯自动控制器电路

元件选择：IC 选 TWH8751 型电子开关集成电路芯片，继电器 K 选直流电压 12 V 的继电器，R_P 选实心可调变阻器，R_G 选 RG45 系列的光敏电阻器，电容选耐压为 16 V 的铝电解电容，变压器选 3～5 W，二次电压为 12 V。其他正常选取。

9. 自动应急灯电路

该电路功能：在白天或夜晚有灯光时不工作，当夜晚关灯后或停电时能够自动点亮，并延时一段时间后自动关闭。

其工作原理如下：如图 1.9 所示，光敏电阻器 VLS 在白天或夜晚有灯光时受光照射而呈低阻状态，VT 截止，IC 的 5 脚为 0 电平，电子开关处于截止状态，EL 灯不亮；当夜晚的光线由强变弱时，VLS 内阻逐渐增大，三极管 VT 由截止开始转入导通状态，R_2 的压降逐渐增大，但由于 C_1 的隔直流作用，IC 的 5 脚仍然低于 1.6 V，所以 EL 灯仍不亮；当夜晚关灯后或停电时，VLS 呈高阻状态，，三极管 VT 饱和导通状态，R_2 的压降迅速增大，并给电容 C_1 充电，使得 IC 的 5 脚仍然高于 1.6 V，IC 开关导通，所以 EL 灯亮；同时电源 GB 经 IC，VD_1，R_3 给电容 C_2 充电，以保证 IC 的 5 脚仍然高于 1.6 V，IC 开关导通。将拨动开关 S 接通，该应急灯在停电时可连续照明。

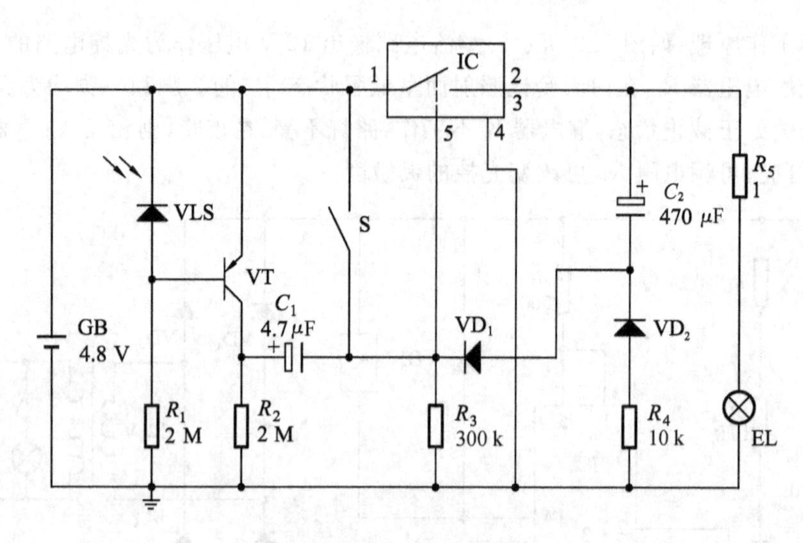

附图 1.9　自动应急灯电路

元件选择：IC 选 TWH8778 型电子开关集成电路芯片，VLS 选 2DU 系列的光敏二极管，电容 C_1，C_2 选耐压 10 V 以上的铝电解电容，EL 灯选 3.8 V，0.3 A 的手电筒用的小电珠，S 选小型拨动开关，GB 为电池供电，其他正常选取。

10. 由 HY560 构成的语音录放电路

该电路(见图 1.10)是一个简易的录音电路，其体积小、省电且不需要磁带。

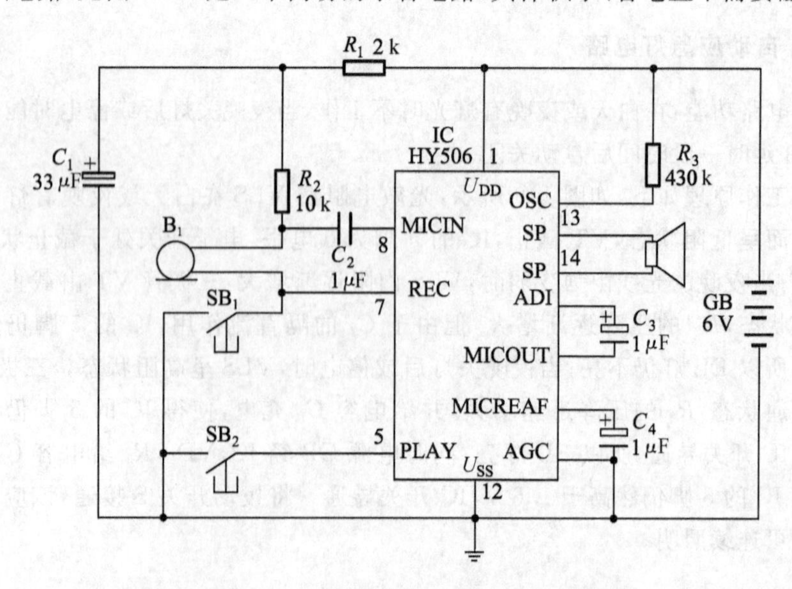

附图 1.10　由 HY560 构成的语音录放电路

其工作原理如下：如图1.10所示，该电路的功能主要由一块集成电路HY560来实现。该芯片内部包含有语音放大电路、自动增益控制电路、模/数转换电路、数/模转换电路、静态存储器、逻辑控制电路、音频放大电路等。

电路开始工作时，按下SB_1（录音按钮），麦克风接受声音并转化为电信号，经语音放大电路后，再转化为数字信号储存到静态存储器中。当按下SB_2（放音按钮），从静态存储器中取出数字信号，经数/模转换电路后转化为模拟信号，再经音频放大电路后去驱动扬声器发出声音。

11. 电话自动录音控制器电路

该电路功能：为电话自动录音。无须手动打开录音机，拿起电话接听时即可录音。

其工作原理：如图1.11所示，集成电路IC_1（LM741）及外围元件组成电压比较器，用以监测电话外线L_1和L_2之间的电压状况。普通拨号电话挂机时L_1和L_2之间的电压为60 V左右；有铃流时叠加了一个100 V左右的交流信号；当拿起听筒时，L_1和L_2之间电压降至10 V左右。利用这个电压变化，便可判定出电话机的工作状态。每当拿起听筒时，控制电路自动给录音机加电，开始录音；当挂上电话机时，录音机自动断电，停止录音。运放比较器IC_1的正输入端由电阻R_3，R_4偏置为$V/2$。V是录音机的工作电压，一般为9 V。则IC_1正输入端电压为4.5 V。静态电L_1和L_2之间电压为60 V，经R_1，R_2分压，则IC_1的负输入端电压经为6 V。由于IC_1的风输入端电压比正输入端电压高，则IC_1输出低电平，三极管VT截止，继电器J触点断开，录音机断电不工作。振铃时，尽管有时IC_1的负输入端电压降到5 V，但仍然高于正输入端的4.5 V，故IC_1仍输出低电平，录音机仍处于断电状态。当振铃后拿起听筒，L_1和L_2之间电压降至10 V。此时IC_1的负输入端电压降为1 V左右，低于正输入端电压，故IC_1输出跳变为高电平，三极管VT导通，继电器J触点吸合，9 V电压经CZ_2给录音机供电，开始录音（录音机应事先置于“录音守候”状态。

通话完毕，挂上听筒时，L_1和L_2之间电压又升至60 V，如前所述，继电器J又断开，录音停止。用户可将开关S_2闭合，直接给录音机加电重放、整理录音资料。注意，开关S_2平时应置于断开位置。S_1用于控制自动录音，当不需电话录音时，可将S_1打开。

录音机的音频输出信号由L_1和L_2传输，经C_3和T_1隔直耦合至录音机的MIC输入口。录音机的电源由三端稳压器IC_2提供。

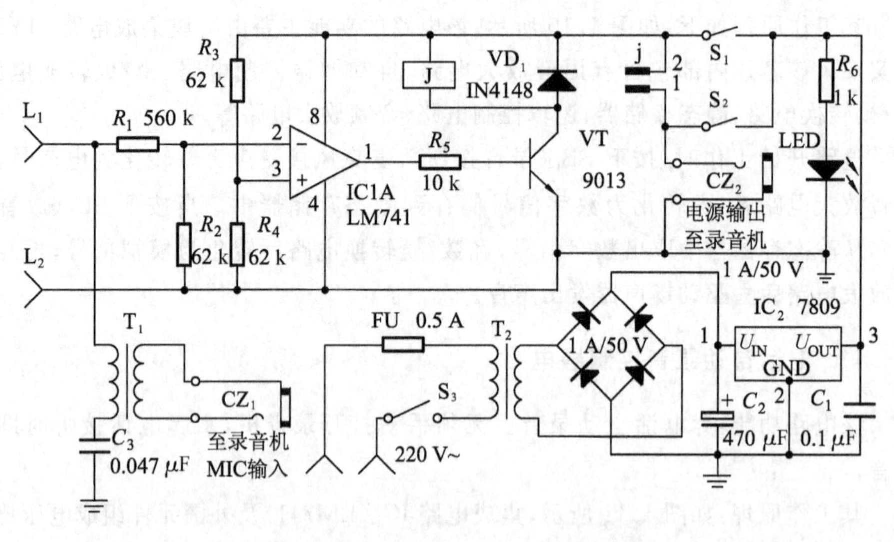

附图 1.11 电话自动录音控制器电路

元件选择：继电器 J 应根据录音机的工作电压及功率选取，T_1 采用晶体管收音机输出变压器，初级接 L_1，L_2，次级接 CZ_1，中心抽头不用。其余器件可按图上标注选用。

调试方法：一般录音机的工作电压多为 6，9，12 V。IC_2 应根据录音机的额定工作电压选用 78××系列三端稳压器。选用不同的工作电压，应调整 R_3，R_4，使之符合原理要求。R_3 和 R_4 可从 10～200 k 之间选取且二者相等。R_6，LED 组成电源指示。VD_1 的作用是消除继电器线圈的反向电动势，保护 VT。

12. 由 LM386 构成的 3 W 简易 OCL 功放电路

该电路功能：简易的 OCL 功放放大。

其工作原理如下：如图 1.12 所示。IC_1 和 IC_2 是两片集成功放 LM386，接成 OCL 电路。C_1 起到电源滤波及退耦作用，C_3 为输入耦合电容，R_1 和 C_2 起到防止电路自激的功能，R_P 为静态平衡调节电位器。

元件选择：IC_1 和 IC_2 选用集成功放电路 LM386，其工作电压为 4～16 V；电阻 R 选用 1/2 W 金属膜电阻器；电容 C_1 选用耐压为 16 V 的铝电解电容器；C_2 选用聚丙烯电容，C_3 选用钽电解电容；R_P 选用有机实芯电位器。扬声器 BL 根据实际需要选用 8 Ω，额定功率在 10 W 以下的扬声器或音箱。

调试方法：将音频信号输入端接地，调整 R_P，使 IC_1 和 IC_2 的两只 5 脚输出直流电压相等即可。

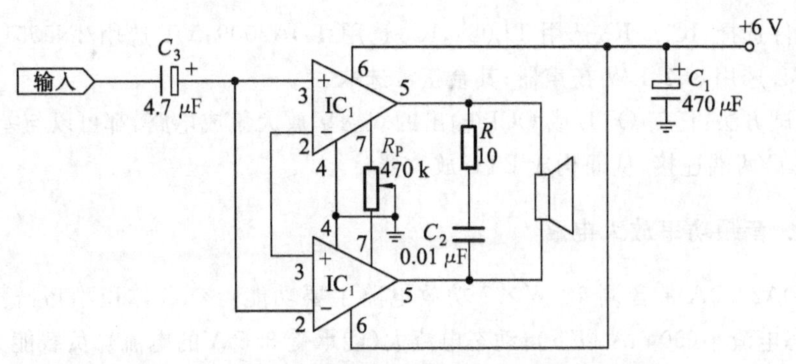

附图 1.12　由 LM386 构成的 3 W 简易 OCL 功放电路

13. 由 TDA2009 构成的 1 W 高保真 BTL 功率放大器电路

该电路功能：一种高保真、成本低廉、不用调试的 1 WBTL 功率放大器。

其工作原理如下：如图 1.13 所示。音频信号从电路的 A 端输入，经运算放大器 IC_1 放大后（放大倍数由 R_1，R_2 决定），一路经 IC_2 作反相放大，其增益为 1；另一路经 IC_3，IC_4 作两次反相放大，增益仍然为 1，其实质是 IC_3，IC_4 共同构成增益为 1 的正相放大器，所以在 IC_2 的 B 端和 IC_4 的 C 端得到的是两个大相等而相位相反的音频信号。这两个互为反相的音频信号分别通过 R_9，C_5，R_{10}，C_6 加到双音频功率放大集成电路 IC5(TDA2009)的 1 和 5 脚端，这两个输入端是同相输入和反相输入端，因此在 IC_5 的内部进行功率放大后，分别从 IC_5 的 10 脚和 8 脚输出，推动扬声器 BL。

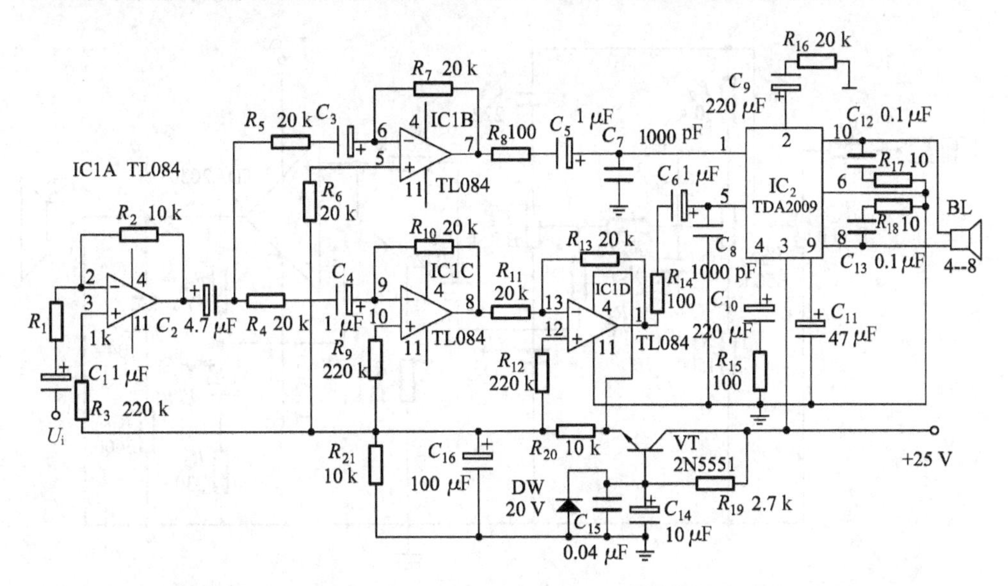

附图 1.13　由 TDA2009 构成的 1 W 高保真 BTL 功率放大器电路

元件选择：IC_1～IC_4选用 TL084，IC_5 选用 TDA2009；VT 选用 2N5551 型硅三极管，BL 选用 8 Ω，1 W 扬声器；其余正常选取。

调试方法：任何 OTL 或 OCL 输出的双功率放大集成电路，都可以与差放放大器的 B，C 两端连接，从而构成 BTL 放大器。

14. 音频功率放大电路

TDA2030A 带音调 18 W×2 功放电路主要功能：该 IC 体积小巧，输出功率大，静态电流小(50 mA 以下)；动态电流大(能承受 3.5 A 的电流)；负载能力强，既可带动 4～16 Ω 的扬声器，某些场合又可带动 2 Ω 甚至 1.6 Ω 的低阻负载；音色中规中矩，无明显个性。

其工作原理如下：如图 1.14 所示，TDA2030A 功放板由一个高低音分别控制的衰减式音调控制电路和 TDA2030A 放大电路以及电源供电电路三大部分组成，音调部分采用的是高低音分别控制的衰减式音调电路，其中的 R_2，R_3，C_2，C_1，W_2 组成低音控制电路；C_3，C_4，W_3 组成高音控制电路；R_4 为隔离电阻，W_1 为音量控制器，调节放大器的音量大小，C_5 为隔直电容，防止后级的 TDA2030A 直流电位对前级音调电路的影响。放大电路主要采用 TDA2030A，由 TDA2030A，R_8，R_9，C_6 等组成，电路的放大倍数由 R_8 与 R_9 的比值决定，C_6 用于稳定 TDA2030A 的第 4 脚直流零电位的漂移，但是对音质有一定的影响，C_7，R_{10} 的作用是防止放大器产生低频自激。本放大器的负载阻抗为 4～16 Ω。

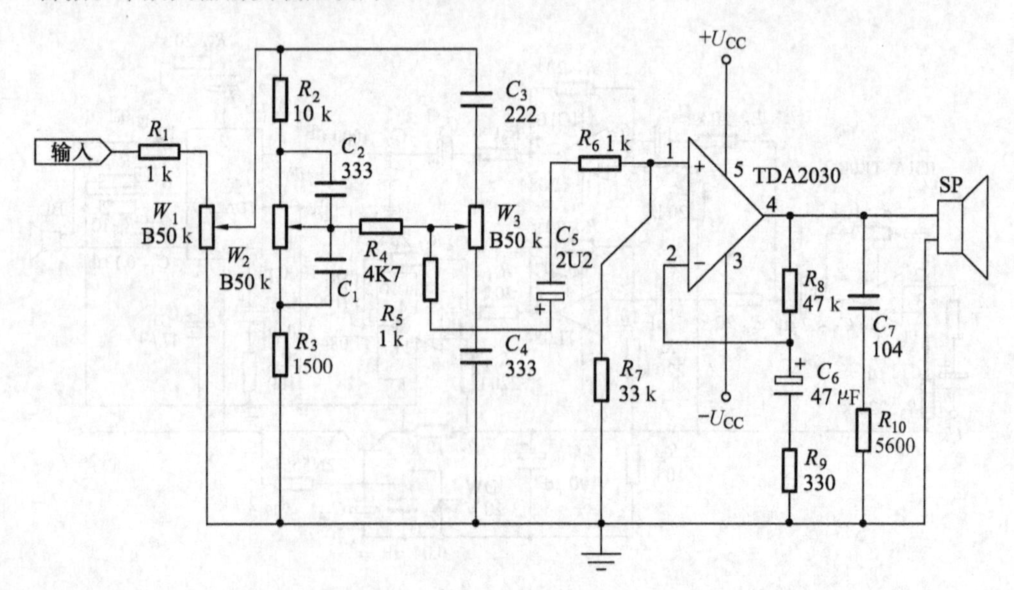

附图 1.14　音频功率放大电路

TDA2030A 功放板的电源电路如图 1.15 所示，为了保证功放板的音质，电源变压器的输出功率不得低于 60 W，输出电压为 2×15 V，滤波电容采用 2 个 3 300 μF/25 V 电解电容并联，正负电源共用 4 个 3 300 μF/25 V 的电容，2 个 104 的独石电容是高频滤波电容，有利于放大器的音质。

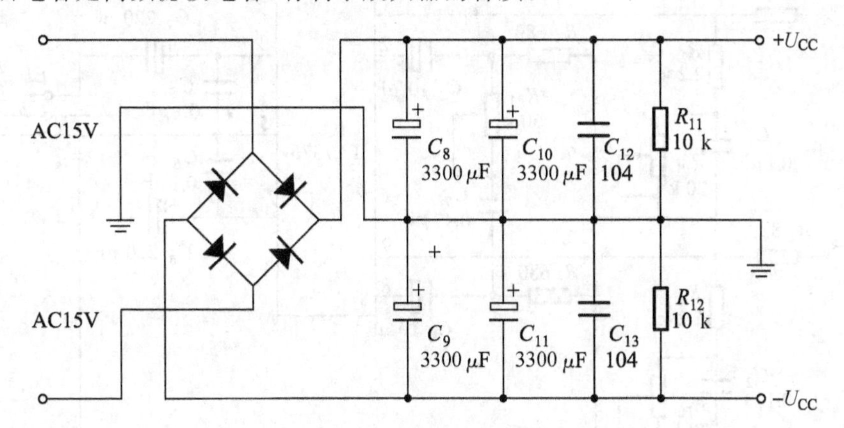

附图 1.15　音频功率放大电路的电源电路

调试方法：接上变压器，放大器的输出端先不接扬声器，而是接万用电表，最好是数显的，万用表置于 DC＊2 V 挡。功放板上电注意观察万用电表的读数，在正常情况下，读数应在 30 mV 以内，否则应立即断电检查电路板。若电表的读数在正常的范围内，则表明该功放板功能基本正常，最后接上音箱，输入音乐信号，旋转音量电位器，音量大小应该有变化，旋转高低音旋钮，音箱的音调有变化。

15. 耳机放大电路

该电路功能：增强耳机的低频特性，利用立体声反相合成的办法，结合内藏简易矩阵环绕声电路，从而获得强劲的低音和在较宽的范围内展宽音域。

其工作原理如下：如图 1.16 所示。由电阻电容组成的低频增强电路。利用功率放大器 IC 的反馈输入，组成立体声反相合成电路。利用功率放大器 IC 组成头戴耳机的驱动电路。从输入端 IC 之间的电阻电容起到增强低频特性的作用，因为加有电位器，低频部分的增强量可在 0～10 倍之间连续可调。立体声反相合成电路 IC_2 脚和 8 脚的直流耦合电容之后，由 0.47 μF 和 50 k 的电位器组成。在此电路中，把立体声的广场效果成分中的高音部分左右分别反相后合成，起到增强效果的作用。用东芝 TA7376P 推动头戴式耳机。这种 IC 内藏两个通道，外接元件少，可在低电压下工作。负载阻抗较低时，可重放出动人效果的低频声音。电源若改用 5♯电池，用 4 只串联，电压为 6 V，可直接驱动高输出的扬声器。若将 3 个 200 μF/10 V 的电容增加到 1 000 μF 左右，可获得更好的效果。

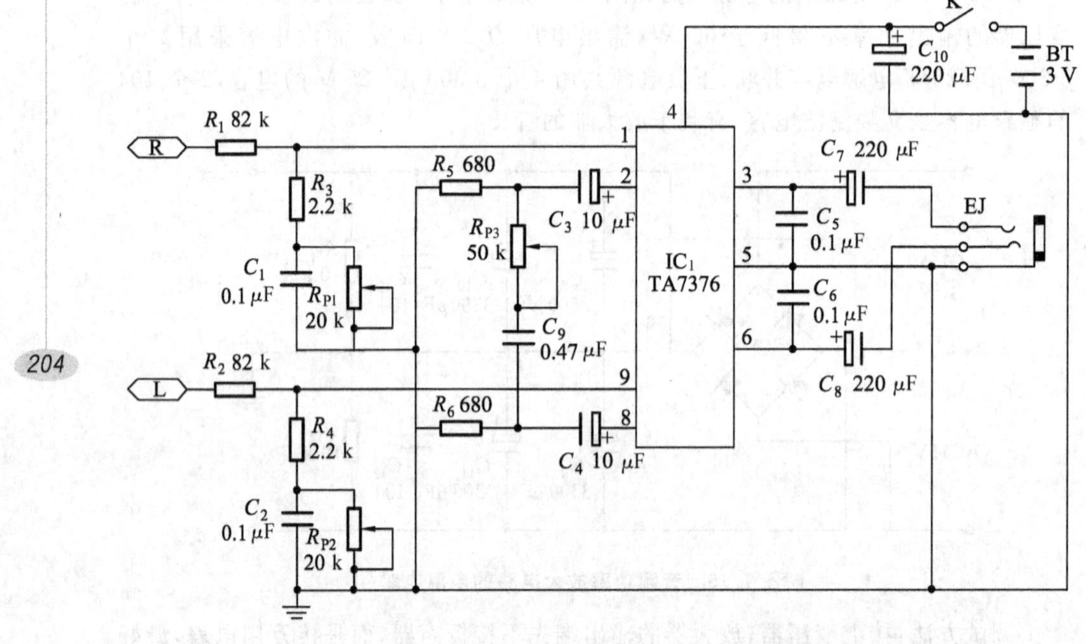

附图 1.16 音频功率放大电路的电源电路

元件选择：0.1 μF 和 0.47 μF 的电容用独石电容，其他的用电解电容。电位器中，20 k 为双连电位器，50 k 用带开关电位器。其他正常选取。插头用立体声插头。

调试方法：根据接收的音乐和音源进行适当调整。

16. 自制交流自动稳压器电路

该电路主要功能：自动稳定市电电压。

其工作原理如下：如图 1.17 所示，市电从变压器的 1，2 头输入，3，4 头为自耦调压抽头，5，6 头为控制电路的电源及取样抽头。市电电压正常时，因点 C 电压始终为 3 V(即 R_1 降压 DW 稳压所得)，点 A，B 电压均大于 3 V，故 A_1，A_2 输出低电平；当市电电压下降时，5，6 头的电压也随之下降，A 点电压也跟着下降，当 A 点电压下降到低于 3 V 时，A_1 输出高电平，使三极管 V_1 饱和导通，继电器 K_1 吸合，将调压器输出调于 1，3 头；当市电电压继续下降时，同理 B 点电压低于 3 V 时，($V_A < V_B$)，A_2 输出高电平，使 V_2 饱和导通，K_2 吸合，将调压器输出调于 1，4 头，以达到自耦升压之目的。

反之，如果电压升高时，点 B 电压也随之升高，当点 B 电压高于 3 V 时，A_2 输出低电平，V_2 截止，H_2 释放，输出端调至 1，3 头；当市电电压继续升高时，A 点电压高于3 V，A_1 输出低电平，V_1 截止，K_1 释放，输出端调至1，2头。A_1，A_2 为运算放大器，在这里作电压比较器用；IC_1 为三端稳压块，它为运算放大器及继电器提供供电电源；VD_5，VD_6 为保护二极管。

元件选择：IC_1 选用 LM78L06；A_1，A_2 选用 LM358；VT_1，VT_2 选用 9013；继电器选用 4123，电压为 6 V；DW 选用 3 V 稳压管；$VD_1 \sim VD_4$ 选用 1N4007，VD_6 选用 1N4148；变压器的铁芯选用的是E型24铁芯，也可根据实际情况选用。线圈参数为：1～2用0.22 mm漆包线绕1 800圈；2～3用0.27 mm漆包线绕400圈；3～4用0.27 mm漆包线绕850圈，5～6用0.21 mm漆包线绕145圈。其他元件参数正常选取。

调试方法：将 R_{P1} 及 R_{P2} 调至最大阻值，用调压器将输入电压调至180 V，然后调 R_{P1} 将A点电压调整在2.9 V，此时 A_1 输出高电平，V_1 导通，继电器 K_1 吸合，将输出端自动调至1，3头，输出电压为220 V左右；然后再调调压器使输入电压为140 V(此时输出电压为180 V)，调整 R_{P2}，使B点电压为2.9 V，此时 A_2 输出高电平，V_2 导通，继电器 K_2 吸合，将输出端自动调至1，4头，使输出电压再次升高到220V左右。按图1.17中所给数据，在电网电压低至120 V时，电视机仍能正常收看。注意：由于继电器的吸合电流大于释放电流，输出电压会有一定的误差，需反复调整 R_{P1} 及 R_{P2}，方可达到最佳状态。

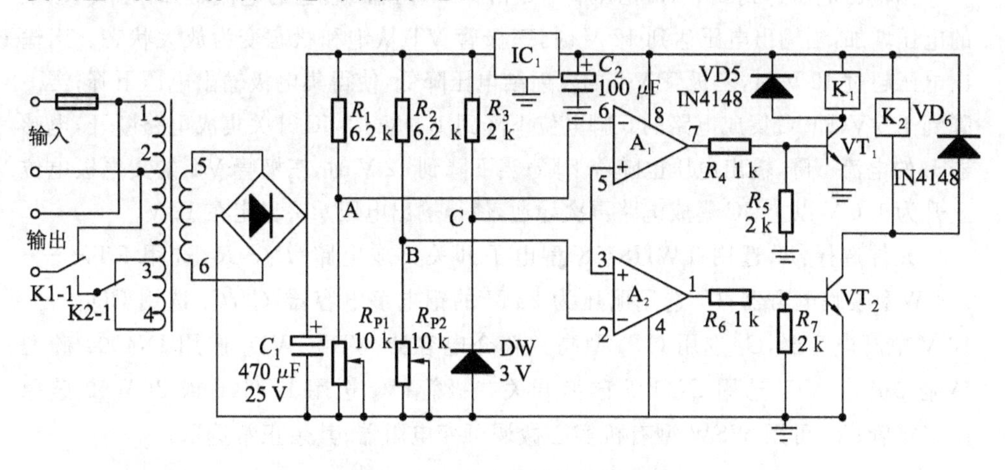

附图1.17　市电自动稳压器电路

17. 开关直流稳压电源电路

该电路功能：通过TWH8778型电子开关集成电路来实现直流稳压电源的作用。稳压电源输出电压为12 V，电流为1 A。

其工作原理：如图1.18所示。当开关S闭合后，220 V的交流电压通过 VD_1～

VD_4 整流、电容器 C_1 滤波后，分两路输出。一路加在 IC 集成电路的 1 脚，另一路通过电阻器 R_1，R_3 加在三极管 VT 的发射极端，使三极管 VT 处于饱和导通状态。此时集电极的电压(1.6 V 以上)输出到 IC 集成电路的 5 脚，使得 IC 的内部电子开关导通，则 2，3 脚输出电压，使得电感器中电流增加，供给负载。

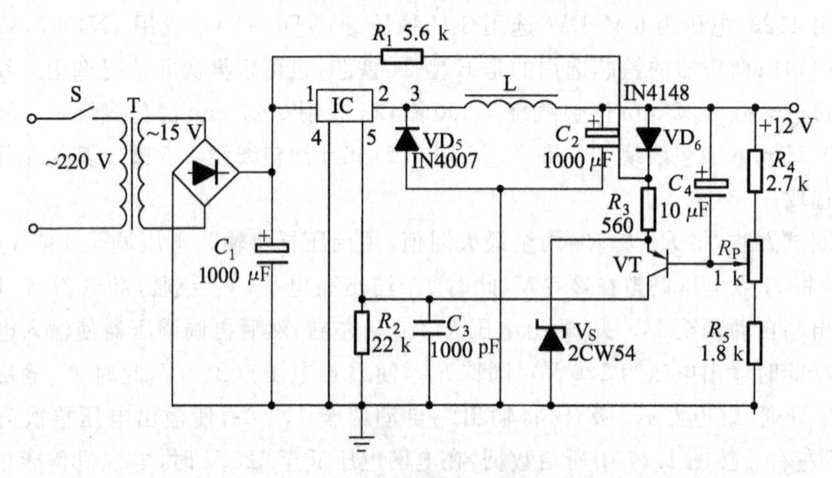

附图 1.18　开关直流稳压电源电路

当输出电压达到 6 V 时，稳压管 VS 击穿，电阻器 R_3 上的电流增加，导致 R_3 上的电压增加，当输出电压达到 12 V 时，三极管 VT 从饱和状态变为放大状态。当输出电压超过 12 V 时，三极管 VT 的发射结电压降低，使得集电极输出电压下降；当下降到 1.6 V(即 IC 集成电路的 5 脚电位下降到 1.6 V)时，IC 开关集成电路断开，电感器 L 的电流下降，输出电压也随着下降；当下降到 12 V 时，三极管 VT 的集电极电位上升为 1.6 V 以上，IC 集成电路再次导通，使得输出电压始终稳定在 12 V。

元件选择：IC 选用 TWH8778 型电子开关集成电路；R_1～R_5 选用 RTX——1/4 W型碳膜电阻器；C_1 选用耐压为 25 V 的铝电解电容器，C_2，C_4 选用 CD_{11}——16 V 电解电容器，C_4 选用 CT_1 型高频瓷介电容器；VD_1～VD_5 选用 IN4004 硅型整流二极管，VD_6 选用 IN4148 硅型开关二极管；V_S 选用 IN4106 或 2CW60 硅稳压二极管；R_P 可用 WSW 型有机实心微调可变电阻器；其余正常选取。

18. 可调直流稳压电源电路

该电路功能：实现可调的直流稳压电源，并且具电压指示，输出直流电压范围为 0～30 V。

其工作原理：如图 1.19 所示。本电路通过变压器 T 把 220 V 的交流电压加在一次侧 W_1 后，在二次侧 W_2 和 W_3 分别得到 35 V 和 6 V 的交流电压，二次侧 W_2

端通过二极管 VD_1～VD_4 整流、电容器 C_1，C_2 滤波后输入到 IC 三端集成稳压电路的输入端，通过由 IC 稳压集成电路、电阻器 R_1 和电容器 C_4 输出 35 V 的直流电压。二次侧的 W_3 线圈输出的 6 V 的交流电压通过二极管 VD_5、电容器 C_3、电阻器 R_2 和稳压二极管 V_S 输出一个－1.25 V 的负电压作为辅助电源。变阻器 R_P 加在 IC 集成电路的控制端，通过调节变阻器 R_P 能够使输出端输出 0～30 V 的直流电源。

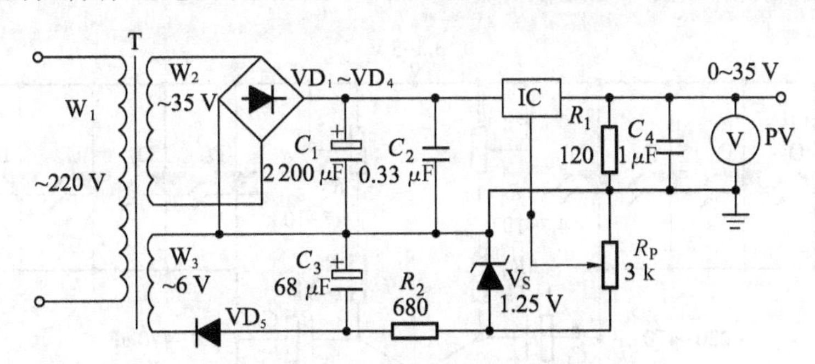

附图 1.19　可调直流稳压电源电路

元件选择：IC 选用 LM317 三端稳压集成电路；R_1，R 选用 1/2 W 型金属膜电阻器；C_1，C_3 选用耐压分别为 50 V 和 10 V 的铝电解电容器，C_2，C_4 选用 CD_{11}——16 V 电解电容器；VD_1～VD_5 选用 IN4007 硅型整流二极管；V_S 选用 IN4106 或 2CW60 硅稳压二极管；R_P 可用 WSW 型有机实心微调可变电阻器；T 选用 10 W、二次侧电压为 35 V 和 6 V 的电源变压器；其余正常选取。

19. 稳压电源电路

该电路功能：输入交流电压 220 V 0.5 A。输出电压 5 V 和连续可调电压 1.5～30 V/1.5 A 两组直流。

其工作原理：如图 1.20 所示。

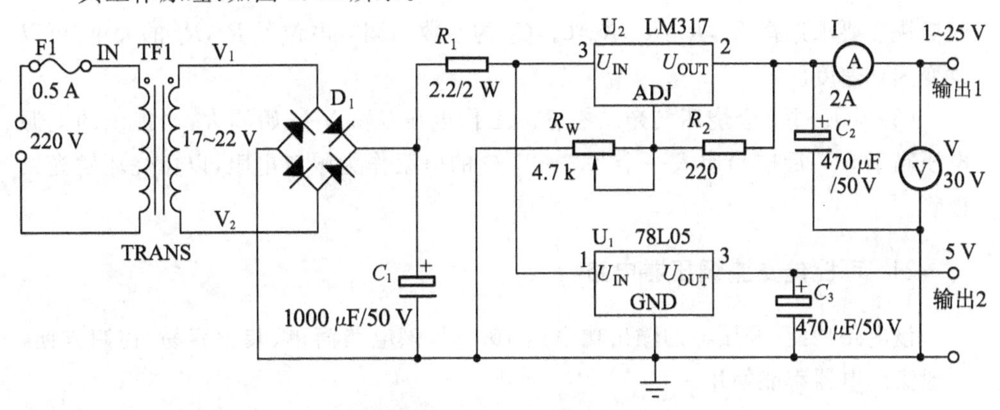

附图 1.20　稳压电源电路

说明:电压调节的三端稳压集成块 7805 和 317 加装散热器。

20. 广告彩灯电路

该电路功能:

其工作原理:如图 1.21 所示。

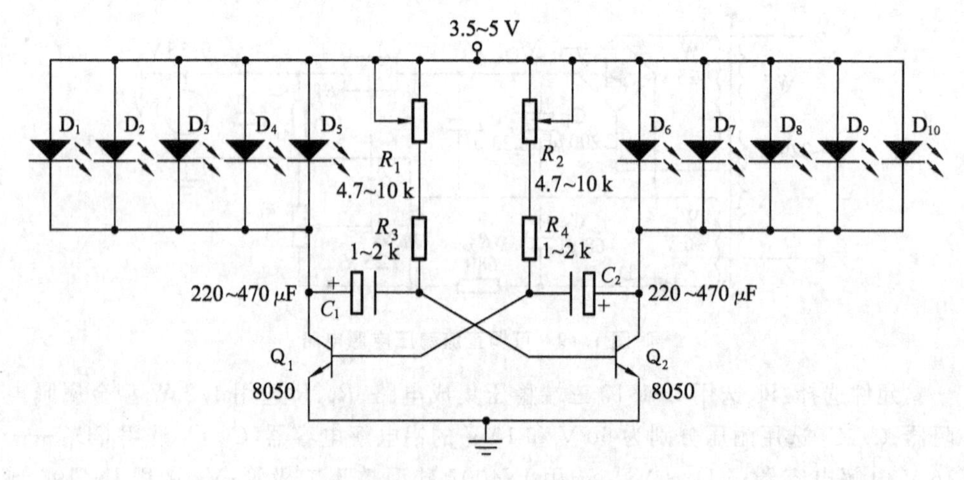

附图 1.21　广告彩灯电路

说明:

(1) 每个 8050 三极管可以驱动 12～24 个发光二极管。如果 Q_1,Q_2 改成 9013,则驱动的发光二极管数量减半。只有相同发光电压(不同颜色的发光电压一般不同)的发光二极管才可以并联使用。可以将发光二极管接成需要的图案,表达设计者的意图。

(2) 彩灯闪烁的周期是 $T=0.7\times(R_1+R_3)\times C_2+0.7\times(R_2+R_4)\times C_1$,根据闪烁快慢要求选择 R_1,R_2,R_3,R_4,C_1,C_2 的参数。调节电位器 R_1,R_2 的大小,可以改变闪烁速度。

(3) 电压过高会烧坏发光二极管。工作电压从 3 V 开始调大,当提供的电源电压高于 5 V 后应当串入一个 2.2～27 Ω 的电阻作为限流电阻,以免烧坏发光二极管。

21. 可控硅交流调压器电路

该电路功能:调压器的输出功率达 100 W,该电路简单、装置容易、控制方便,一般家用电器都能使用。

其工作原理:可控硅交流调压器由可控整流电路和触发电路两部分组成,其电路原理图如图1.22所示。从图中可知，二极管D_1～D_4组成桥式整流电路，双基极二极管T_1构成张弛振荡器作为可控硅的同步触发电路。当调压器接上市电后，220 V交流电通过负载电阻R_L经二极管D_1～D_4整流，在可控硅SCR的A，K两端形成一个脉动直流电压，该电压由电阻R_1降压后作为触发电路的直流电源。在交流电的正半周时，整流电压通过R_4，R_{w1}对电容C充电。当充电电压U_c达到单结晶体管T_1管的峰值电压U_p时，单结晶体管T_1由截止变为导通，于是电容C通过T_1管的e，b_1结和R_2迅速放电，结果在R_2上获得一个尖脉冲。这个脉冲作为控制信号送到可控硅SCR的控制极，使可控硅导通。可控硅导通后的管压降很低，一般小于1 V，所以张弛振荡器停止工作。当交流电通过零点时，可控硅自关断；当交流电在负半周时，电容C又从新充电。如此周而复始，便可调整负载R_L上的功率了。

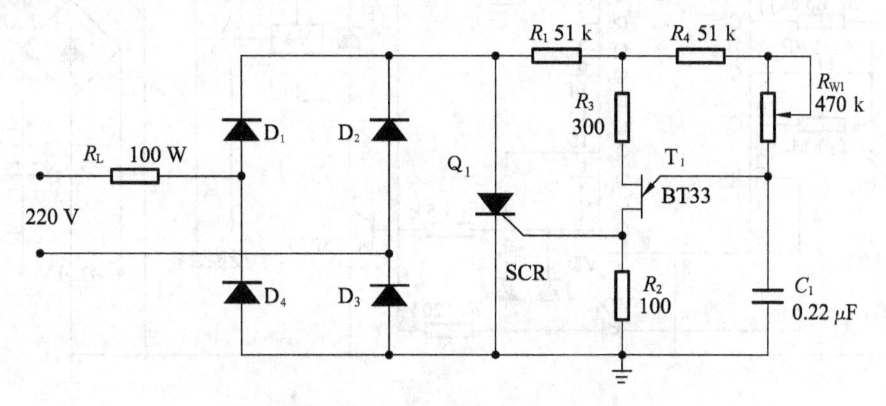

附图1.22 可控硅交流调压器电路

元件选择：调压器的调节电位器选用阻值为470 kΩ的WH114-1型合成碳膜电位器，电阻除R_1要用功率为1 W的金属膜电阻外，其余的都用功率为1/8 W的碳膜电阻。D_1～D_4选用反向击穿电压大于300 V、最大整流电流大于0.3 A的硅整流二极管，如2CZ21B，2CZ83E，2DP3B等。SCR选用正向与反向电压大于300 V、额定平均电流大于1 A的可控硅整流器件，如国产3CT系列。

22. 循环工作定时控制电路

该电路功能：可设定设备的循环周期时间以及每次工作的时间，可以让设备按照设定的时间不断地循环工作，可应用于定时抽水、定时换气、定时通风等控制场合。

其工作原理：如图1.23所示，电路通过电容C_2和泄放电阻R_3降压后，经过桥堆IC_2整流，VD_2稳压后，得到12 V左右的直流电压，为IC_1及其他电路供电。

IC_1 为 14 位二进制计数/分频器集成电路，通过由 R_1，R_2，C_1，IC_1 的内部电路构成一定频率的时钟振荡器，为 IC_1 的定时提供时钟脉冲。当电路通电后，首先进入设备的工作间隙等待时间，IC_1 内部通过对时钟脉冲的计数和分频实现延时，当计时时间到时(按图 1.23 中参数，约为 3 h)，IC_1 的 Q_{14} 端输出高电平，使三极管 V 导通，继电器 KA 得点，驱动受控设备开始工作。此时，IC_1 又开始对设备工作时间进行计时，定时时间到时(按图中参数，约为 20 min)，IC_1 的 Q_{14} 端重新变为低电平，使 V 截止，设备停止工作。此时，IC_1 自动复位，又开始下一次计时，从而可以使设备按照设定时间进行定时循环工作。图中 VL 为工作指示灯。

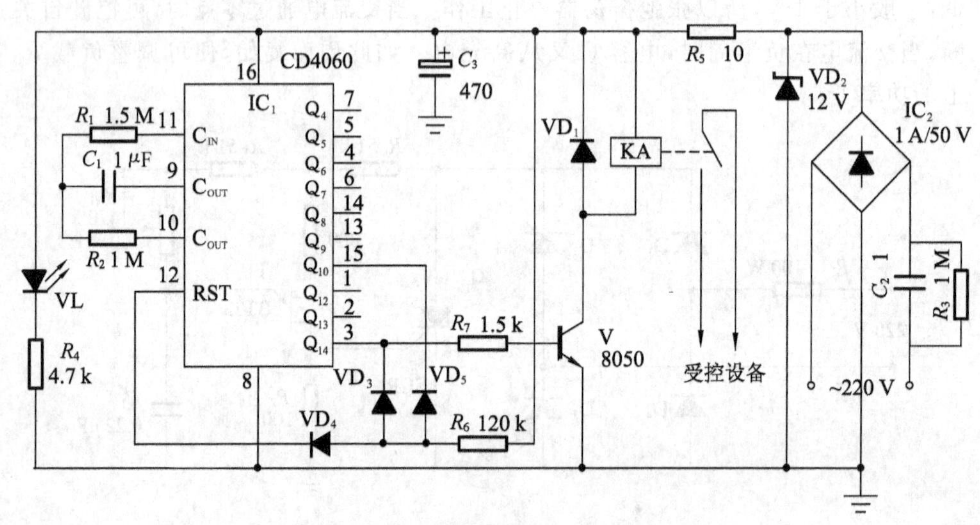

附图 1.23 循环工作定时控制电路

元件选择：集成电路 IC_1 选用 14 位二进制计数/分频器集成电路 CD4066，也可使用 CC4066 或其他功能相同的数字电路集成块。IC_2 选用 1 A，50 V 的桥堆，也可用 4 只 1N4007 二极管接成。三极管 V 选用 NPN 型三极管 8050，也可使用 9013 或 3DG12 等国产三极管。VD_1 选用整流二极管 1N4007；VD_1 选用 1 W，12 V的硅稳压管，如 1N4742；VD_3～VD_5 使用开关二极管 1N4148；VL 选用普通发光二极管。电阻 R_1，R_2，R_4，R_6 和 R_7 选用 1/4 W 的金属膜电阻器；R_3 和 R_5 选用 1/2 W 碳膜电阻器。C_1 选用涤纶或独石电容器；C_2 选用耐压为 450 V 及以上的聚丙烯电容器；C_3 选用耐压为 16 V 的铝电解电容器。KA 选用线圈电压为 12 V 的微型继电器，触点容量根据受控设备的功率来确定。

调试方法：当需要调节控制时间时，可调节 R_1 和 C_1 的参数；也可改变 IC_1 输出控制端(Q_4～Q_{14})的位置来实现。

23. 触摸式延时照明灯电路

该电路功能:安装在家里的台灯上具有触摸自熄灭的功能,在过道或家里的卧室中,只要用手摸下台灯上的金属电极片,台灯就会自动点亮,几分钟后自动熄灭,对夜间照明提供了方便。

其工作原理:如图1.24所示,在闭合SA时,台灯点亮,不受延时控制电路的控制。当断开SA时,如果触摸到电极片M时,通过R_2将使得IC NE555集成电路的2脚的低电平触发端,3脚翻转为高电平,触发V_S导通,台灯被点亮。此时,C_3开始充电,当充电结束后,6脚变为高电平,3脚翻转为低电平,V_S由于失去触发电流而处于截止状态,台灯熄灭。

220 V的交流电压经过C_1,VD_2,VD_1,C_2后,使得C_2两端能输出12 V的直流电压,供给集成电路IC。

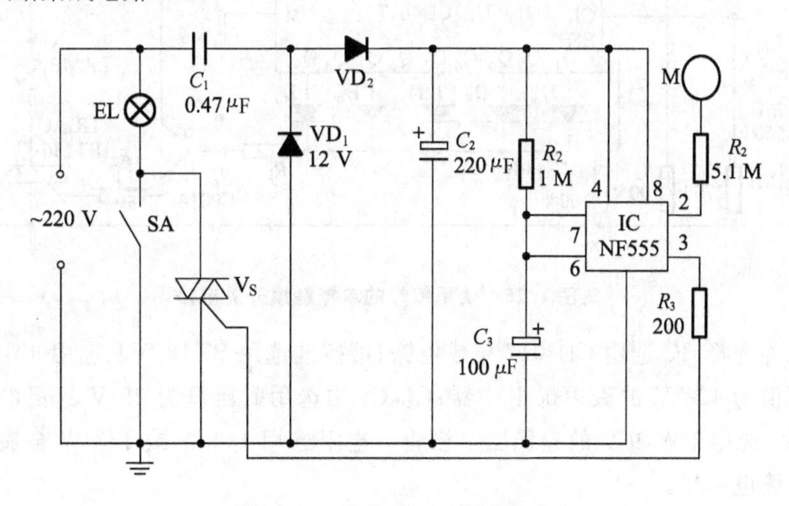

附图1.24　触摸式延时照明灯电路

元件选择:IC集成电路选NE555;V_S选用触发电流较小的小型塑封的MAC9A4A双向晶闸管;VD_2选用12 V,0.5 W型2CW60稳压二极管;VD_1选用IN4004硅整流二极管;R_2选用RJ——1/4 W型金属膜电阻器;R_1,R_3选用RTX——1/8 W碳膜型电阻器;C_1选用CBB/3 ——400 V型聚丙烯电容器;C_2,C_3选用CD_{11}——16 V型电解电容器。

调试方法:通过调节R_1和C_3可以调节台灯发光的时间。

24. 使用氖灯的单键触摸开关电路

该电路功能:用手触摸一下导电片,就能实现开关动作。这种照明开关使用方便可靠、电路简单、性能稳定、寿命长、节电效果明显。

其工作原理：如图 1.25 所示，接通电源后，因 C_3 和 R_5 的微分作用，CD4017 自动复位清零，插座为断电状态。当人手触摸 M_1 后，氖灯发光，CDS 的阻值减小使 U_1 的 CL 端变为高电平，Q_1 由此输出高电平，使 TRIAC 导通点亮灯泡。当人手再一次触摸 M_1 后，U_{17} 计数一次，Q_1 变为低电平，Q_2 输出高电平，依次类推，从而实现触摸开关功能。市电两输入线分别通过 R_8 和 R_9 接至触摸电路，因此安装时无须区分相线、零线。CDS 的亮阻为 20 k，暗阻大于 2 MΩ。

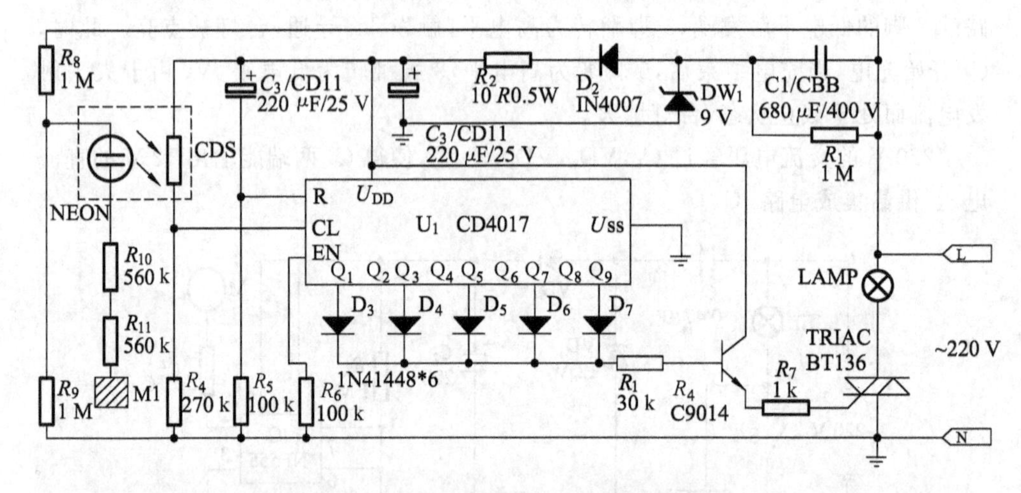

附图 1.25 使用氖灯的单键触摸开关电路

元件选择：IC 选用 CD4017 集成电路；可控硅选用 BT13；VT 选用 9014，C_1 选用耐压值为 400 V 的聚丙烯电容器；C_2，C_3 均选用耐压值为 25 V 的铝电解电容器，DW_1 选用 1 W，9 V 的硅稳压二极管。电阻选用 1/4 W 或 1/8 W 金属膜电阻器或碳膜电阻器。

25. 闪烁灯光门铃电路

该电路功能：闪烁灯光门铃不仅具有门铃的声音还可以通过家里的门灯发出闪烁的灯光，适合用于室内嘈杂环境时使用，也适用于有聋哑人的家庭。

其工作原理：如图 1.26 所示。由基本的门铃电路和灯光、声音延迟控制电路两部分组成。按下门铃按钮 SB，IC1KD9300 音乐集成电路的 TRIG 端得到一个高电平，O/P 输出音乐集成电路中所储存的音乐信号，并通过三极管 VT 9013 的放大后从扬声器 B 中发出音乐。三极管 VT_1 组成的放大电路通过集电极向三极管 VT_2 基极输入一个放大信号，在二极管 VD_1 的整流作用下，使得三极管 VT_2 饱和导通。光耦合器 IC_2 中的发光二极管发出亮光，使得光耦合器的 4，5 脚之间呈现低阻抗性，使得 IC_3 555 时基电路的 4 脚为高电平，IC_3 电路开始起振（IC_3 555 时基电路接成低频自激振荡），3 脚输出低频方波脉冲，通过 R_3 触发晶闸管 VT_3 的门极，VT_3 导通，门灯开始闪烁。当音乐播完后，扬声器 B 停止发声，三极管 VT_1，VT_2 截止，使得 IC_2 光耦合电路的 4,5 脚之间呈现高阻抗性，则 IC_3 555 时基电路的 4 脚为低电平，使得 555 电路处于强制复位状态，此时 3 脚输出低电平，晶闸管 VT_3 在交流过零时截止，门灯熄灭。此时电路处于等待下次按钮 SB 按下的初始状态。

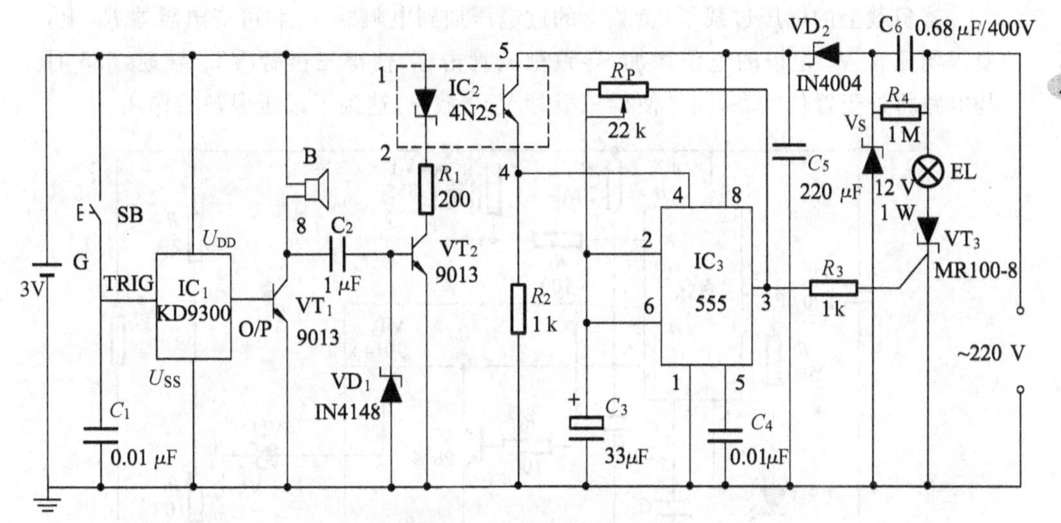

附图 1.26　闪烁灯光门铃电路

元件选择：555 集成电路选用 NE555，μA555，SL555 等时基集成电路；IC_1 选用普通的门铃芯片如 KD9300；光耦合器选用 4N25 型光耦合器；三极管 VT_1，VT_2 选用硅 NPN 型 9013，要求 $\beta \geqslant 100$；电阻器可选用 RTX——1/4 W 型碳膜电阻器；晶闸管 VT_3 选用 MR100——8 型；扬声器选用 Φ27 mm×9 mm，8 Ω，0.1 W 超薄微型动圈式扬声器；C_1，C_2，C_4 选用瓷介电容器；C_3，C_5 选用电解电容器；C_6 选用 CBB——400 型聚丙烯电容器；VD_1 选用 IN4004 型硅整流二极管；V_S 选用 12 V，1 W的 2CW105 硅稳压二极管。

26. 采用 555 时基电路的过电压、过电流保护电路

该电路功能：通过 555 时基电路来对负载进行过电压、过电流的保护功能。

其工作原理：如图 1.27 所示，在负载正常工作时，电源 VDD、三极管 VT_3、负载和电阻器 R_6 形成回路，电源对负载进行供电。当负载上出现过电流现象时，负载电流的增加使得电阻器 R_6 上的电位增加到 0.65～0.7 V 时，电阻器 R_6 上增加

的电位加到了三极管 VT_1 的基极使得 VT_1 导通。此时 555 时基电路的 6 脚、2 脚得到一个低电平，555 时基电路立刻置位，3 脚输出高电平，发光二极管 LED 点亮，同时 555 时基电路内的放电管截止，即 7 脚悬空，三极管 VT_3 截止，电源和负载断开。电源和负载断开后，电源通过电阻器 R_2 对电容器 C_3 进行充电，当电容器 C_3 两端的电压升到 2/3 U_{DD}时，555 时基电路再次复位，三极管 VT_3 导通，VT_1，VT_2 截止，电源重新加在负载两端，如果还处于过载电流情况下，将重复上述过程，直到负载上电流下降到正常值为止。从而达到了电路对负载的过电流保护作用。

若负载上的电压过载了，负载上的过电压加到电阻器 R_7 和可变电阻器 R_P 上，使得稳压管 V_S 正极的电位增加，导致稳压管击穿，使得三极管 VT_2 导通，555 时基电路将处于置位状态，同样使得三极管 VT_3 截止，达到了过压保护的作用。

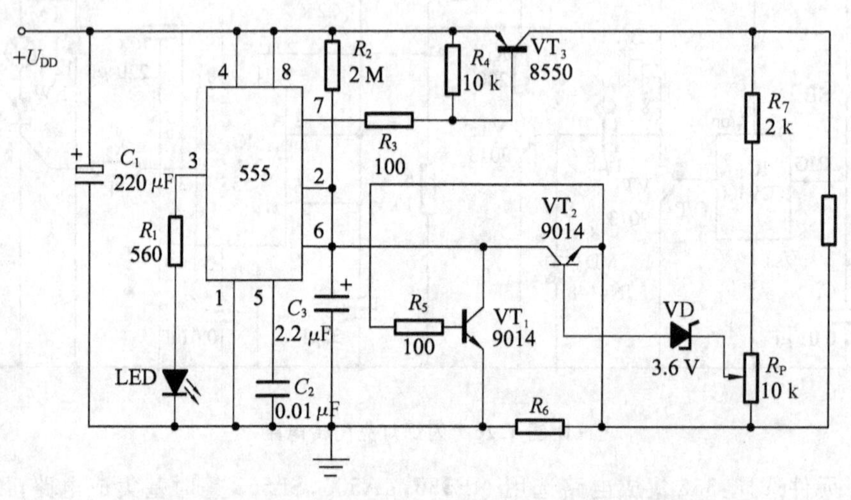

附图 1.27　采用 555 时基电路的过电压、过电流保护电路

元件选择：555 电路选用 NE555，μA555，SL555 等时基集成电路；三极管 VT_1，VT_2 选用 9014 型硅 NPN 中功率三极管，三极管 VT_3 选用 8550 型硅 PNP 中功率三极管，要求电流放大系数 $\beta \geqslant 100$；LED 选用 ϕ5 mm 红色发光二极管。$R_1 \sim R_6$ 选用 RTX——1/4 W 型碳膜电阻器；R_P 可用 WSW 型有机实心微调可变电阻器；C_2 选用 CT_1 型瓷介电容器；C_1，C_3 选用 CD_{11}——25 V 型的电解电容器；V_S 选用 3.6 V，1 W 的 2CW105 硅稳压二极管。

调试方法：该电路可以通过调节电阻器 R_6 的大小来控制过电流的大小，其中 R_6 和最小过载电流 I_S 大小关系可以用公式 $R_6=(0.65 \sim 0.7)$ V/IS 估算。同时通过调节可变电阻器 R_P 的大小能够设置过电压的大小。

【模拟电子技术实验教程】

Multisim 11的虚拟仪器简介

虚拟仪器是电路仿真和设计必不可少的测量工具，灵活运用各种分析仪器，将给电路的仿真和设计带来方便。

Multisim11 提供了 20 多种虚拟仪器，有万用表、函数信号发生器、功率表、双踪示波器、四通道示波器、波特图仪、数字频率计、字信号发生器、逻辑分析仪、逻辑转换仪、伏安特性测试仪、失真分析仪、频谱分析仪、网络分析仪、Agilent 函数信号发生器、Agilent 万用表、Agilent 示波器、Tektronix 示波器、动态测试探针、LabVIEW 仪表、NI ELVISmx 仪表和电流测试探针。

这些仪器的设置、使用和数据的读取方式大都与现实中的仪器一样。下面将分别介绍常用的虚拟仪器的功能和使用方法。

1. 万用表

万用表(Multimeter)可用来测量电路的交直流电压、交直流电流、电阻和电路中两个结点之间的增益。测量时，万用表自动调整测量范围，不需用户设置量程。其参数默认设置为理想参数(如电流表内阻接近为 0)，用户可在操作界面上修改参数。万用表的图标和操作界面如图 2.1 所示。

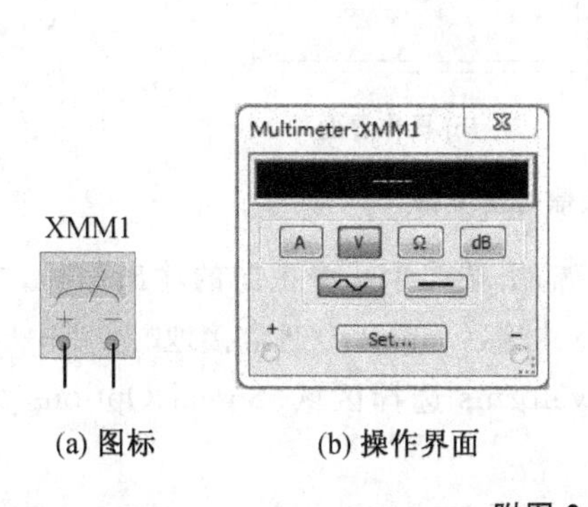

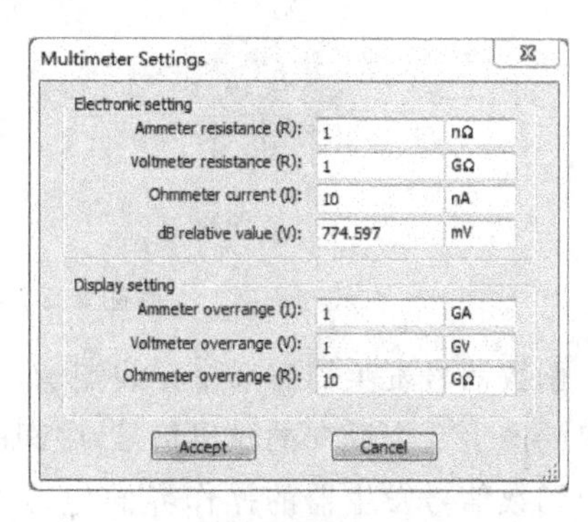

(a) 图标　(b) 操作界面　(c) 参数设置对话框

附图 2.1　万用表

万用表有"＋""－"两个接线端子，连接方式与实际的万用表完全一样。

万用表的操作界面包括显示区、功能按钮和 Set 按钮组成。

(1) 显示区：显示测量结果。

(2) 功能按钮：按钮 A，测电流；按钮 V，测电压；按钮 Ω，测电阻；按钮 dB，测两结点之间的电压增益，$dB = 20\log(U_{out}/U_{in})$；按钮"～"，测交流(有效值)；按钮"—"，测直流。

(3) Set 按钮，设置万用表参数。单击 Set 按钮，弹出参数设置对话框。

万用表参数设置对话框包括 Electronic Setting 复选框和 Display Setting 编辑区域两部分。

① Electronic Setting 编辑区域：电气参数设置，可设置电流表内阻、电压表内阻、欧姆表电流和测量电压增益时的相对电压值(保证对数为正值)。

② Display Setting 编辑区域：显示参数设置，可设置电流表测量范围、电压表测量范围和欧姆表测量范围。

2. 函数信号发生器

函数发生器(Function Generator)可产生正弦波、三角波和方波电压信号，信号的频率、幅值、占空比和直流偏置均可设置。能很方便地为仿真电路提供输入信号，其信号频率范围很宽，可满足音频至射频所有信号要求。函数发生器的图标和操作界面如图 2.2 所示。

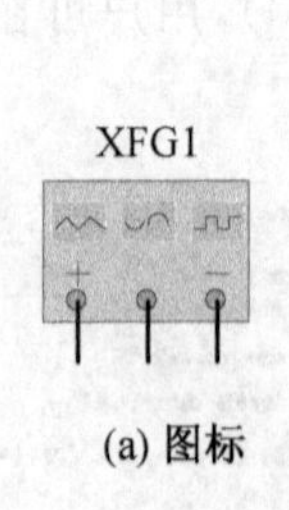

(a) 图标

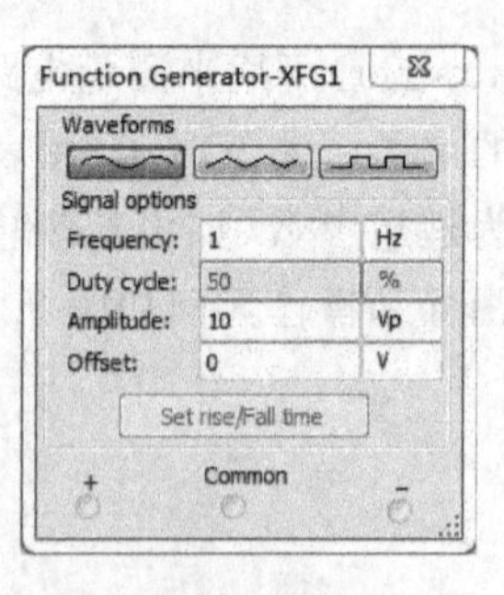

(b) 操作界面

附图 2.2 函数信号发生器

函数信号发生器有 3 个接线端子，"＋"输出端产生一个正向的输出信号，"－"输出端产生一个反向的输出信号，中间的公共端(Common)通常接地。

函数信号发生器的操作界面包括 Waveforms 选择区域、Signal Options 编辑区域和接线端子组成。

(1) Waveforms 选择区域：选择正弦波、三角波或方波信号。

(2) Signal Options 编辑区域：设置信号的频率（范围：1 Hz～999 MHz）、方波信号的占空比（范围：1%～99%）、幅值（范围：1 mV～999 kV）和直流偏置（范围：－999～999 kV）。对方波信号，通过 Set rise/Fall time 按钮可设置上升和下降时间。

3. 功率表

功率表（Wattmeter）用来测量功率，可测量电路中某支路的有功功率和功率因数，其量程自动调整。功率表的图标和操作界面如图 2.3 所示。

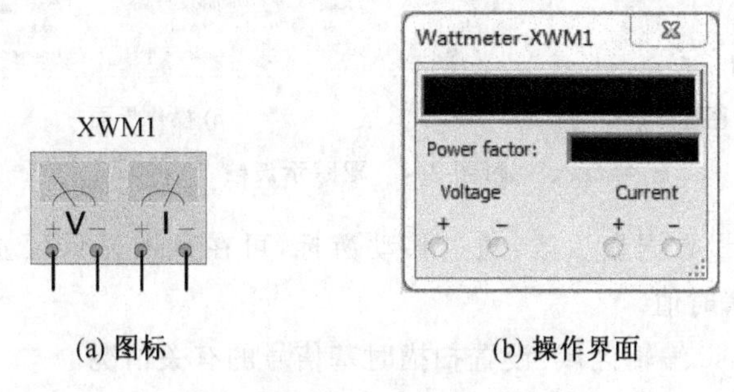

(a) 图标　　(b) 操作界面

附图 2.3　功率表

功率表有两组接线端子，左侧的两个输入端为电压输入端，应与被测电路并联，右侧的两个接线端子为电流输入端，应与被测电路串联。

功率表的操作界面显示测量的有功功率和功率因数。

4. 双踪示波器

示波器（Oscilloscope）用来测量信号的电压幅值和频率，并显示电压波形曲线。双踪示波器可同时测量两路信号，通过调整示波器的操作界面，可将两路信号波形进行比较。双踪示波器的图标和操作界面如图 2.4 所示。

双踪示波器有 3 组接线端子，每组端子构成一种差模输入方式。A，B 两组端点分别为两个通道，Ext Trig 是外触发输入端。当电路图中有接地符号时，双踪示波器各组端子中的“－”端可以不接，此时默认为接地。

双踪示波器的操作界面包括图形显示区、游标测量数据显示区、Timebase 编辑区域、Channel A 编辑区域、Channel B 编辑区域、Trigger 编辑区域和功能按钮组成。

(1) 图形显示区：显示被测信号波形，曲线的颜色由示波器和电路的连线颜色确定。

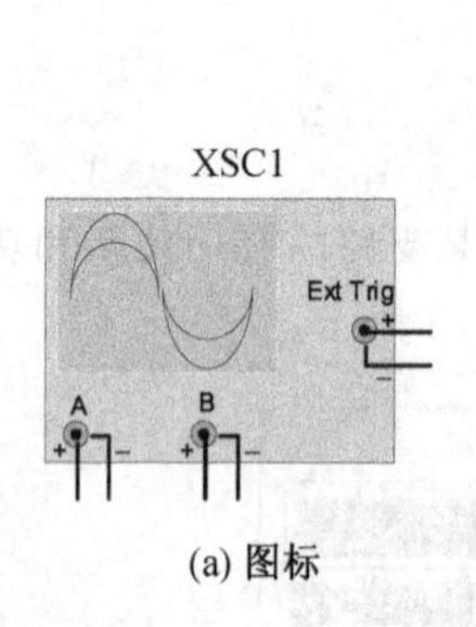

(a) 图标

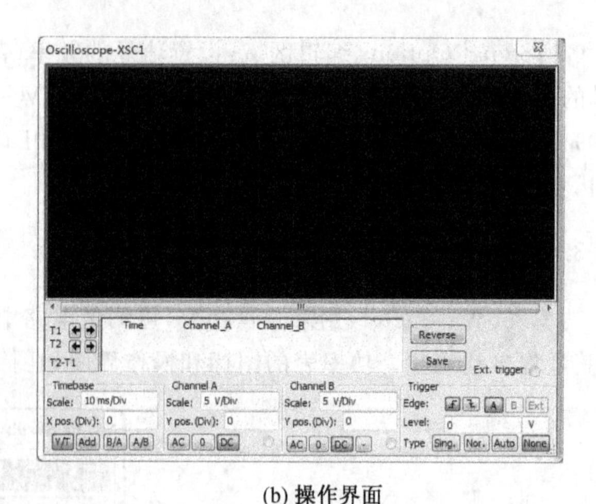

(b) 操作界面

附图 2.4　双踪示波器

(2) 游标测量数据显示区：通过移动游标，可在数据显示区显示测量的 A 通道、B 通道数据瞬时值。

(3) Timebase 编辑区域：设置扫描时基信号的有关情况。

Scale 文本框：设置扫描时间(X 轴显示比例)。

X position 文本框：设置扫描起点(X 轴信号偏移量)。

Y/T 按钮：显示方式按钮，显示随时间变化的信号波形。

Add 按钮：显示方式按钮，显示的是通道 A 和通道 B 输入的波形信号的叠加。

B/A 按钮：显示方式按钮，通道 A 的输入信号作为 X 轴扫描信号，通道 B 的输入信号作为 Y 轴扫描信号。

A/B 按钮：显示方式按钮，与 B/A 相反。

(4)Channel A 编辑区域：设置通道 A 信号的有关情况。

Scale 文本框：设置通道 A 信号的显示比例。

Y position 文本框：设置 Y 轴信号偏移量。

AC 按钮：耦合方式按钮，电容耦合，测量交流信号。

DC 按钮：耦合方式按钮，直接耦合，测量交直流信号。

0 按钮：波形显示为 0。

(5) Channel B 编辑区域：该编辑区域功能同 Channel A 编辑区域。

(6) Trigger 编辑区域：设置触发方式。

Edge：触发信号的边沿，可选择上升沿或下降沿。

A 或 B 按钮：表示用 A 通道或 B 通道的输入信号作为同步 X 轴时域扫描的触

发信号。

Ext 按钮：用示波器图标上触发端 T 连接的信号作为触发信号来同步 X 轴的时域扫描。

Level：用于选择触发电平的电压大小(阈值电压)。

Sing.：单次扫描方式按钮，按下该按钮后示波器处于单次扫描等待状态，触发信号来到后开始一次扫描。

Nor.：常态扫描方式按钮，这种扫描方式是没有触发信号就没有扫描线。

Auto：自动扫描方式按钮，这种扫描方式不管有无触发信号均有扫描线，一般情况下使用 Auto 方式。

(7) 功能按钮。

Reverse 按钮：单击该按钮，可使图形显示窗口反色。

Save 按钮：存储示波器数据，文件格式为 *.SCP。

5. 四通道示波器

四通道示波器(Four-channel Oscilloscope)可以同时对四路输入信号进行观测。其图标和操作界面如图 2.5 所示。

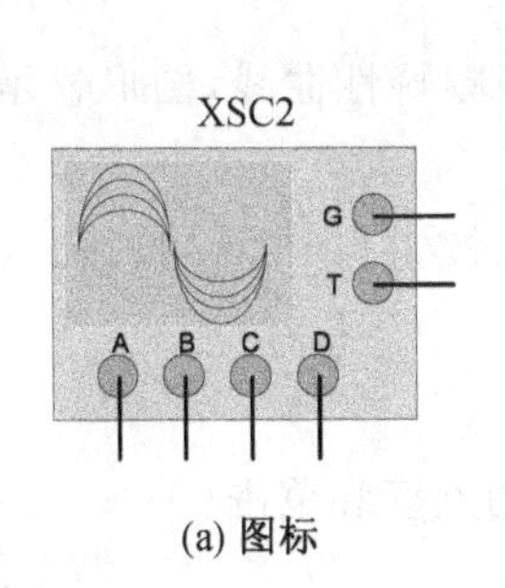

(a) 图标

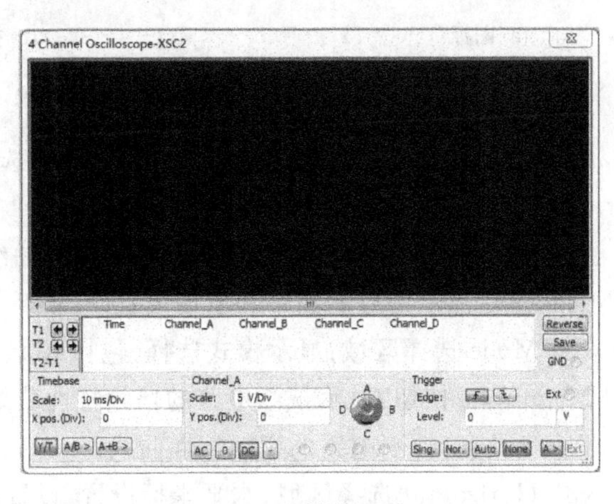

(b) 操作界面

附图 2.5　四通道示波器

其使用方法和内部参数设置方式与双踪示波器基本一致，不同的是参数控制面板多了一个通道控制旋钮。当旋钮旋转到 A，B，C，D 中的某一通道时，即可实现对该通道的参数设置。如果想单独显示某通道的波形，则可以依次选中其他通道，单击 Channel 区中的 0 按钮(接地按钮)来屏蔽其信号。

6. 波特图仪

波特图仪(Bode Plotter)用来测量电路的频率响应特性,可以显示被测电路的幅频、相频特性曲线。波特图仪接入电路相当于执行了频谱分析,常用来对滤波电路特性进行分析。波特图仪的图标和操作界面如图 2.6 所示。

波特图仪有两组端口,左侧 IN 是输入端口,其“+”“-”端分别接被测电路输入端的正、负端子,左侧 OUT 是输出端口,其“+”“-”端分别接被测电路输出端的正、负端子。使用波特图仪对电路特性进行测量时,被测电路中必须有一个交流信号源。

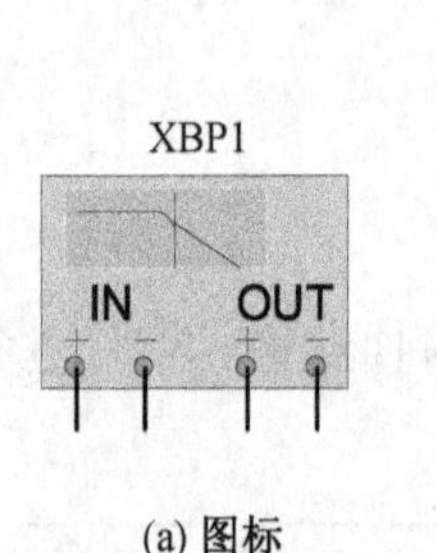

(a) 图标

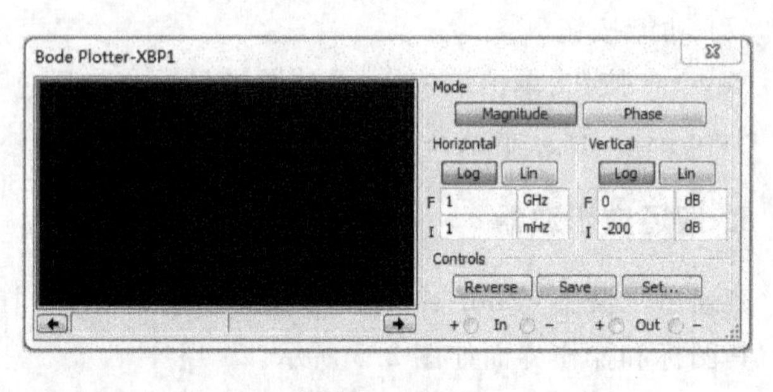

(b) 操作界面

附图 2.6 波特图仪

波特图仪的操作界面由图形显示区、Mode 选择区域、Horizontal 选择区域、Vertical 选择区域和 Controls 选择区域组成。

(1) 图形显示区:显示被测电路的幅频特性曲线或相频特性曲线,图形显示窗下面的状态栏显示信号的频率和电压增益。

(2) Mode 选择区域:显示模式选择,包括 Magnitude 按钮和 Phase 按钮。

Magnitude 按钮:显示被测电路的幅频特性曲线。

Phase 按钮:被测电路的相频特性曲线。

(3) Horizontal 选择区域:水平坐标设置,设置频率的刻度和范围。

Log 按钮:设置频率刻度为对数量程。

Lin 按钮:设置频率刻度为线性量程。

F(Final):设置终了频率。

I(Initial):设置起始频率。

(4) Vertical 选择区域:垂直坐标设置,设置增益的刻度和范围。

Log 按钮:设置增益的坐标为对数刻度。

Lin 按钮:设置增益的坐标为线性刻度。

(5) Controls 选择区域:包括 Reverse 按钮、Save 按钮、Set 按钮。

Save 按钮:存储波特图仪的数据,文件格式为 *.tdm。

Set 按钮:设置显示的分辨率。

7. 数字频率计

数字频率计(Frequency Counter)用来测量信号的频率,通过操作界面的选择,还可显示信号的周期、脉宽以及上升沿/下降沿时间。数字频率计的图标和操作界面如图 2.7 所示。

数字频率计只有一个接线端子连接被测电路结点。

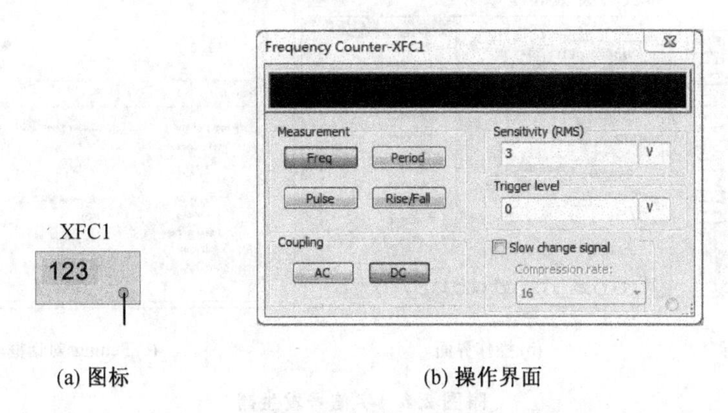

(a) 图标　　(b) 操作界面

附图 2.7　数字频率计

数字频率计操作界面包括测量结果显示区、Measurement 选择区域、Coupling 选择区域、Sensitivity 编辑区域和 Trigger Level 编辑区域。

(1) Measurement 选择区域:包括 Freq 按钮、Period 按钮、Pulse 按钮和 Rise/Fall 按钮。

Freq 按钮:单击该按钮,则输出结果为信号频率。

Period 按钮:单击该按钮,则输出结果为信号周期。

Pulse 按钮:单击该按钮,则输出结果为高、低电平脉宽。

Rise/Fall 按钮:单击该按钮,则输出结果显示数字信号的上升沿或下降沿时间。

(2) Coupling 选择区域:选择信号的耦合方式。

(3) Sensitivity 编辑区域:通过微调按钮设置测量灵敏度(编辑框的数字为有效值),如频率计的灵敏度设为 3 V,则被测信号(如正弦量)的幅值应不低于 $3\sqrt{2}$,否则,不能显示测量结果。

(4) Trigger Level 编辑区域;通过微调按钮设置数字信号的触发电平大小。

8. 字信号发生器

字信号发生器(word Generator)用来产生数字信号，通过设置可产生连续的数字信号(最多为 32 位)。在数字电路仿真时，字信号发生器可作为数字信号源。字信号发生器的图标和操作界面如图 2.8 所示。

字信号发生器左侧有 0～15 共 16 个接线端子，右侧有 16～31 共 16 个接线端子，它们是字信号发生器所产生的 32 位数字信号输出端。底部有两个接线端子，其中 R 端子为输出信号准备好的标志信号，T 端子为外触发信号输入端。

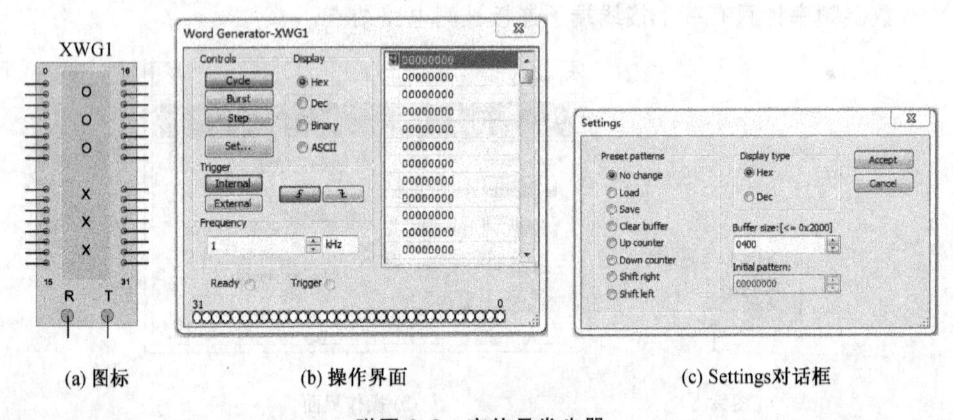

(a) 图标　　(b) 操作界面　　(c) Settings对话框

附图 2.8　字信号发生器

字信号发生器的操作界面包括字信号编辑区、Controls 选择区域、Display 选择区域、Trigger 选择区域和 Frequency 编辑区域。

(1) 字信号编辑区：按顺序显示待输出的数字信号，数字信号可直接编辑修改。

(2) Controls 选择区域：数字信号输出控制，包括 Cycle 按钮、Burst 按钮、Step 按钮和 Set 按钮。

Cycle 按钮：单击该按钮，从起始地址开始循环输出一定数量的数字信号(数字信号的数量通过 Settings 对话框设定)。

Burst 按钮：单击该按钮，输出从起始地址至终了地址的全部数字信号。

Step 按钮：单击该按钮，单步输出数字信号。

Set 按钮：用来设置数字信号的类型和数量。单击 Set 按钮，弹出 Settings 对话框，如图 2-8 所示。

Settings 对话框包括 Pre-set Patterns 选择区域、Display Type 选择区域、Buffer Size 编辑框和 Initial Pattern 编辑框。

Pre-set Patterns 选择区域由 No Change(不改变字信号编辑区中的数字信

号),Load(载入数字信号文件 *.dp),Save(存储数字信号),Clear buffer(将字信号编辑区中的数字信号全部清零),Up Counter(数字信号从初始地址至终了地址输出),Down Counter(数字信号从终了地址至初始地址输出),Shift Right(数字信号的初始值默认为80000000,按数字信号右移的方式输出),Shift Left(数字信号的初始值默认为00000001,按数字信号左移的方式输出)。

Display Type 选择区域用来设置数字信号以十六进制或十进制显示。

Buffer Size 编辑框用来设置数字信号的数量。

Initial Pattern 编辑框用来设置数字信号的初始值(只在 Pre-set Patterns 选择区域中选中为 Shift Right 或 Shift Left 选项时起作用)。

(3) Display 选择区域:数字信号的类型选择,可选择十六进制、十进制、二进制以及 ASCII 代码方式。

(4) Trigger 选择区域:可选择 Internal(内触发)或 External(外触发)方式,触发方式可选择上升沿触发或下降沿触发。

(5) Frequency 编辑区域:选择输出数字信号的频率。

9. 逻辑分析仪

逻辑分析仪(Logic Analyzer)可以同步记录和显示16位数字信号,可用于对数字信号的高速采集和时序分析,逻辑分析仪的图标和操作界面如图2.9所示。

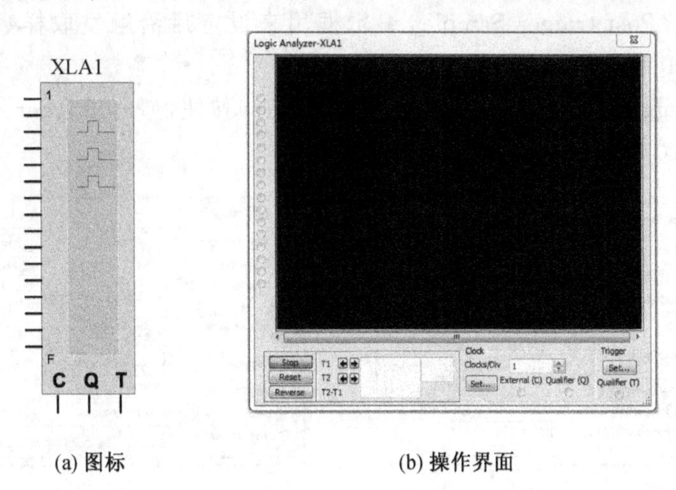

(a) 图标　　(b) 操作界面

附图 2.9　逻辑分析仪

逻辑分析仪左侧从上到下有16个接线端子,用于接入被测信号。底部有3个接线端子,C是外部时钟输入端,Q是时钟控制输入端,T是触发控制输入端。

逻辑分析仪的操作面板分为图形显示区、显示控制区、游标测量数据显示区、

Clock 控制区、Trigger 控制区。

(1) 图形显示区：面板最左侧 16 个小圆圈代表 16 个输入端，如果某个连接端接有被测信号，则该小圆圈内出现一个黑圆点。被采集的 16 路输入信号依次显示在屏幕上。当改变输入信号连接导线的颜色时，显示波形的颜色立即相应改变。

(2) 显示控制区：用于控制波形的显示与清除。有 3 个按钮，其功能如下：

Stop 按钮：停止逻辑分析仪的波形继续显示。

Reset 按钮：逻辑分析仪复位并清除显示波形。

Reverse 按钮：改变屏幕背景的颜色。

(3) 游标测量数据显示区：移动游标上部的三角形可以读取波形的逻辑数据。

T1 和 T2 分别表示游标 1 和游标 2 离开扫描线零点的时间，T2-T1 表示两者之间的时间差。

(4) Clock 时钟控制区：包括 Clock/Div 编辑框及 Set 按钮。

Clock/Div：设置在显示屏上每个水平刻度显示的时钟脉冲数。

Set 按钮：设置时钟脉冲，单击该按钮，弹出 Clock setup 对话框，如图 2.10 a 所示。

Clock Source 选择区域的功能是选择时钟脉冲，External 表示外部时钟，Internal 表示内部时钟；Clock Rate 编辑区域的功能是设置时钟频率；Sampling Setting 选择区域的功能是设置取样方式，Pre-trigger Samples 编辑框用来设定前沿触发取样数，Post-trigger Samples 编辑框用来设定后沿触发取样数，Threshold Volt(V)编辑框用来设定阈值电压。

(5) Trigger 控制区：设置触发方式，单击 Set 按钮，弹出 Trigger settings 对话框，如图 2.10 b 所示。

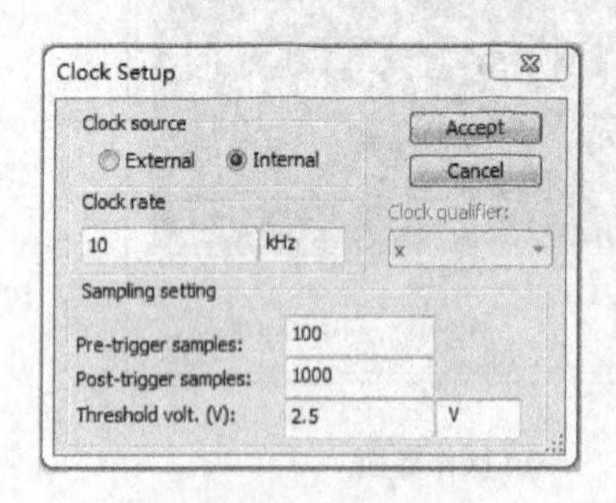

(a) Clock setup对话框

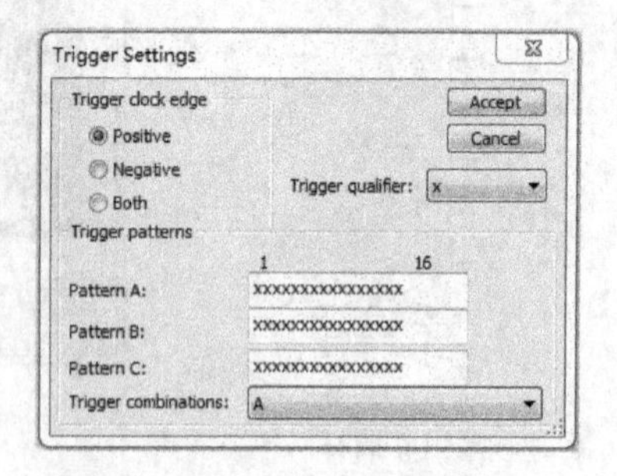

(b) Trigger settings对话框

附图 2.10　逻辑分析仪的对话框

Trigger Clock Edge 选择区域的功能是设定触发方式，包括 Positive(上升沿触发)、Negative(下降沿触发)和 Both(升、降沿触发)3 个选项；Trigger Qualifier

下拉列表框的功能是选择触发限定字，包括 0，1，X(0，1 皆可)3 个选项；Trigger Patterns 复选框的功能是设置触发的样本，可以在 Pattern A，Pattern B，Pattern C 文本框中设定触发样本，也可以在 Trigger Combinations 下拉列表框中选择组合的触发样本。

10. 逻辑转换仪

逻辑转换仪(Logic Converter)可实现数字电路各种表示方法的相互转换、逻辑函数的化简，逻辑转换仪在数字电路的分析中非常重要，但实际的数字仪器中无逻辑转换仪设备。

逻辑转换仪的图标和操作界面如图 2.11 所示。逻辑转换仪有 9 个接线端子，左侧 8 个端子用来连接电路输入端的结点，最右边的一个端子为输出端子。通常只有在将逻辑电路转化为真值表时，才将逻辑转换仪与逻辑电路连接起来。

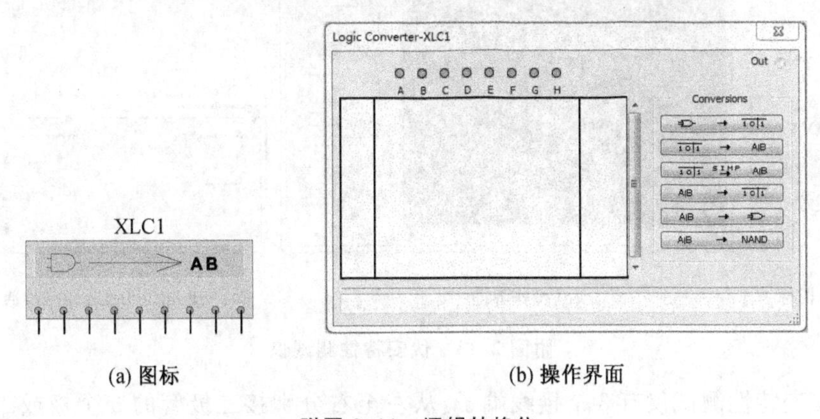

(a) 图标　　(b) 操作界面

附图 2.11　逻辑转换仪

逻辑转换仪的操作界面包括变量选择区(A，B，C，D，E，F，G，H)、真值表区、逻辑表达式显示区和 Conversions 转换类型选择区。

(1) 变量选择区：单击变量对应的圆圈，选择输入变量(最多可选择 8 个输入变量)，该变量就自动添加到面板的真值表中。

(2) 真值表区：真值表区分为 3 部分，左边显示了输入组合变量取值所对应的十进制数，中间显示了输入变量的各种组合，右边显示了逻辑函数的值。

(3) 函数表达式显示区：显示真值表对应的函数表达式。

(4) Conversions 区：实现数字电路各种表示方法的相互转换，其转换按钮的功能如图 2.12 所示。

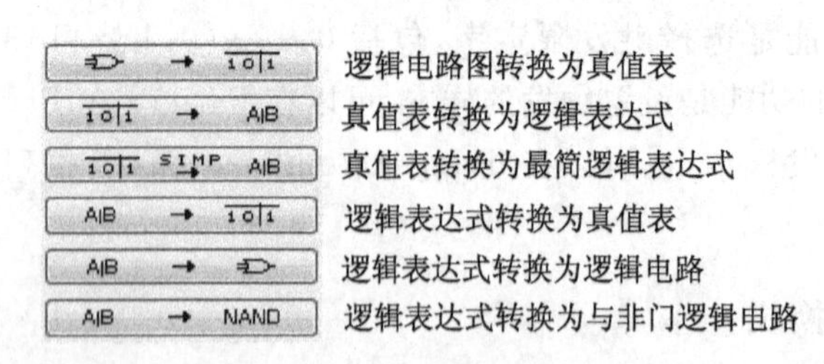

附图 2.12　转换按钮的功能

11. 伏安特性测试仪

伏安特性测试仪(IV Analyzer)用来测试二极管、晶体管和 MOS 管的伏安特性曲线。伏安特性测试仪的图标和操作界面如图 2.13 a,b 所示。

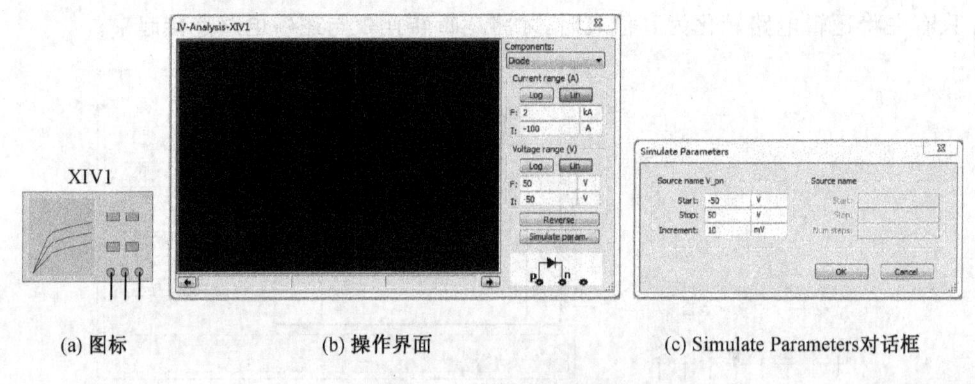

(a) 图标　　(b) 操作界面　　(c) Simulate Parameters对话框

附图 2.13　伏安特性测试仪

伏安特性测试仪有 3 个接线端子,从左至右分别接三极管的 3 个极或二极管的 P,N。

伏安特性测试仪的操作界面包括图形显示区、Components 下拉列表框、Current Range 编辑区域、Voltage Range 编辑区域、Reverse 按钮、Sim_Param 按钮和接线端子指示窗(操作界面的右下角)。

(1) 图形显示区:显示元器件(二极管或三极管)的伏安特性曲线。

(2) Components 下拉列表框:选择元器件类型,包括 Diode,BJT NPN,BJT PNP,NMOS,PMOS。

(3) Current Range 编辑区域:设置电流范围。

(4) Voltage Range 编辑区域:设置电压范围。

(5) Reverse 按钮:图形显示反色。

(6) Sim_Param 按钮:伏安特性测试参数设置。单击该按钮,弹出 Simulate Parameters 对话框,如图 2.13 c 所示。

根据 Components 列表框中所选择的元器件类型，设置起始值(Start)、终止值(Stop)及增量步长值(Increment)。若选择 Diode，则设置 V_pn；若选择 BJT NPN 或 BJT PNP，则设置 V_ce 和 I_b；若选择 NMOS 或 PMOS，则设置 V_ds 和 V_gs。

(8) 接线端子指示窗：如图 2-12 所示，当在 Components 下拉列表框中选择了元器件以后，则在该指示窗显示对应元器件的管脚，用来指示元器件和伏安特性测试仪的图标连接。

12. 失真分析仪

失真分析仪(Distortion Analyzer)是一种测试电路总谐波失真与信噪比的仪器，经常用于测量存在较小失真的低频信号。失真分析仪的图标和操作界面如图 2.14 a，b 所示。

失真分析仪只有一个接线端子，连接被测电路的输出端。

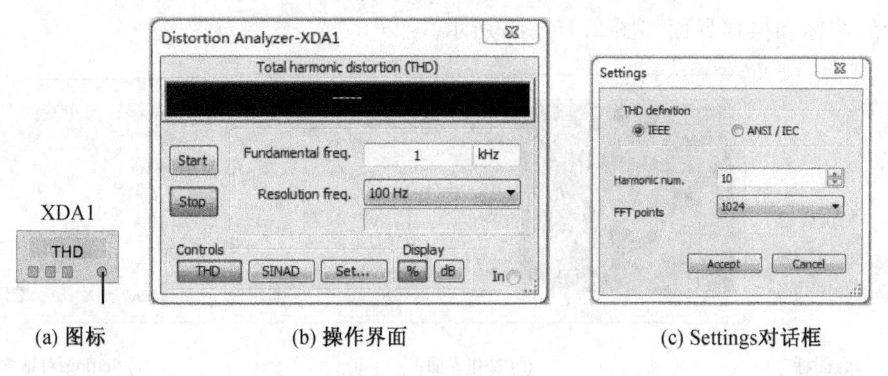

(a) 图标　　(b) 操作界面　　(c) Settings对话框

附图 2.14　失真分析仪

失真分析仪的操作界面包括 Signal Noise Distortion(SINAD)显示框、Start 按钮、Stop 按钮、Fundamental Freq. 编辑框、Resolution Freq. 编辑框、Controls 选择区域和 Display 选择区域。

(1) Signal Noise Distortion(SINAD)显示框：显示测量电路的信噪比。

(2) Start 按钮：启动分析。

(3) Stop 按钮：停止分析。

(4) Fundamental Freq. 编辑框：设置失真分析的基频。

(5) Resolution Freq. 编辑框：设置失真分析的频率分辨率。

(6) Controls 选择区域：包括 THD 按钮、SINAD 按钮和 Set 按钮。

THD 按钮：单击该按钮，表示分析电路的总谐波失真。

SINAD 按钮：单击该按钮，表示分析电路的信噪比。

Set 按钮：单击该按钮，弹出 Settings 对话框，如图 2.14 c 所示。

Settings 对话框包括 THD Definition 选择区域（用来设置 THD 定义标准，可选择 IEEE 和 ANSI/IEC 标准）、Harmonic Num.（设置谐波次数）和 FFT Points（设置谐波分析的取样点数）。

(7) Display 选择区域：设置显示方式，包括%按钮和 dB 按钮。

%按钮：按百分比方式显示分析结果，常用于总谐波失真分析。

dB 按钮：按分贝显示分析结果，常用于信噪比分析。

13. 频谱分析仪

频谱分析仪(Spectrum Analyzer)用于测量信号的不同频率分量对应的幅值，也能测量信号的功率和频率构成，并确定信号是否有谐波存在。实际应用的频谱分析仪由于内部产生的噪声被仪器各级电路放大，使测量结果的可信度大大降低。而 Multisim 环境中的虚拟频谱分析仪没有仪器本身产生的附加噪声。频谱分析仪的图标和操作界面如图 2.15 a，b 所示。

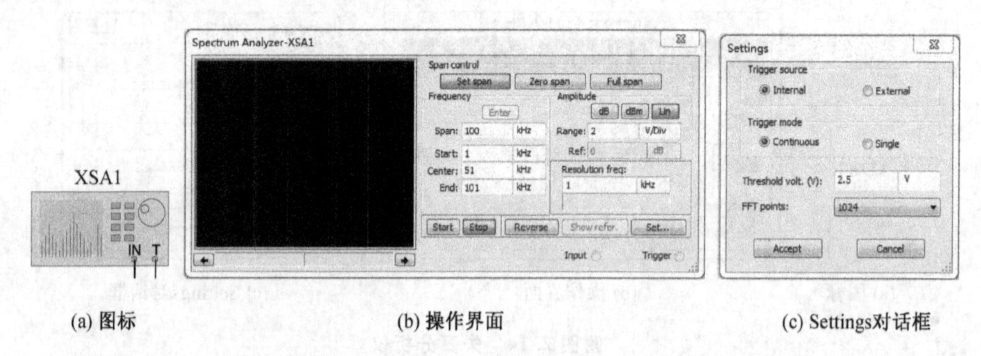

(a) 图标　　(b) 操作界面　　(c) Settings对话框

附图 2.15　频谱分析仪

频谱分析仪有两个接线端子，端子 IN 用于连接被测电路的输出端，端子 T 用于连接外触发信号。

频谱分析仪的操作界面包括图形显示区（左上）、状态栏（左下）、Span Control 选择区域、Frequency 选择区域、Amplitude 选择区域、Resolution Freq. 编辑区域以及功能按钮。

(1) 图形显示区：显示信号的频谱图形。

(2) 状态栏：显示光标指针处对应的频率和幅值。

(3) Span Control 选择区域：设置测量信号频谱的范围。

Set Span 按钮：手动设置频率范围。

Zero Span 按钮：设置以中心值定义的频率。

Full Span 按钮：设置全频段为频率范围，单击该按钮后，仪器自动设置频率范围为 0～4 GHz。

(4) Frequency 选择区域：设置频率范围。设置起始频率(Start)、终了频率(End)。中心频率(Center)和频率的变化范围(Span)。

(5) Amplitude 选择区域：设置幅值的显示方式、量程和参考电平。

① 显示方式：有 dB(电压分贝数)，用 20lg(V)表示；dBm(功率电平)，用 10lg(V/0.775)表示；Lin(线性刻度)。

② Range 编辑框：量程设置。当选择显示方式为 dB 或 dBm 时，量程单位为 dB/Div；当选择显示方式为 Lin 时，量程单位为 V/Div。

③ Ref 编辑框：参考电平设置。用于设置能够显示在屏幕上的输入信号范围，只有在选中 dB 或 dBm 时才有效。

(6) Resolution Freq. 编辑区域：设置频率分辨率，所谓频率分辨率就是能够分辨频谱的最小谱线间隔，它表示了频谱分析仪区分信号的能力。

(7) 控制按钮：控制频谱分析仪的运行。

Start 按钮：开始分析。

Stop 按钮：停止分析。

Reverse 按钮：图形显示窗反色。

Show-Ref 按钮：显示参考值。

Set 按钮：单击该按钮，弹出 Settings 对话框，如图 2.15 c 所示。

Settings 对话框用来设置触发源(可选择内触发或外触发)、触发模式(可选择连续触发或单次触发)：阈值电压和 FFT Points(快速傅里叶变换的取样点数)。

14. 网络分析仪

网络分析仪(Network Analyzer)是 RF 仿真分析仪器中的一种，用来分析双端口网络的参数特性。通过网络分析仪对电路及其元器件的特性进行分析，用户可以了解电路的布局，以及使用的元器件是否符合规范。通常用于测量双端口高频电路的 S 参数，也可以测量 H，Y，Z 参数。网络分析仪的图标和操作面板如图 2.16所示。

网络分析仪有两个接线端子，P1 端子用来连接被测电路的输入端口，P2 端子用来连接被测电路的输出端口。

网络分析仪的操作界面包括图形显示区、Mode 选择区域、Graph 选择区域、Trace 选择区域、Functions 选择区域和 Settings 选择区域。

(1) 图形显示区：用来显示图表、测量曲线以及标注电路信息的文字。

(2) Mode 选择区域：模式选择，可选择 Measurement，RF Characterizer，Match Net. Designer。

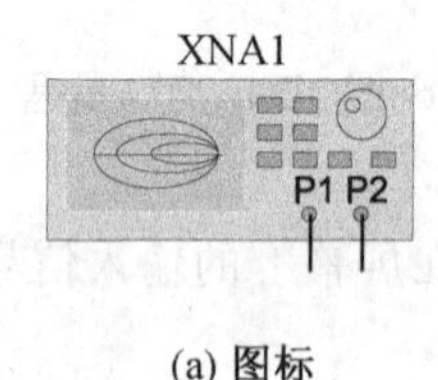

(a) 图标

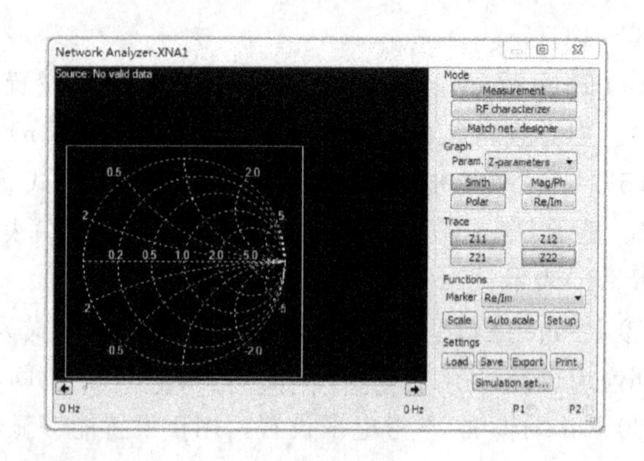

(b) 操作界面

附图 2.16 网络分析仪

Measurement(检测模式):当选择该选项时,可用来检测双口网络的 S 参数、H 参数、Y 参数、Z 参数和 Stability Factor(稳定因子)(在 Graph 选择区域的 Param. 下拉列表框中选择)。

RF Characterizer(射频特性分析模式):当选择该选项时,可分析双口网络的 Impendence(输入输出阻抗)、Power Gains(功率增益)和 Gains(电压增益)(在 Graph 选择区域的 Param. 下拉列表框中选择)。

Match Net. Designer(匹配网络分析模式):当选择该选项时,可分析双口网络的稳定性(Stability Circles)、双口网络的单向性(Unilateral Gains Circles)和阻抗匹配(Impedance Matching)分析(在 Graph 选择区域的 Param. 下拉列表框中选择)。

(3) Graph 选择区域:用来设置图形的显示方式,可选择 Smith(Smith 圆)、Mag/Ph(幅值/相位)、Polar(极坐标)和 Re/Ira(实部/虚部)4 种方式。

(4) Trace 选择区域:轨迹控制,显示或隐藏单个轨迹。

(5) Functions 选择区域:功能选择,包括 Marker 下拉列表框、Scale 按钮、Auto Scale 按钮和 Set up 按钮。

Marker(标注)下拉列表框:数据表示方式选择,可选择 Re/Ira(实部/虚部)、Mag/Ph(幅值/相位)、dB Mag/Ph(分贝幅值/相位)。

Scale(比例)按钮:改变当前图表的比例。

Auto Scale 按钮:自动调整数据比例使其能够在当前图表中选择。

Set up 按钮:单击该按钮,弹出 Preferences(参数)设置对话框,如图 2.17 a 所示。

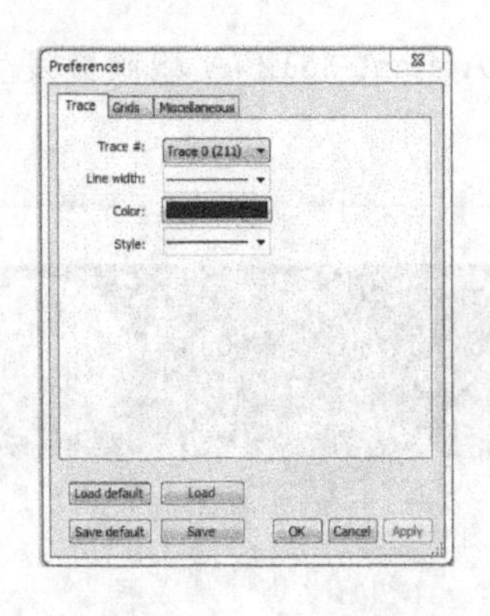

(a) Preferences对话框

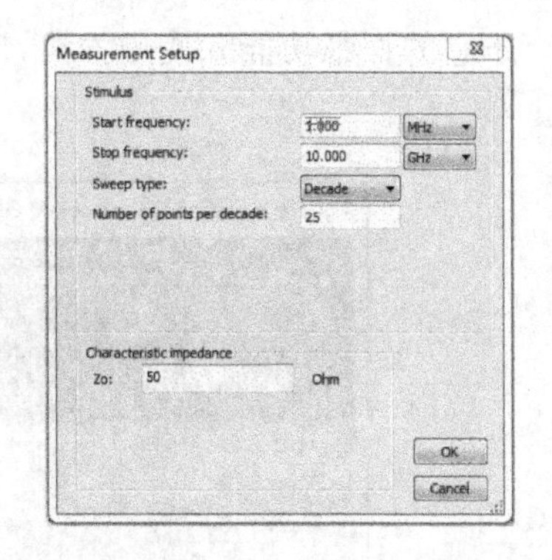

(b) Measurement Setup对话框

附图 2.17　网络分析仪对话框

该对话框包括 Trace(轨迹)选项卡、Grids(栅格)选项卡和 Miscellaneous(混合)选项卡。通过 Trace 选项卡,可设置轨迹曲线的线型、颜色和粗细;通过 Grids 选项卡,可设置栅格的颜色、线型、文字标注和坐标轴标注的颜色;通过 Miscellaneous 选项卡可设置图标区框架的宽度和颜色、背景和绘图区颜色以及标题和数据标注的颜色。

(6) Settings 选择区域:包括 Load 按钮、Save 按钮、Exp 按钮、Print 按钮和 Simulation Set 按钮。

Load 按钮:载入以前保存的 S 参数数据(文件扩展名为 *.sp)到网络分析仪中。

Save 按钮:保存数据。

Exp 按钮:导出选中的参数组数据至文本文件。

Print 按钮:打印选择的图表。

Simulation Set 按钮:单击该按钮,弹出 Measurement Setup 对话框,如图 2.17 b所示。

可设置仿真的起始频率(Start frequency)、终了频率(Stop frequency)、扫描类型(Sweep type)(有线性和十倍程两种方式供选择)、单位取样点数(Number of points per decade)和特性阻抗(Characteristic Impedance)。

15. Agilent 函数信号发生器

Agilent 函数信号发生器(Agilent Function Generator)是以 Agilent 公司的 33120A 型函数发生器为原型设计的,它是一个高性能的、能产生 15 MHz 多种波形信号的综合函数发生器。Agilent 函数信号发生器的图标和操作面板如图 2.18

所示。至于它的详细功能和使用方法，请参阅 Agilent 33120A 型函数发生器的使用手册。

XFG1

Agilent

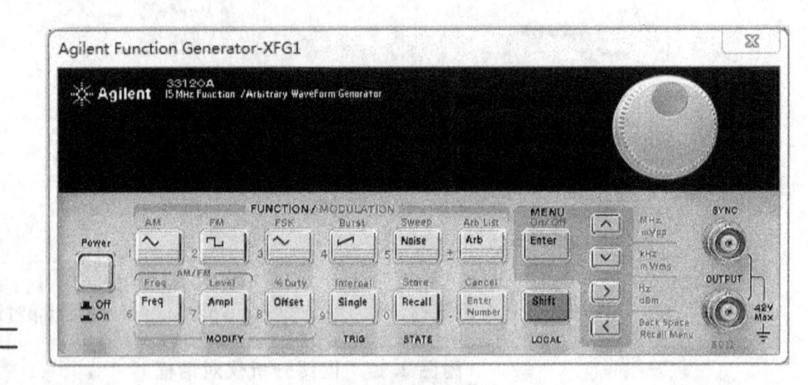

(a) 图标　　　　(b) 操作面板

附图 2.18　Agilent 函数信号发生器

16. Agilent 数字万用表

Agilent 数字万用表(Agilent Multimeter)是以 Agilent 公司的 34401A 型数字万用表为原型设计的，它是一个高性能的、测量精度为六位半的数字万用表。Agilent 数字万用表的图标和操作面板如图 2.19 所示。至于它的详细功能和使用方法，请参阅 Agilent 34401A 型数字万用表的使用手册。

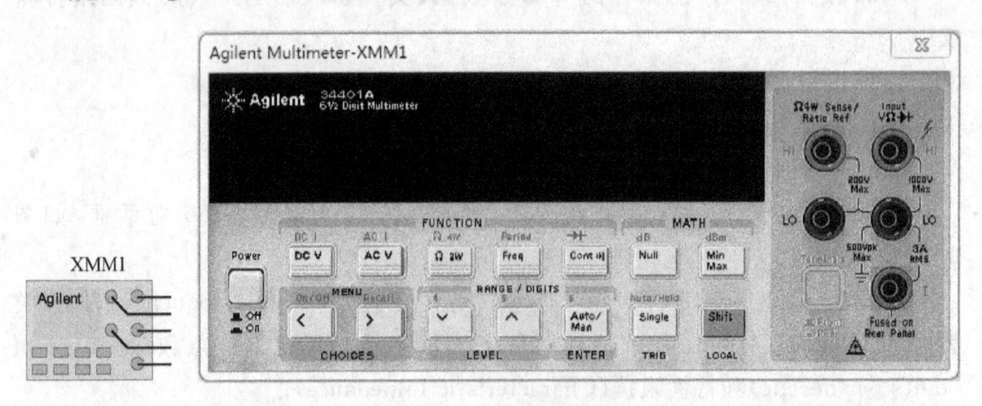

(a) 图标　　　　(b) 操作面板

附图 2.19　Agilent 数字万用表

17. Agilent 数字示波器

Agilent 数字示波器(Agilent Oscilloscope)是以 Agilent 公司的 54622D 型数

字示波器为原型设计的，它是一个两路模拟通道、十六路数字通道、100 MHz 数据带宽、附带波形数据磁盘外存储功能的数字示波器。Agilent 数字示波器的图标和操作面板如图 2.20 所示。至于它的详细功能和使用方法，请参阅 Agilent 54622D 型数字示波器的使用手册。

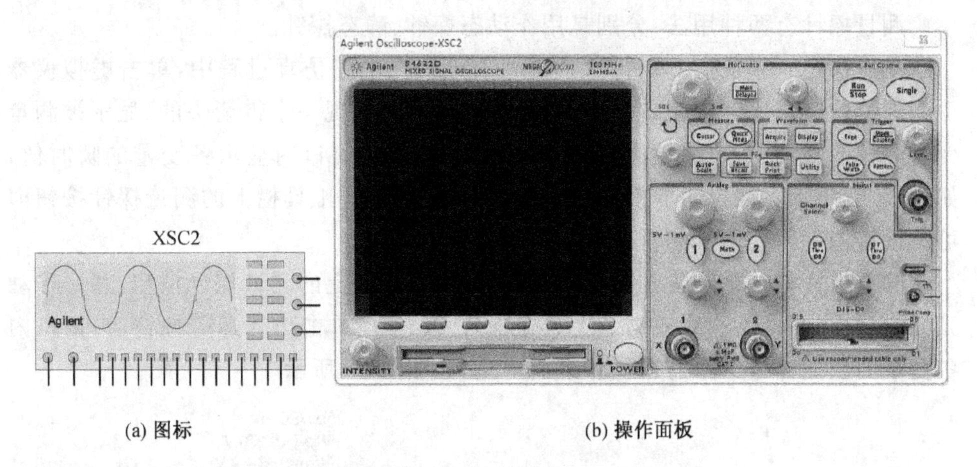

(a) 图标　　(b) 操作面板

附图 2.20　Agilent 数字示波器

18. Tektronix 数字示波器

Tektronix 数字示波器（Tektronix Oscilloscope）是以 Tektronix 公司的 TDS 2024 型数字示波器为原型设计的，它是一个四模拟通道、200 MHz 数据带宽、带波形数据存储功能的液晶显示数字示波器。Tektronix 数字示波器的图标和操作面板如图 2.21 所示。至于它的详细功能和使用方法，请参阅 Tektronix TDS 2024 型数字示波器的使用手册。

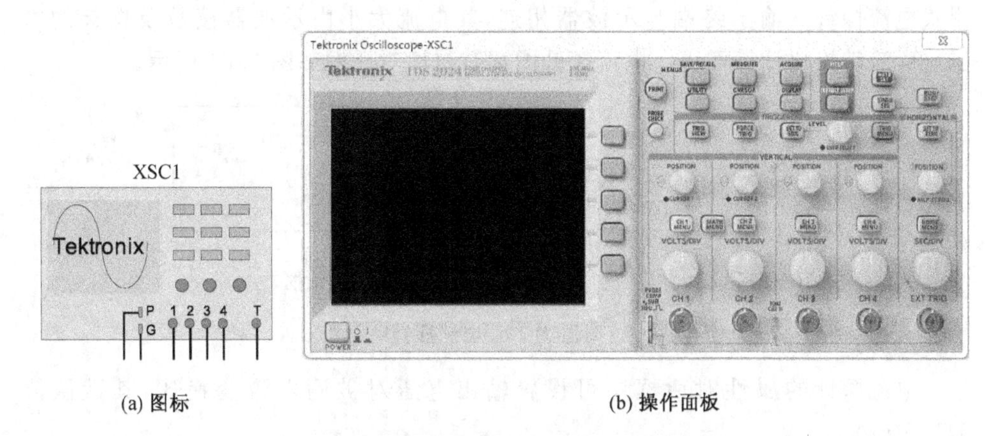

(a) 图标　　(b) 操作面板

附图 2.21　Tektronix 数字示波器

19. 测量探针

测量探针(Measurement Probe)是 Multisim 提供的极具特色的测量工具,它能够方便、快速地检查电路中不同支路、节点或引脚的电压、电流及频率。

测量探针有两种用法,分别是用作动态探针、静态探针。

动态探针只有在仿真执行过程中才有效。在电路仿真过程中,单击虚拟仪器工具栏上的测量探针按钮,在鼠标的光标点上就会出现一个带箭头的,显示被测量变量名称的浮动窗口,移动光标到目标测量点,浮动窗口内显示各变量的瞬时值,如图 2.22 所示。如果想取消此次测量,则再一次单击工具栏上的测量探针按钮即可。动态探针不能用于测量电流。

静态指针是在电路仿真开始前,单击仪器工具栏上的测量探针按钮,然后移动光标,在指定的电路连线或结点上放置探针 Probe。单击仿真运行按钮后,窗口内各变量的数据将随电路的运行状态而变化,如图 2.23 所示。

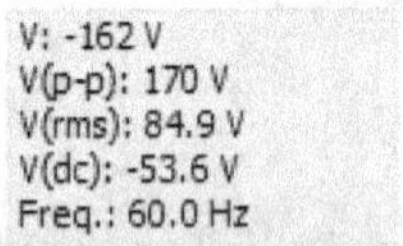

V: -162 V
V(p-p): 170 V
V(rms): 84.9 V
V(dc): -53.6 V
Freq.: 60.0 Hz

附图 2.22　动态探针浮动窗口

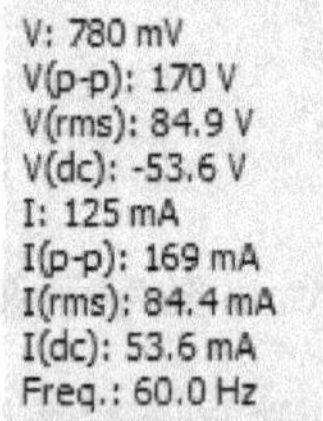

V: 780 mV
V(p-p): 170 V
V(rms): 84.9 V
V(dc): -53.6 V
I: 125 mA
I(p-p): 169 mA
I(rms): 84.4 mA
I(dc): 53.6 mA
Freq.: 60.0 Hz

附图 2.23　静态探针浮动窗口

20. 电流探针

电流探针模拟的是能够将流过导线的电流转换成设备输出终端电压的工业用钳式电流探针。输出终端与示波器相连,其电流大小由示波器读数及探针的电压一电流转换比计算而得。电流探针图标及属性对话框如图 2.24 所示。

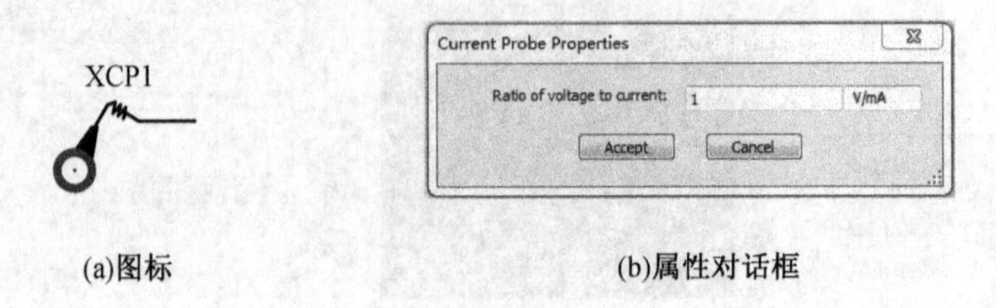

(a)图标　　(b)属性对话框

附图 2.24　电流探针

电流探针的属性对话框中可设置输出电压对被测电流变换比,其默认值为1 V/mA。

【模拟电子技术实验教程】

Multisim 11的元器件库简介

元器件是创建仿真电路的基础，Multisim 11 的元器件分别存放在不同类别的元器件库中，每类元器件库又分为不同的系列，这种分级存放的体系给用户调用元器件带来很大的方便。

Multisim 11 提供的元器件库包括电源库、基本元器件库、二极管库、晶体管库、模拟器件库、TTL 器件库、CMOS 器件库、其他数字器件库、混合器件库、指示器件库、电源器件库、杂项器件库、高级外围设备器件库、射频器件库、机电器件库、NI 器件库、微控制器库等共 17 类元器件库。用户调用不同元器件库中的元器件，可创建模拟电路、数字电路、模数混合电路、继电逻辑控制电路、高频电路、PLC 控制电路和单片机应用电路。

1. 电源库

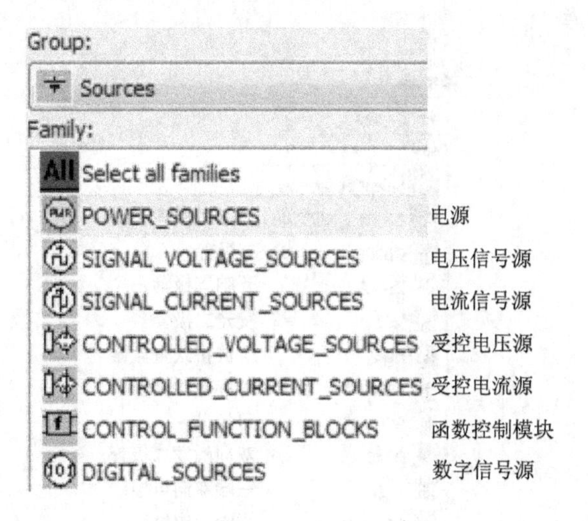

2. 基本元器件库

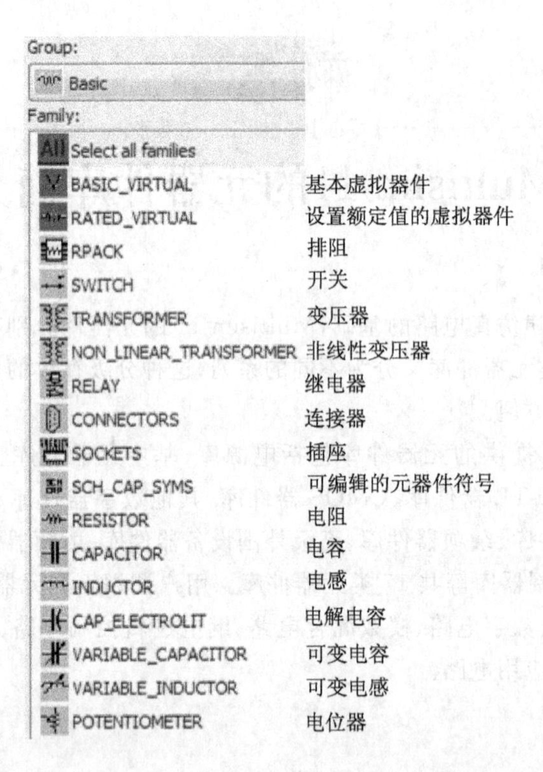

3. 二极管库

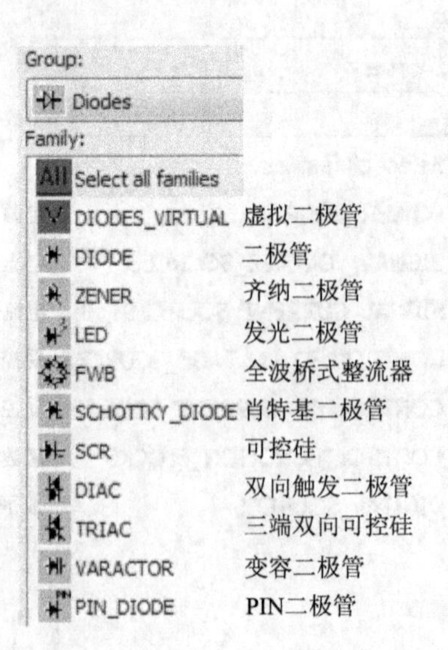

4. 晶体管库

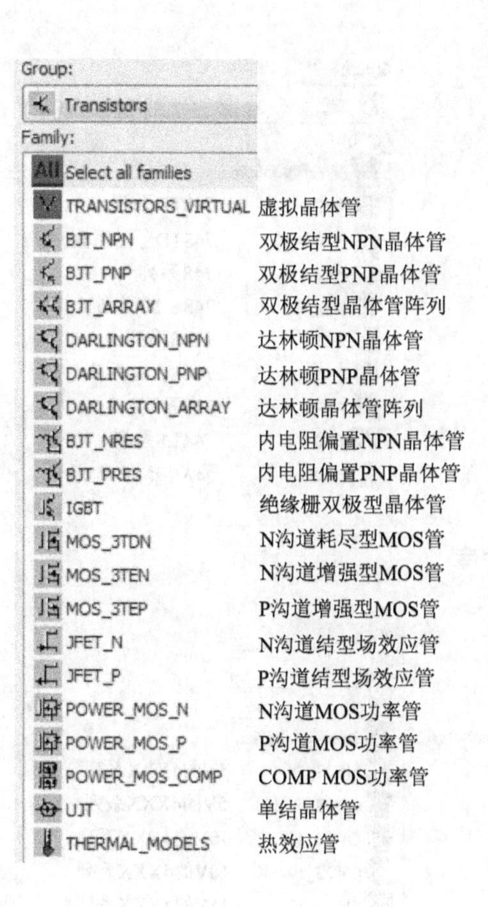

5. 模拟器件库

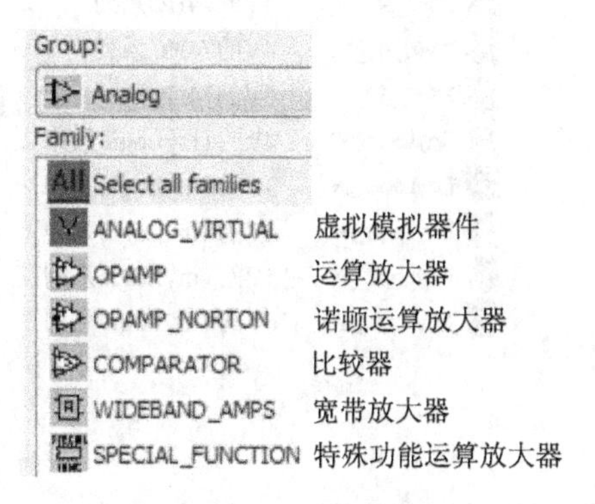

6. TTL 器件库

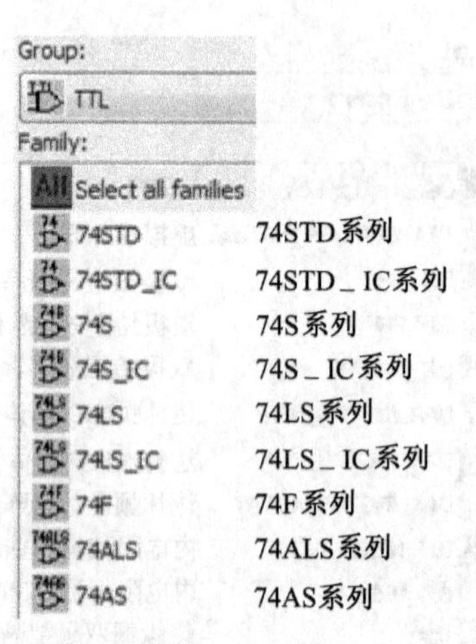

7. CMOS 器件库

8. 其他数字器件库

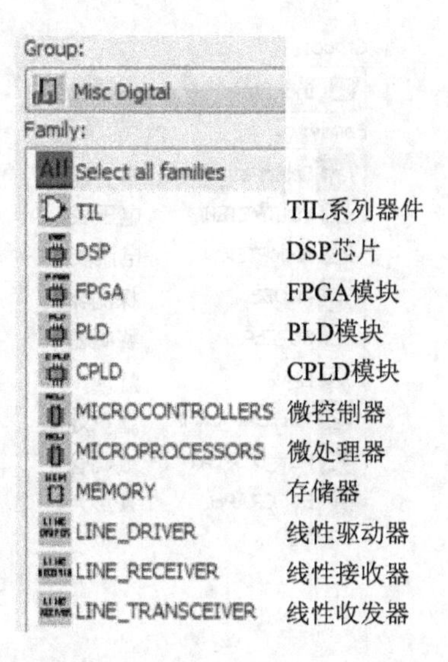

9. 混合器件库

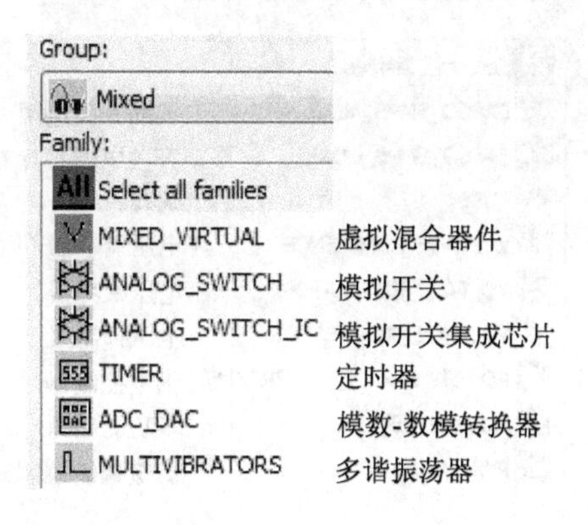

10. 指示器件库

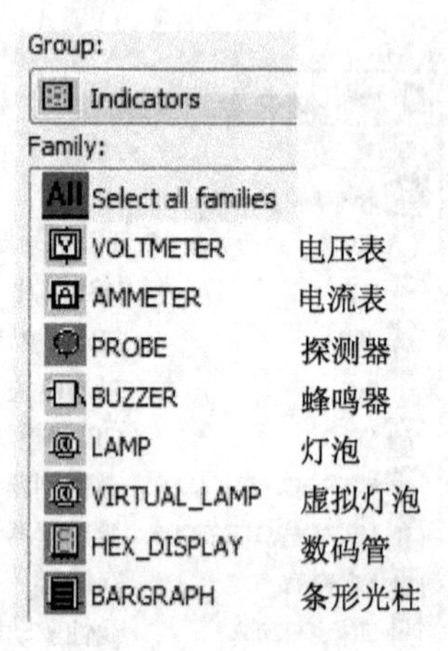

11. 指示器件库

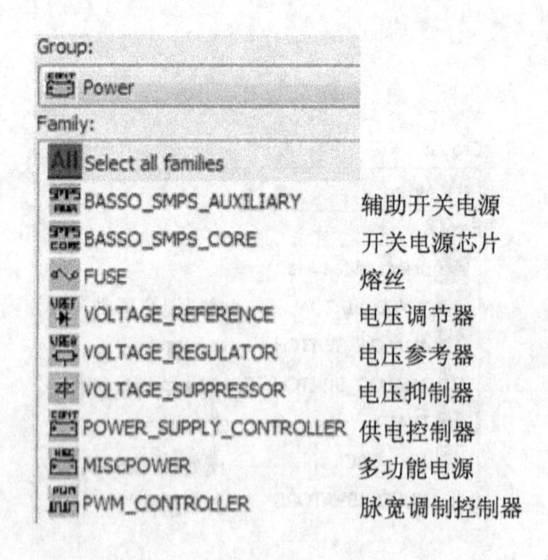

12. 杂项器件库

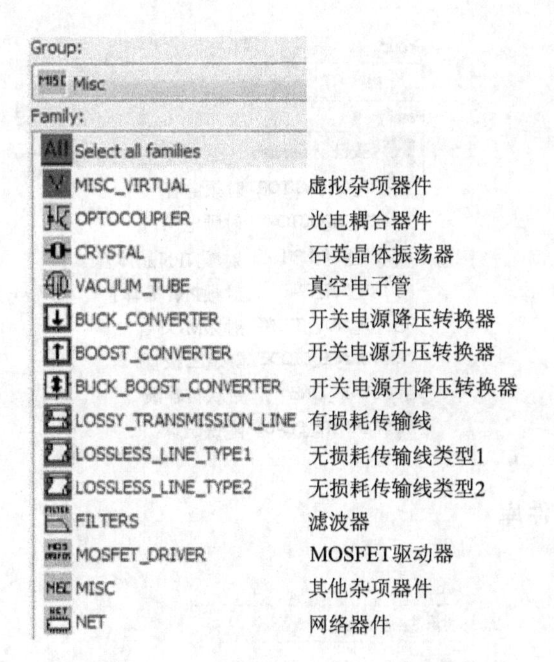

13. 高级外围设备器件库

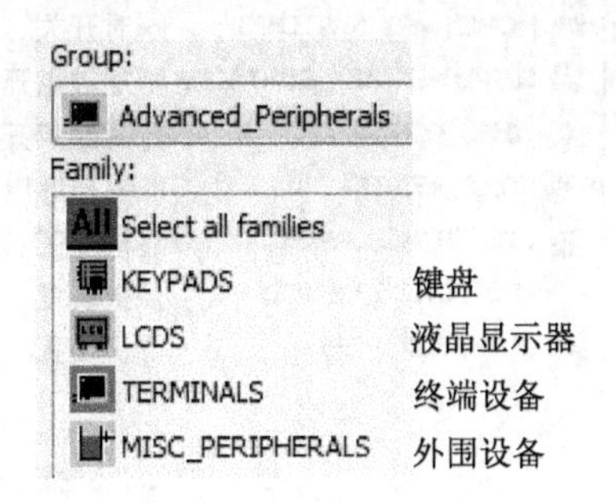

14. 射频器件库

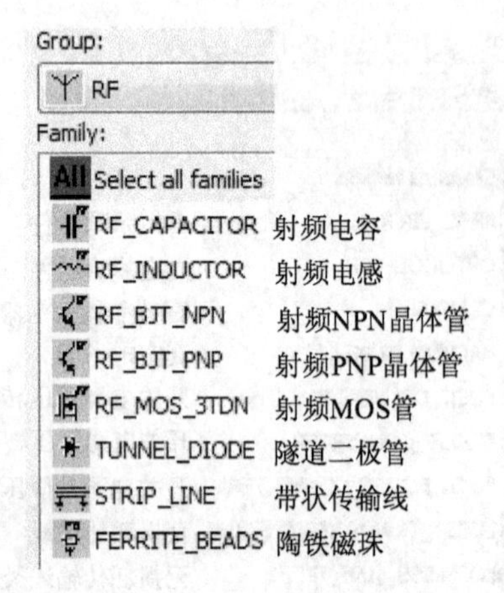

15. 机电器件库

16. NI 器件库

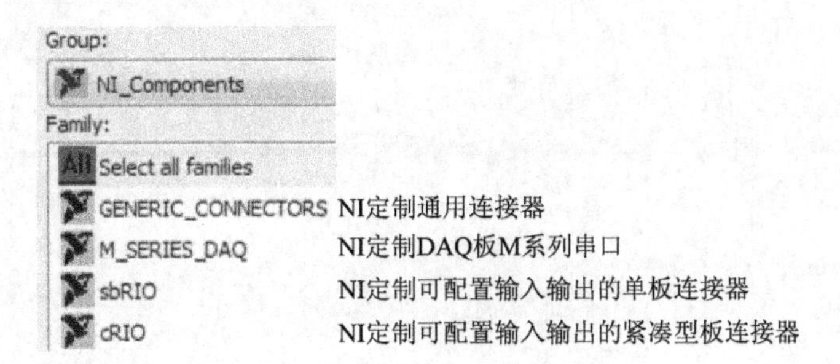

17. 微控制器库

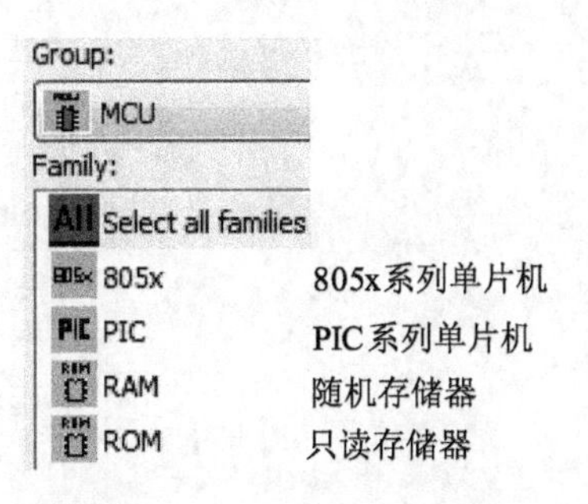